Andreas Büchs

Das
VOB-Baustellenhandbuch

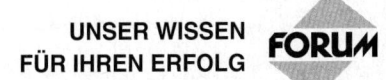

UNSER WISSEN
FÜR IHREN ERFOLG

Bibliografische Information der Deutschen Bibliothek

Die Deutsche Bibliothek verzeichnet diese Publikation in der
Deutschen Nationalbibliografie; detaillierte bibliografische
Daten sind im Internet über http://ddb.de abrufbar.

FORUM VERLAG
HERKERT GMBH
Postfach 13 40
86408 Mering

Tel.: 08233/381-123
Fax: 08233/381-222
Email: service@forum-verlag.com
Internet: www.forum-verlag.com

Alle Angaben in diesem Verlagserzeugnis sind nach dem aktuellen Stand
von Recht, Wissenschaft und Technik zum Druckzeitpunkt hergestellt.
Der Verlag übernimmt keine Gewähr für Druckfehler und inhaltliche Fehler.
Alle Rechte vorbehalten, Nachdruck – auch auszugsweise – nicht gestattet.
Satz: Fotosatz Hartmann, 86441 Zusmarshausen
Druck: Kessler Verlagsdruckerei, 86399 Bobingen
Printed in Germany 2005
Angaben ohne Gewähr
ISBN 3-89827-896-4

Vorwort

Für jeden Baupraktiker sind elementare Kenntnisse der „Vergabe- und Vertragsordnung für Bauleistungen", kurz VOB, unerlässlich.

Jeder, der tagtäglich in der Baupraxis mit den vielfältigen Problemen des privaten Baurechtes und Begriffen der VOB konfrontiert wird, sucht nach einem handlichen Nachschlagewerk, mit dem er kurz und prägnant über die maßgeblichen Begriffe der VOB informiert wird.

Speziell auf diesen Personenkreis ist das vorliegende Nachschlagewerk ausgerichtet. Mit seinem handlichen Format passt es in nahezu jede Tasche und ist ein steter Begleiter für unterwegs.

Mittels knapp, aber präzise und informativ formulierter Texte zu einzelnen Begriffen der VOB soll vor allem Bauunternehmern, Bauhandwerkern und Bauträgern sowie Architekten und Ingenieuren ein Ratgeber an die Hand gegeben werden, um sich schnell und fundiert informieren zu können.

Das vorliegende Werk ist ein Praxishandbuch, das in erster Linie die Begriffe der VOB Teil B und VOB Teil C erläutert. Das Vergaberecht, VOB Teil A, ist nicht Schwerpunkt des Buches, wird jedoch zur Erläuterung einzelner Begriffe mit herangezogen.

Der Leser findet zu vielen Begriffen Praxistipps und Beispiele, die auf aktuellen höchstrichterlichen Entscheidungen basieren und helfen sollen, einzelne Bestimmungen in der VOB/B zum eigenen Vorteil zu nutzen. Sie dienen auch dazu, dem Leser vor Augen zu führen, worauf er in der Baupraxis insbesondere zu achten hat, um keine finanziellen oder sonstigen Nachteile zu erleiden.

Das Werk basiert auf dem Rechtsstand 2004. Maßgeblich für die Abfassung war die VOB in der Fassung 2002.

Der Inhalt dieses Werkes wurde mit äußerster Sorgfalt und eingehender Recherche aktueller Rechtsprechung zusammengestellt. Es begründet jedoch keinen Beratungsvertrag und keine anderweitige Bindungswirkung gegenüber Verlag oder Autor. Es kann schon wegen der nötigen Anpassung an die individuellen Gegebenheiten des Einzelfalles keine Gewähr für Verbindlichkeit und Vollständigkeit gegeben werden.

Friedberg, im Juni 2004

Andreas Büchs
Rechtsanwalt

Der Autor

Rechtsanwalt Andreas Büchs wurde 1968 in München geboren. Im Jahr 1989 legte er am Wernher-von-Braun-Gymnasium in Friedberg bei Augsburg das Abitur ab.

Im Herbst 1990 nahm Andreas Büchs an der Juristischen Fakultät der Universität Augsburg das Studium der Rechtswissenschaften auf. Im Jahr 1995 legte er das Erste Juristische Staatsexamen, im Jahr 1997 das Zweite Juristische Staatsexamen ab.

Er ist seit 1998 als Jurist tätig, wobei er zunächst als Assessor in einer überörtlichen Kanzlei in Braunschweig/Niedersachsen arbeitete, bevor er im Jahr 1999 als Rechtsanwalt zugelassen wurde und nach München in eine Rechtsanwaltskanzlei wechselte. Er ist seither vorwiegend auf den Gebieten des privaten und öffentlichen Baurechtes sowie des Architekten- und Ingenieurrechtes tätig.

Seit Ende 2002 führt Herr Büchs eine eigene Anwaltskanzlei in Friedberg bei Augsburg und ist dort ebenfalls auf den Gebieten des Baurechtes, des Architekten- und Ingenieurrechtes sowie des Miet- und Wohnungseigentumsrechtes tätig.

Herr Büchs legte im Jahr 2001 einen Fachlehrgang für Bau- und Architektenrecht in Hamburg ab.

Er ist Mitglied der ARGE Baurecht im Deutschen Anwaltverein.

Inhalt

A

Abnahme 17
    Ausdrückliche Abnahme 17
    Behördliche Abnahme 19
    Fiktive Abnahme 21
    Förmliche Abnahme 24
    Konkludente Abnahme 27
    Stillschweigende Abnahme 27
    Technische Abnahme...30
Abnahme durch Architekten...31
Abnahme durch den Bauleiter 31
Abnahme durch Behörden 31
Abnahme durch Sachverständige.....................................32
Abnahmebefugnis 32
    Abnahme durch Architekten 33
    Abnahme durch den Bauleiter 34
    Abnahme durch Behörden...34
    Abnahme durch öffentliche Auftraggeber 35
Abnahmebegriff..36
Abnahmeverweigerung 38
Abnahmewirkungen 42
    Ende des Erfüllungsstadiums 42
    Übergang von Preis- und Leistungsgefahr....................43
    Umkehr der Beweislast...44
    Beginn der Gewährleistungsfristen..............................44
    Beginn des Abrechnungsstadiums...............................45
    Verlust von Vertragsstrafenansprüchen 45
    Verlust von Mängelansprüchen bei unterlassenem
    Vorbehalt...46

Abrechnung nach freier Kündigung 47
   Abrechnung nach freier Kündigung beim
   Einheitspreisvertrag 48
   Abrechnung nach freier Kündigung beim
   Pauschalpreisvertrag 49
Abschlagsrechnung / Abschlagszahlung.............................53
Änderung des Bauentwurfes 57
Allgemeine Geschäftsbedingungen.......................................60
Allgemeine Technische Vertragsbedingungen für
Bauleistungen 63
Anordnungen des Auftraggebers 65
Arbeiten an einem Bauwerk..67
Arbeiten an einem Grundstück 70
Aufmaß..72
Auftragsänderung..77
Auftragsentziehung 77
Ausführung 78
   Auftraggeberpflichten und -rechte 78
   Auftragnehmerpflichten und -rechte..............................79
Ausführungsfristen..81
Auskunftsrecht..81
Ausschlusswirkung der Schlusszahlung 82

B

Bauabzugssteuer 83
Baubeginn / Baubeginnanzeige...86
   Auskunftspflicht des Auftraggebers 87
   Pflicht, innerhalb von zwölf Werktagen nach Abruf
   mit der Ausführung zu beginnen......................................88
   Baubeginnanzeige..89

Baugewährleistungsversicherung...91
Bauhandwerkersicherung nach § 648a BGB.....................93
    Aufforderung 95
    Fristsetzung..96
    Androhung der Folgen 96
    Höhe der Sicherheit...96
    Arten von Sicherheiten..97
    Kosten der Sicherheit 98
    Folgen der Nichtleistung und verspäteten
    Leistung der Sicherheit..98
Bauhandwerkersicherungshypothek 102
    Sicherbare Forderungen..104
    Verfahren..104
Bauleistungsversicherung 108
Bauüberwachung...109
    Zutrittsrecht 110
    Einsichtsrecht 110
    Auskunftsrecht...111
Bauwesenversicherung...112
Bedarfspositionen..112
Bedenkenmitteilung...113
    Bedenken gegen Anordnungen des Auftraggebers ...113
    Bedenken gegen die Art der Ausführung, etc. 115
    Rechtsfolgen 116
Behinderung der Ausführung...119
Behinderungsanzeige..122
Behinderungsschaden...126
    Schadensersatzanspruch des Auftragnehmers...........126
    Schadensersatzanspruch des Auftraggebers 128
Besondere Leistungen 130
Besondere Vertragsbedingungen 133
Bestandteile des Vertrages 134

Bürgschaft 135
    Tauglichkeit des Bürgen 136
    Schriftformerfordernis 136
    Selbstschuldnerische Bürgschaft 137
    Unbefristete Bürgschaft 137
    Ausstellung nach Vorgaben des Auftraggebers 138
Bürgschaft auf Erstes Anfordern 140

D

Direktzahlungen 144
Druckzuschlag 147

E

Einbehalt 150
Einheitspreis und Einheitspreisvertrag 150
Einrede der Vorausklage 152
Einzelfristen 154
Ersatzvornahme 158
    Anspruch auf Mangelbeseitigung 159
    Aufforderung zur Mangelbeseitigung 160
    Fruchtloser Ablauf der Frist 161
Eventualleistungen 163

F

Fälligkeit der Schlusszahlung 164
Fälligkeit von Abschlagszahlungen 165

Fälligkeit des Sicherheitseinbehaltes....................................169
Fertigstellung 171
Fertigstellungsbescheinigung 173
Fertigstellungsfrist...176
Fertigstellungsmitteilung..177
Festpreisvertrag...178
Freie Kündigung 180
Freistellungsbescheinigung..184
Fristverlängerung 185
    Fristverlängerung bei Umständen aus dem
    Risikobereich des Auftraggebers....................................185
    Fristverlängerung bei Streik und Aussperrung...........186
    Fristverlängerung bei höherer Gewalt und
    unabwendbaren Umständen 186
    Berechnung der Fristverlängerung.................................187
Fund...189

G

Gefahrtragung...190
    Gefahrtragung – Leistungsgefahr..................................190
    Gefahrtragung – Vergütungsgefahr...............................191
Generalübernehmer 194
Generalunternehmer 196
Gesamtschuldner...198
Gewährleistung nach der Abnahme....................................200
    Mängelbeseitigung (Nacherfüllung)..............................201
    Schadenersatz 205
Gewährleistung vor der Abnahme.......................................206
    Mängelbeseitigung 206
    Schadenersatz 207
Gewährleistungsfristen...208

Gewährleistungssicherheit 208
    Höhe der Sicherheit 209
    Arten der Sicherheit...210
Globalpauschalpreisvertrag...211

H

Haftung...212
    § 10 Nr. 1 VOB/B: Haftung untereinander 212
    § 10 Nr. 2 bis 6 VOB/B: Haftung im Innenverhältnis...213
    Haftung des Auftraggebers 213
    Haftung des Auftragnehmers.......................................213
Hauptunternehmer 215
Hinterlegung von Geld..216

I

Inbenutzungnahme..218
Individualvereinbarung 220
Inhaltskontrolle 223

K

Kooperationspflicht 224
Koordinationspflicht..226
Kostenvorschuss...228
Kündigung durch den Auftraggeber....................................230
    Kündigungsfolgen...231
    Kündigung wegen Insolvenz des Auftragnehmers 231
    Kündigung wegen nicht eingehaltener Fristen 232
    Kündigung wegen wettbewerbswidriger
    Absprachen..233

Kündigung durch den Auftragnehmer 233
   Kündigung nach § 9 Nr. 1a VOB/B..............................234
   Kündigung nach § 9 Nr. 1b VOB/B 236
   Sonstige wichtige Gründe..237

L

Leistungsänderung..238
Leistungsbeschreibung...240
   Leistungsbeschreibung mit Leistungsverzeichnis 240
   Leistungsbeschreibung mit Leistungsprogramm 242
Leistungsgefahr 243
Leistungsverweigerungsrecht 243
   Leistungsverweigerungsrecht des Auftragnehmers...243
   Leistungsverweigerungsrecht des Auftraggebers 246
Leistungsverzeichnis 248

M

Mangelbegriff...249
Mangelbeseitigung 251
Mehrkosten 252
Mehrvergütung...255
   Änderung des Bauentwurfes oder andere
   Anordnungen, womit die Grundlagen der Ver-
   tragspreise geändert werden (§ 2 Nr. 5 VOB/B) 256
   Anordnung zusätzlicher Leistungen 257
   Ankündigung des Vergütungsanspruches...................257
   Vereinbarung über die zusätzliche Vergütung............258
   Berechnung der zusätzlichen Vergütung 259
Mengenmehrung..260
Mengenminderung..263

Minderkosten 264
Minderung 265

N

Nacherfüllungsanspruch des Auftraggebers 266
Nacherfüllungsanspruch des Auftragnehmers..................266
Nachunternehmer / Nachunternehmervertrag 266
Nebenleistungen...269
Nebenunternehmer 271
Neuer Preis..273
Nutzung von Einrichtungen..273

O

Ordnung auf der Baustelle 276

P

Pauschalpreis / Pauschalpreisvertrag...............................277
    Detail-Pauschalpreisvertrag 280
    Global-Pauschalpreisvertrag 281
Preisänderungen...282
Privilegierung der VOB/B als Ganzes................................282
Prüfbarkeit der Schlussrechnung.....................................282
Prüfungsfrist..285
Prüfvermerk...288

Q

Quasiunterbrechung..290

R

Rabatt..294
Rechnungserteilungsanspruch..295
Regeln der Technik..295
Rückgabe von Sicherheiten..298

S

Schlussrechnung...299
Schlussrechnungserstellung durch Auftraggeber............304
Schlussrechnungsprüfung...306
Schlusszahlung...308
Selbstschuldnerische Bürgschaft..................................310
Sicherheit nach § 648 BGB..310
Sicherheit nach § 648a BGB..310
Sicherheitseinbehalt..310
   Ausdrückliche Vereinbarung..................................311
   Höhe des Sicherheitseinbehaltes...........................312
   Mitteilung an den Auftragnehmer und
   Einzahlung auf Sperrkonto...................................312
   Benachrichtigung des Auftragnehmers....................313
   Kleinaufträge..314
Skonto / Skontovereinbarung..314
Sperrkonto...319
Stundenlohnarbeiten..321
Stundenlohnvereinbarung...324
Subunternehmer / Subunternehmervertrag.....................327
Symptomtheorie..327

T

Teilabnahme...329
Teilkündigung..330
Teilschlussrechnung 333
   In sich abgeschlossene Teilleistungen 333
   Teilabnahme 334
   Abrechnung 334
   Folgen...334

U

Überwachungsrecht des Auftraggebers 336
Unmöglichkeit der Mangelbeseitigung 337
   Definition..337
   Berechnung der Minderung..339
Unterbrechung der Ausführung.......................................340
   Längere Unterbrechung 341
   Abrechnung der Bauleistungen 341
   Kündigungsrecht..342
Unverhältnismäßigkeit der Mangelbeseitigung 343
Unzumutbarkeit der Mangelbeseitigung..........................343

V

Vergütungsgefahr...344
Verjährung von Mängelansprüchen 344
   Vereinbarung abweichender Verjährungsfristen.........346
   Arbeiten an einem Bauwerk / Grundstück...................347
   Arglistiges Verschweigen von Mängeln......................347

Beginn der Verjährungsfristen 347
Hemmung der Verjährungsfristen und Neubeginn 348
Verjährung von Vergütungsansprüchen............................349
Verjährungsfrist...349
Verjährungsbeginn..350
Hemmung der Verjährung...351
Verlängerung von Vertragsfristen 352
Vertragserfüllungsbürgschaft 353
Vertragsfristen...353
Einzelfristen 354
Ausführungsfristen 354
Vertragsstrafe...356
Definition...357
Voraussetzungen 357
Inhalt, Höhe und Berechnung der Vertragsstrafe........358
Individualvereinbarung...359
Vertragsstrafenklausel 360
Herabsetzung der Vertragsstrafe 362
Verzug als Kündigungsgrund 363
Verzug mit der Abnahme...363
Verzug mit der Fertigstellung..365
Verzug mit Prüfung der Schlussrechnung 367
Vorauszahlung 367
Begriff..368
Vereinbarung 368
Sicherheit..369
Verzinsung 369
Vorbehalt bei Schlusszahlung 370
Einrede der Ausschlusswirkung 371
Hinweis auf Ausschlusswirkung.......................................371
Annahme der Schlusszahlung 372
AGB-Klausel..372

Die Vorbehaltserklärung 372
Vorbehaltsbegründung 373
Vorschuss auf Ersatzvornahmekosten...............................374

W

Wiederbeginn der Arbeiten 375
Widerspruch im Bauvertrag 375

Z

Zahlungsverzug 378
Fälligkeit der Zahlung 378
Mahnung..379
Zurückbehaltungsrecht 380
Zusätzliche Leistungen..380
Zusätzliche Technische Vertragsbedingungen...................381
Zusätzliche Vertragsbedingungen.....................................381
Zustandsfeststellung 382
Verlangen der Zustandsfeststellungen.........................382
Schriftliche Niederlegung..383
Rechtsfolgen..383
Zutrittsrecht des Auftraggebers 384
Zwischenfristen..384

Anhang I: VOB/B Fassung 2002...385
Anhang II: BGB Werkvertragsrecht §§ 631–650 BGB 419
Anhang III: Gestaltung rechtsgeschäftlicher Schuld-
verhältnisse durch Allgemeine Geschäfts-
bedingungen §§ 305–310 BGB 435
Stichwortverzeichnis 449

A

Abnahme

Ausdrückliche Abnahme

Von einer ausdrücklichen Abnahme spricht man, wenn die Abnahme durch eine bestimmte Erklärung des Auftraggebers zum Ausdruck gebracht wird. Dabei braucht das Wort „Abnahme" nicht ausdrücklich verwendet zu werden. Es reicht vielmehr schon aus, wenn eine mündliche oder schriftliche Erklärung des Auftraggebers oder einer zur Abnahme ausdrücklich bevollmächtigten Person vorliegt, mit der er oder oder sie zum Ausdruck bringt, dass man mit der Bauleistung des Auftragnehmers einverstanden ist. Dies kann auch dadurch geschehen, dass der Auftraggeber erklärt, die Bauleistung sei „in Ordnung", er sei mit der Bauleistung „zufrieden" oder er werde „mit der Nutzung jetzt beginnen".

Die Erklärung der ausdrücklichen Abnahme ist, abgesehen von der → förmlichen Abnahme, einer bestimmten, in § 12 Nr. 4 VOB/B explizit geregelten Form der ausdrücklichen Abnahme, formfrei. Sie kann also auch mündlich erklärt werden, wobei es aus Dokumentations- und Beweisgründen dringend anzuraten ist, immer die Schriftform zu wählen. Der Auftragnehmer sollte also stets darauf drängen, dass eine seitens des Auftraggebers erklärte Abnahme protokolliert wird.

Im Rahmen der Unterscheidung verschiedener Abnahmetatbestände in der VOB/B stellt man darauf ab, ob die Abnahme vom Willen des Auftraggebers getragen ist oder nicht und ob sie ausdrücklich erklärt wird oder sich aus bestimmten Verhaltensweisen oder Umständen ergibt. Bei der ausdrücklichen Abnahme ist die Erklärung des Auftraggebers von seinem Willen getragen, auch tatsächlich die Abnahme erklären zu wollen.

Voraussetzungen für das Vorliegen einer ausdrücklichen Abnahme sind somit grundsätzlich:
- Das Vorliegen eines entsprechenden Willens des Auftraggebers, auch tatsächlich die Abnahme erklären zu wollen.
- Das Vorliegen einer fertig gestellten vertragsgemäßen Leistung, wobei unbedeutende Restarbeiten noch ausstehen können (Abnahmereife).
- Das Vorliegen einer Erklärung des Auftraggebers, dass er die Arbeiten abnehme.
- Der Zugang dieser Erklärung beim Auftragnehmer.

Praxistipp 1:
Zwar muss bei der ausdrücklich erklärten Abnahme eine vertragsgemäße und abnahmefähige, also im Wesentlichen mangelfreie Leistung des Auftragnehmers vorliegen. Zu beachten ist aber, dass der Auftraggeber durchaus auch dann die Abnahme erklären kann, wenn die Abnahmereife eigentlich gar nicht vorliegt. Eine entsprechende Abnahmeerklärung ist wirksam und löst die → Abnahmewirkungen aus.

Praxistipp 2:
Wenn der Auftraggeber sich mit den Leistungen des Auftragnehmers ausdrücklich einverstanden erklärt und nach deren Fertigstellung gegenüber dem Auftragnehmer unmissverständlich zum Ausdruck bringt, dass die Arbeiten seinen Wünschen entsprechen, obwohl diese gar nicht den vertraglich vereinbarten Leistungen entsprechen, so liegt eine Abnahme als auch eine einvernehmliche Vertragsänderung vor.

Behördliche Abnahme
Bei der behördlichen Abnahme handelt es sich, wie auch bei der → technischen Abnahme oder der → Zustandsfeststellung nicht um eine rechtsgeschäftliche Abnahme. Die behördliche Abnahme hat lediglich den Zweck, ein Bauvorhaben auf die Übereinstimmung mit öffentlich-rechtlichen Bestimmungen oder sonstigen gesetzlich festgelegten Standards hin zu überprüfen.

Die behördliche Abnahme hat gerade nicht zur Konsequenz, dass die Abnahmewirkungen, etwa die Fälligkeit der Vergütungsansprüche des Auftragnehmers oder der Beginn der Verjährungsfrist für Mängelansprüche, eintreten. Auch wenn bereits eine behördliche Abnahme durchgeführt wurde, ist es daher grundsätzlich erforderlich, eine Abnahme im rechtsgeschäftlichen Sinne durchzuführen, wenn → Abnahmewirkungen eintreten sollen.

Sofern eine fehlerhafte behördliche Abnahme zu Schäden an Bauleistungen des Auftragnehmers führt, haftet die abnehmende Behörde ihm gegenüber grundsätzlich auf Ersatz der entstandenen Schäden.

Sofern eine behördliche Abnahme nicht durchgeführt wurde, obwohl sie vorgeschrieben ist, kann dies unter Umständen dazu führen, dass das Bauwerk mit einem nicht unwesentlichen Mangel behaftet ist, der den Auftraggeber berechtigt, die rechtsgeschäftliche Abnahme zu verweigern.

Die behördliche Abnahme findet nicht statt, wenn keine Verpflichtung hierzu besteht. Maßgeblich sind die jeweiligen Landesvorschriften.

Siehe auch: → Zustandsfeststellung
             → Technische Abnahme
             → Abnahmewirkungen

Praxistipp:
Manche Bauverträge enthalten Vertragsklauseln, wonach die Fälligkeit von Zahlungen an eine behördliche Abnahme geknüpft wird. In Betracht kommen hierbei zum Beispiel Rohbauabnahmen. Um bereits im Vorfeld Missverständnissen vorzubeugen und Unwägbarkeiten auszuschließen, ist dem Auftragnehmer anzuraten, vor Unterzeichnung von Verträgen, in denen derartige Klauseln enthalten sind, mit der jeweils zuständigen Behörde abzuklären, ob eine solche Abnahme überhaupt durchgeführt wird.

Fiktive Abnahme

Treten die Abnahmewirkungen ohne oder sogar gegen den Willen des Auftraggebers ein, so spricht man von einer fiktiven Abnahme. Keine der Vertragsparteien hat dabei eine Abnahme ausdrücklich erklärt oder durch schlüssiges Verhalten bewusst zum Ausdruck gebracht. Die fiktive Abnahme liegt vor, wenn bestimmte äußere Umstände vorliegen, ohne dass es dabei darauf ankäme, dass der Auftraggeber auch tatsächlich die Leistungen des Auftragnehmers abnehmen wollte. Die Abnahme wird in folgenden Fallkonstellationen fingiert:

1. Der Auftragnehmer teilt dem Auftraggeber schriftlich mit, dass die Leistungen fertig gestellt sind und es verstreichen zwölf Werktage seit Zugang dieser schriftlichen Mitteilung, ohne dass der Auftraggeber die Abnahme berechtigt verweigert.

   Die Mitteilung über die Fertigstellung ist schriftlich zu verfassen und dem Auftraggeber selbst oder einer nachweislich zum Empfang bevollmächtigten Person auszuhändigen bzw. zu übersenden. Es reicht nicht aus, die Anzeige dem Bauleiter oder dem Architekten auszuhändigen, wenn diese nicht ausdrücklich zur Entgegennahme der Fertigstellungsmitteilung bevollmächtigt wurden.

2. Der Auftragnehmer hat seine Leistungen fertig gestellt, der Auftraggeber hat diese in Benutzung genommen und es sind sechs Werktage seit Inbenutzungnahme verstrichen.

   Inbenutzungnahme liegt vor, wenn der Auftraggeber z. B. in ein umgebautes, saniertes oder neu errichtetes Haus einzieht. Sie liegt hingegen nicht vor, wenn die Leistungen des Auftragnehmers lediglich zum Zweck der Erprobung oder zur Fortführung der Arbeiten in Benutzung genommen werden.

Voraussetzungen für eine Abnahmefiktion ist in beiden vorgenannten Fallgestaltungen immer,

- dass der Auftragnehmer seine Arbeiten tatsächlich fertig gestellt hat, wobei geringfügige Restarbeiten der Fertigstellung grundsätzlich nicht entgegenstehen,
- zuvor keine Abnahme verlangt oder eine Abnahme durchgeführt wurde,
- der Bauvertrag nicht gekündigt ist und
- dem Auftraggeber nicht das Recht zusteht, die Abnahme wegen wesentlicher Baumängel zu verweigern oder der Auftraggeber die Abnahme tatsächlich wegen des Vorliegens wesentlicher Baumängel berechtigt verweigert hat.

3. Der Auftraggeber nimmt die Leistungen des Auftragnehmers nicht ab, obwohl er hierzu verpflichtet ist und der Auftragnehmer hat ihm eine Frist zur Abnahme gesetzt. Dabei müssen die folgenden Voraussetzungen erfüllt sein:

Die Arbeiten müssen fertig gestellt sein und dürfen nur unwesentliche Mängel aufweisen. Das Fehlen geringfügiger Restarbeiten hindert die Fertigstellung nicht, im Gegensatz zu den beiden oben beschriebenen Fallgestaltungen muss hier der Auftraggeber aufgefordert worden sein, die Arbeiten abzunehmen, der Auftragnehmer muss eine angemessene Frist zur Abnahme gesetzt haben und die Frist muss abgelaufen sein, ohne dass die Abnahme erklärt wurde.

Die Abnahmewirkungen treten in diesem Fall mit Ablauf der Frist ein.

4. Dem Auftraggeber wird seitens des Auftragnehmers eine
   → Fertigstellungsbescheinigung eines Gutachters ausgehändigt, in welcher dieser festgestellt hat, dass das vertraglich geschuldete Werk hergestellt ist und die Arbeiten
   mangelfrei sind. Gutachter kann dabei sein ein Sachverständiger, auf den sich die beiden Vertragspartner geei-
   nigt haben oder auf Antrag des Auftragnehmers ein
   durch eine Industrie- und Handelskammer, eine Handwerkskammer, eine Architektenkammer oder eine Ingenieurkammer bestimmter öffentlich bestellter und verei-
   digter Sachverständiger.

Siehe auch: → Abnahmeverweigerung
                → Fertigstellungsbescheinigung
                → Fertigstellungsmitteilung
                → Inbenutzungnahme
                → Kündigung durch den Auftraggeber
                → Kündigung durch den Auftragnehmer

Praxistipp 1:
In manchen Bauverträgen wird die Möglichkeit einer fiktiven Abnahme (§ 12 Nr. 5 VOB/B) ausgeschlossen. Es
stellt sich dann die Frage, ob und wann bei den oben auf-
geführten Fallkonstellationen eine Abnahme vorliegt.
Nach der Rechtsprechung ist in der unbeanstandeten
Nutzung der Bauleistungen stets eine Billigung der Werkleistungen und damit eine Abnahme zu sehen. Nach
einer gewissen Nutzungszeit von etwa acht Wochen treten daher trotz vertraglichem Ausschluss der fiktiven
Abnahme die Abnahmewirkungen ein.
(OLG Köln, Urteil vom 27.01.1986, AZ: 12 U 88/85).

Praxistipp 2:
Da eine fiktive Abnahme auch dann in Betracht kommt, wenn der Auftraggeber die Abnahme nicht erklären wollte, so kann er den Eintritt der Abnahmewirkungen nur dann verhindern, wenn er eine ausdrückliche Erklärung dahingehend abgibt, dass er die Abnahme verweigert. Hat er dies nicht getan, so gelten die Arbeiten des Auftragnehmers als abgenommen.

Praxistipp 3:
Die fiktive Abnahme ist nicht zu verwechseln mit der → stillschweigenden Abnahme. Diese Abnahmeform setzt voraus, dass der Auftraggeber auch tatsächlich den Willen hatte, die Arbeiten des Auftragnehmers abzunehmen, während es bei der fiktiven Abnahme gerade nicht darauf ankommt, was der Auftraggeber wollte.

Förmliche Abnahme
Die förmliche Abnahme hat stattzufinden, wenn einer der Vertragspartner sie vom anderen verlangt. Sie setzt ferner voraus, dass ein verbindlicher Abnahmetermin festgelegt wird und beide Vertragspartner bei der Abnahme vor Ort sind oder zumindest durch rechtzeitige Kenntnis vom Abnahmetermin die Möglichkeit hatten, den Termin wahrzunehmen.

Das Ergebnis der Abnahme ist in einem gemeinsamen Protokoll festzuhalten. Darin sind die bei der Abnahme festgestellten Mängel aufzunehmen. Es müssen vor allem bereits bei der Abnahme bekannte Mängel festgehalten und ein

Vorbehalt der Geltendmachung dieser Mängel schriftlich erklärt werden. Ein unterlassener Vorbehalt führt dazu, dass der Auftraggeber diese Mängel nicht mehr gegenüber dem Auftragnehmer geltend machen kann.

Das Abnahmeprotokoll ist an beide Vertragsparteien auszuhändigen. Es sollte in jedem Fall von beiden Vertragsparteien unterzeichnet sein. Auftraggeber und Auftragnehmer können auf eigene Kosten einen Sachverständigen zur Abnahme hinzuziehen.

Die förmliche Abnahme kann auch durchgeführt werden, wenn der Auftragnehmer beim Abnahmetermin nicht vor Ort ist. Voraussetzung ist aber, dass der Auftraggeber mit „genügender Frist" zur Abnahme eingeladen hat und dem Auftragnehmer das Ergebnis der Abnahme alsbald mitgeteilt wird.
Unter dem Begriff „alsbald" wird allgemein eine Frist von zwölf Werktagen verstanden.

Die förmliche Abnahme hat für den Auftragnehmer den entscheidenden Vorteil, dass aufgrund des Protokolls feststeht, zu welchem Zeitpunkt die Abnahme tatsächlich stattgefunden hat. Dies ist von Bedeutung, da sich an die Abnahme eine Reihe von → Abnahmewirkungen, wie etwa der Beginn der Verjährungsfrist für Mängelansprüche oder die Fälligkeit der Vergütung anschließen.

Siehe auch: → Abnahmewirkungen

Praxistipp 1:
Es ist jedem Auftragnehmer anzuraten, immer dann, wenn der Bauvertrag eine förmliche Abnahme vorsieht, diese auch vom Auftraggeber zu verlangen. Dabei sollte ein entsprechendes Schreiben an den Auftraggeber gesandt werden, in welchem Termine zur Durchführung der Abnahme genannt werden. Sofern der Auftraggeber nicht reagiert, sollte – ebenfalls schriftlich – eine Nachfrist gesetzt werden. Nach Ablauf dieser Nachfrist befindet sich der Auftraggeber in Annahmeverzug und die → Abnahmewirkungen treten ein, sofern ein weitgehend mangelfreies Werk vorliegt. Die Einhaltung der Schriftform ist anzuraten, um späteren Beweisschwierigkeiten und Unwägbarkeiten entgegenzuwirken.

Praxistipp 2:
Wird eine förmliche Abnahme im Bauvertrag vereinbart und wird diese letztlich nicht durchgeführt, so stellt sich die Frage, ob die Abnahme auch erfolgen kann, wenn sie nicht förmlich durchgeführt wird. In diesen Fällen ist der Auftraggeber verpflichtet, von sich aus unverzüglich nach → Fertigstellung einen Abnahmetermin anzuberaumen.
Stellt der Auftragnehmer etwa die Schlussrechnung, so muss der Auftraggeber spätestens innerhalb von zwölf Werktagen nach Zugang der Schlussrechnung den Abnahmetermin anberaumen. Versäumt er dies ohne Grund, so kann er sich nicht mehr auf das Fehlen der förmlichen Abnahme berufen. Die Leistungen gelten dann als abgenommen.

Ebenso ist es möglich, dass beide Vertragsparteien stillschweigend auf die förmliche Abnahme verzichten. Dies
ist dann anzunehmen, wenn beide Parteien über einen
längeren Zeitraum nicht mehr auf die förmliche Abnahme zurückgekommen sind.
(OLG Düsseldorf, Urteil vom 30.09.2002, AZ: 21 U 29/02).

Konkludente Abnahme

Siehe: → stillschweigende Abnahme

Stillschweigende Abnahme

Trotz der vielfältigen Probleme, Unwägbarkeiten und
Beweisschwierigkeiten in Bauprozessen ist die stillschweigende oder auch konkludente Abnahme unter den verschiedenen Abnahmeformen die am weitest verbreitete in der
Baupraxis.

Die stillschweigende Abnahme darf nicht verwechselt werden mit der fiktiven Abnahme. Bei der stillschweigenden
Abnahme bringt der Auftraggeber durch ein bestimmtes
Verhalten zum Ausdruck, dass er die Leistungen des Auftragnehmers abnehmen will. Dieses Verhalten ist dabei vom
Willen des Auftraggebers getragen, auch tatsächlich abnehmen zu wollen. Hat der Auftraggeber hingegen nicht den
Willen, die Abnahme zu erklären, treten allerdings bestimmte äußere Umstände ein, die zu → Abnahmewirkungen führen, wie etwa der Ablauf einer vom Auftragnehmer gesetzten Abnahmefrist, so wird die Abnahme fingiert. Es liegt
dann eine → fiktive Abnahme vor.

Der Auftraggeber muss im Rahmen der stillschweigenden Abnahme zum Ausdruck bringen, dass er die Arbeiten des Auftragnehmers als vertragsgemäß anerkennt. Insoweit sind unmissverständliche Verhaltensweisen erforderlich. Reines Schweigen oder rein interne Vorgänge seitens des Auftraggebers stellen keine Handlungsweisen dar, die eine stillschweigende Abnahme rechtfertigen würden.

In § 16 Nr. 1 Abs. 4 VOB/B ist ausdrücklich geregelt, dass die Zahlung von Abschlagsrechnungen keine stillschweigende → Teilabnahme von Bauleistungen darstellt.
Allerdings stellt die Zahlung der vereinbarten Vergütung durch den Auftraggeber nach Stellung der Schlussrechnung ein besonders starkes Indiz dafür dar, dass der Auftraggeber die Arbeiten des Auftragnehmers billigen wollte. In der Zahlung der Schlussrechnung ist daher auch regelmäßig eine stillschweigende Abnahme zu sehen. Anders wäre dies nur zu beurteilen, wenn weitere Umstände vorlägen, die eine Abnahme ausschließen, etwa wenn sich Auftraggeber und Auftragnehmer einig waren, dass die Arbeiten noch nicht abnahmefähig waren.

Auch die stillschweigende Abnahme hat, ebenso wie die übrigen rechtsgeschäftlichen Abnahmeformen auch, zur Voraussetzung, dass eine vertragsgemäße Leistung vorliegt. Im Gegensatz zur → förmlichen Abnahme, die grundsätzlich immer bei Vorliegen eines VOB-Vertrages vom Auftragnehmer gefordert werden sollte, oder aber der ausdrücklich erklärten Abnahme, hat die stillschweigende Abnahme den Nachteil, dass nicht eindeutig feststeht, zu welchem Zeitpunkt die Abnahme genau erfolgt ist.

Siehe auch: → Förmliche Abnahme

Praxistipp 1:
Grundsätzlich können die Vertragspartner in einem VOB-Vertrag die Möglichkeiten einer fiktiven Abnahme nach § 12 Nr. 5 VOB/B ausschließen. Dies hat zur Folge, dass die dort geregelten Abnahmen durch → Ingebrauchnahme oder Übersendung einer Fertigstellungsmitteilung nicht mehr in Betracht kommen. Sofern aber der Auftraggeber durch sein Verhalten zum Ausdruck bringt, dass er die Arbeiten des Auftragnehmers abnehmen will, so hindert der Ausschluss der fiktiven Abnahme nicht auch eine stillschweigende Abnahme.

Praxistipp 2:
Die Abnahme erfordert keine Prüfung der Arbeiten durch den Auftraggeber auf Mangelfreiheit und auch keine sofortige Prüfungsmöglichkeit. Wenn ein Auftraggeber also die Schlussrechnungssumme begleicht, ohne dabei ausdrücklich einen Vorbehalt zu erklären oder die Abnahme zu verweigern, so treten auch dann die → Abnahmewirkungen ein, wenn er zuvor keine Prüfung vorgenommen hat. Er kann in diesem Fall die Prüfung auch noch später vornehmen und etwa vorliegende Mängel auch noch nach der Abnahme rügen. Zu beachten ist aber, dass dann der Auftraggeber beweispflichtig für das Vorliegen der gerügten Mängel ist.

Technische Abnahme
Bei der technischen Abnahme handelt es sich lediglich um eine Dokumentation des technischen Befundes der auftragnehmerseitig erstellten Leistungen. Die technische Abnahme dient lediglich der Vorbereitung der rechtsgeschäftlichen Abnahme, die allein den Eintritt der → Abnahmewirkungen zur Folge hat. Um rechtliche Wirkungen entfalten zu können ist also auch immer dann, wenn bereits eine technische Abnahme stattgefunden hat, zusätzlich noch eine rechtsgeschäftliche Abnahme zwischen Auftraggeber und Auftragnehmer durchzuführen.

Um eine technische Abnahme handelt es sich insbesondere auch bei § 15 Abs. 2 Nr. 8 HOAI, wonach im Rahmen der Objektüberwachung des Architekten die Abnahme der Bauleistungen unter Mitwirkung anderer an der Planung und Objektüberwachung fachlich Beteiligter unter Feststellung von Mängeln stattzufinden hat. Da sich die Architektenvollmacht grundsätzlich nicht auch darauf erstreckt, Leistungen des Auftragnehmers abzunehmen, ist nachvollziehbar, weshalb die technische Abnahme nach § 15 Abs. 2 Nr. 8 HOAI keine → Abnahmewirkungen entfalten kann.

Siehe auch: → Behördliche Abnahme
              → Abnahmewirkungen
              → Abnahme durch Architekten
              → Abnahmebefugnis

Praxistipp:
Da die technische Abnahme gerade keine Abnahmewirkungen entfaltet, treten diese auch erst mit Vorliegen der rechtsgeschäftlichen Abnahme ein. Der Vergütungsanspruch des Auftragnehmers beginnt daher auch erst dann zu verjähren, wenn eine rechtsgeschäftliche Abnahme durchgeführt wurde.

Abnahme durch Architekten

Siehe: → Abnahmebefugnis

Abnahme durch den Bauleiter

Siehe: → Abnahmebefugnis

Abnahme durch Behörden

Siehe: → Behördliche Abnahme
            → Abnahmebefugnis

Abnahme durch Sachverständige

Ebenso wie der Architekt kann auch ein Sachverständiger bevollmächtigt sein, eine Abnahme für den Bauherrn durchzuführen. Hinsichtlich der Bevollmächtigung ist seitens des Auftragnehmers auch hier darauf zu achten, ob der Sachverständige vom Bauherrn tatsächlich ausdrücklich zur Vornahme der Abnahme bevollmächtigt wurde.

Im Rahmen der → fiktiven Abnahme kommt dem Sachverständigen eine bedeutende Rolle zu, da eine Abnahme angenommen wird, wenn ein Sachverständiger ein Gutachten vorlegt, in welchem er bestätigt, dass die Leistungen mangelfrei und vertragsgerecht erbracht wurden.

Siehe auch: → Fertigstellungsbescheinigung

Abnahmebefugnis

Der Auftraggeber kann die Abnahme natürlich selbst vornehmen, er kann sich jedoch auch von anderen Personen bei der Abnahme vertreten lassen. Man spricht dann von der „Abnahmebefugnis" dieser Personen. Dem Auftragnehmer ist dringend anzuraten, vor der Abnahme sicherzustellen, dass der- oder diejenige Person, welche die Abnahme vornehmen will, auch tatsächlich die entsprechende Vollmacht hierzu besitzt. Eine Abnahme durch eine insoweit nicht bevollmächtigte Person führt zur Unwirksamkeit der Abnahme und damit verbunden zum Nichteintritt der → Abnahmewirkungen.

In der Baupraxis spielen die folgenden Fallgestaltungen eine Rolle:

- Abnahme durch den Architekten
- Abnahme durch einen Sachverständigen
- Abnahme durch den Bauleiter
- Abnahme durch Behörden
- Abnahme durch öffentliche Auftraggeber

Abnahme durch Architekten

Auftraggeber lassen sich bei der Abnahme nicht selten von einem Architekten vertreten. Sofern der Architekt neben anderen Leistungsphasen auch mit der Bauüberwachung beauftragt wurde, ist er nicht zugleich auch bevollmächtigt, die rechtsgeschäftliche Abnahme für den Auftraggeber vorzunehmen, soweit ihm nicht hierzu ausdrücklich seitens des Auftraggebers eine Sondervollmacht erteilt wurde.

Nach § 15 Abs. 2 Nr. 8 HOAI umfasst die Bauüberwachung zwar auch „die Abnahme der Bauleistungen unter Mitwirkung anderer an der Planung und Objektüberwachung fachlich Beteiligter". Diese Abnahme stellt jedoch lediglich eine → technische Abnahme dar.

Es gilt für den Auftragnehmer also darauf zu achten, dass dem Architekten über die Bauüberwachung hinaus eine zusätzliche Vollmacht zur rechtsgeschäftlichen Abnahme erteilt wird.

Es ist aber zu berücksichtigen, dass eine Architektenvollmacht auch schlüssig erteilt werden kann. Dies ist etwa dann der Fall, wenn der Bauherr seinen Architekten bei einer → förmlichen Abnahme zum Abnahmetermin entsendet, da er damit zum Ausdruck bringen will, dass der Architekt bevollmächtigt sein soll, die Bauabnahme für den Bauherrn durchzuführen.

> **Praxistipp:**
> Sofern eine Abnahme von einem Architekten vorgenommen wurde, der nicht ausdrücklich hierzu vom Auftraggeber bevollmächtigt wurde, so kann sich der Auftraggeber nicht auf das Fehlen der Architektenvollmacht berufen, wenn der Architekt während der Bauphase die Aufsicht führte und für den Auftraggeber die gesamte Vertragsabwicklung vorgenommen hatte, Gründe, die gegen eine Vollmacht des Architekten sprechen, nicht ersichtlich sind und die Tätigkeiten des Architekten sich nicht nur auf technische Beurteilungen bezogen haben. Es liegt dann gegebenenfalls eine Anscheinsvollmacht des Architekten vor.

Abnahme durch den Bauleiter
Die Grundsätze zur Abnahme durch einen Architekten gelten sinngemäß auch für eine Abnahme durch einen Bauleiter. Auch hier hat sich der Auftragnehmer stets gründlich darüber zu informieren, ob der Bauleiter, der vorgibt, die Abnahme für den Auftraggeber durchführen zu können, auch tatsächlich insoweit ermächtigt wurde. Die Fertigstellungsbescheinigung kann jedoch selbstverständlich nur von einem Architekten ausgestellt werden.

Abnahme durch Behörden
Bei der behördlichen Abnahme handelt es sich nicht um eine rechtsgeschäftliche Abnahme, durch welche allein die

→ Abnahmewirkungen herbeigeführt werden. Vielmehr liegt lediglich eine technische Abnahme vor.

Siehe auch: → Technische Abnahme
            → Abnahme
            → Abnahmewirkungen

Abnahme durch öffentliche Auftraggeber
Bei der rechtsgeschäftlichen Abnahme durch öffentliche Auftraggeber, etwa Gemeinden, sind grundsätzlich besondere Vertretungsregeln zu beachten.
Nach § 42 Abs. 1 der Gemeindeordnung für Baden-Württemberg etwa, vertritt der Bürgermeister die Gemeinde, nach § 71 Abs. 1 der Hessischen Gemeindeordnung wird die Gemeinde durch den Gemeindevorstand vertreten.
Die Abnahme stellt zwar grundsätzlich keine Angelegenheit der laufenden Verwaltung dar. Da jedoch mit der Bauabnahme keine weitere rechtliche Verpflichtung eingegangen wird, als sie sowieso schon durch den Bauvertrag festgelegt ist, kann die Abnahme bei öffentlichen Auftraggebern etwa auch von einem insoweit zuständigen Beamten des Bauamtes erklärt werden. Eine Erklärung des Bürgermeisters, seines Stellvertreters bzw. des Gemeindedirektors ist nicht erforderlich.

Praxistipp:
Für den Auftragnehmer gilt zu beachten, dass auch ein etwaiger Vorbehalt, der zwingend bei der Abnahme zu erklären ist, nicht mehr nachgeholt werden kann, wenn dies nicht der Beamte des Bauamtes, der die Abnahme durchgeführt hat, vorgenommen hat.

Abnahmebegriff

Die Abnahme spielt eine zentrale Rolle in der Baupraxis. Sie stellt den Dreh- und Angelpunkt eines jeden Bauvorhabens dar, an den eine Reihe wichtiger Wirkungen geknüpft sind. Die Abnahme ist praktisch ein Soll-Ist-Abgleich, der nach → Fertigstellung der (Teil-) Leistungen stattfindet.

Unter einer Abnahme versteht man:
- die körperliche Entgegennahme der vom Auftragnehmer erbrachten Leistungen durch den Auftraggeber und
- die Billigung dieser Leistungen durch den Auftraggeber als im Wesentlichen vertragsgerecht

1. Die körperliche Entgegennahme setzt voraus, dass der Auftragnehmer seinen Besitz an den erbrachten Leistungen vollständig aufgibt und dem Auftraggeber einräumt. Dies gilt insbesondere auch bei Bauwerken und Bauleistungen, bei denen der Auftraggeber als Eigentümer des Baugrundstückes bereits vor der Abnahme nach den gesetzlichen Vorschriften Eigentum auch an den Bauleistungen erworben hat. Eigentum und Besitz sind strikt voneinander zu trennen.
2. Für die Billigung des Werkes als im Wesentlichen vertragsgerecht genügt bereits ein tatsächliches Verhalten des Auftraggebers, aus dem unzweifelhaft hervorgeht, dass er die Leistungen als im Wesentlichen vertragsgerecht, sozusagen „als fertig", anerkennen will. Insoweit muss die Billigung zumindest schlüssig gegenüber dem Auftragnehmer zum Ausdruck kommen. Die VOB/B wie auch das BGB sehen darüber hinaus jedoch auch die

Sondertatbestände der → fiktiven Abnahme vor, bei denen es nicht darauf ankommt, dass der Auftraggeber den Willen hatte, die Arbeiten des Auftragnehmers als im Wesentlichen vertragsgerecht zu billigen. Bei der → fiktiven Abnahme wird diese lediglich an das Vorliegen bestimmter äußerer Umstände, wie etwa den Ablauf einer vom Auftragnehmer gesetzten Frist oder der Übergabe einer → Fertigstellungsbescheinigung geknüpft.

Wenn der Auftraggeber beim Abnahmetermin in einem Protokoll Mängel geltend macht, so steht dies einer Billigung nicht entgegen, wenn er nicht zugleich die Abnahme ausdrücklich verweigert. Der Auftraggeber verliert durch die Abnahme nicht sein Recht, diese Mängel noch nach der Abnahme geltend zu machen.

Eine Billigung der Arbeiten kann schließlich immer nur dann vorgenommen werden, wenn die Arbeiten vertragsgerecht ausgeführt worden sind. Dies bedeutet letztlich auch, dass reine Vorbereitungsarbeiten, etwa Baustelleneinrichtungsarbeiten, nicht abnahmefähig sind und nicht gebilligt werden können.

3. Ein Anspruch des Auftragnehmers auf Billigung seiner Leistungen besteht grundsätzlich immer nur dann, wenn die Arbeiten fertig gestellt und beim Abnahmetermin auch noch vorhanden sind. Allerdings ist dies nicht zwingend. Der Auftragnehmer hat bereits Anspruch auf Billigung, wenn nicht wichtige Einzelleistungen noch ausstehen, so dass die Arbeiten fast erbracht wurden und die fehlenden Arbeiten so unbedeutend sind, dass sie eine Abnahme der Gesamtleistung nicht ausschließen.

Siehe auch: → Abnahmewirkungen
                  → Abnahme
                  → Gefahrtragung

Praxistipp:
Wenn sich bei einem gemeinsam von Auftraggeber und
Auftragnehmer durchgeführten Abnahmetermin im Rahmen einer → förmlichen Abnahme herausstellt, dass die
Arbeiten gravierende Mängel aufweisen und der Auftraggeber gegenüber dem Auftragnehmer ausdrücklich
erklärt, dass er sich bezüglich dieser Mängel noch weitere Untersuchungen vorbehält, im Abnahmeprotokoll
aber die Mängel und die noch durchzuführenden Untersuchungen als „Ergebnis der Abnahme" festgehalten
werden, so liegt eine wirksame Abnahme vor. Der Auftraggeber hätte zwar die Abnahme verweigern dürfen,
dies aber auf dem Protokoll vermerken müssen. Er muss
dies also stets unmissverständlich zum Ausdruck bringen.

Abnahmeverweigerung

Nach § 12 Nr. 3 VOB/B ist ein Auftraggeber nur dann berechtigt, die Abnahme zu verweigern, wenn wesentliche Mängel
vorliegen. Liegen lediglich unbedeutende, unwesentliche
Mängel vor, so steht dem Auftraggeber ein Verweigerungs-
recht nicht zu. Wann ein Mangel als wesentlich einzustufen
ist, ist in der VOB/B nicht explizit geregelt.

Ob ein Mangel wesentlich ist und deshalb zur Verweigerung der Abnahme berechtigt, hängt letztlich von seiner Art, seinem Umfang und vor allem auch seinen Auswirkungen auf das Bauvorhaben ab und lässt sich nur unter Berücksichtigung der Umstände des jeweiligen Einzelfalles beurteilen.

Tritt der Mangel an Bedeutung so weit zurück, dass es unter Abwägung der Interessen von Auftraggeber und Auftragnehmer für den Auftraggeber zumutbar ist, eine zügige Abwicklung des gesamten Vertragsverhältnisses nicht länger aufzuhalten und deshalb nicht mehr auf den Vorteilen zu bestehen, die sich ihm vor der Abnahme bieten, (siehe → Abnahmewirkungen) dann darf er die Abnahme nicht verweigern. Der Auftraggeber kann somit die Abnahme nicht verweigern, wenn dies gegen Treu und Glauben verstoßen würde, wenn ihm also zugemutet werden kann, die vom Auftragnehmer angebotene Leistung als im Wesentlichen vertragsgemäße Leistung zu akzeptieren.

Anhaltspunkte für die in jedem Einzelfall bei der Beurteilung der Frage, ob ein wesentlicher Mangel vorliegt, vorzunehmende Abwägung der beiderseitigen Interessen können insbesondere sein:

- Art und Ausmaß eines Mangels,
- die Gebrauchsbeeinträchtigung sowie
- die Höhe der Mangelbeseitigungskosten.

Sofern eine Mehrzahl unwesentlicher Mängel vorliegt, kann sich aus der Anzahl der vorliegenden Mängel durchaus ergeben, dass der Auftraggeber dennoch nicht mehr verpflichtet ist, die Werkleistungen abzunehmen. Auch in diesem Fall kommt es jedoch entscheidend für die abschließende Beurteilung auf eine Einzelfallbetrachtung an. Generelle Aussagen können nicht getroffen werden.

Als wesentlich wurden in der Rechtsprechung beispielsweise die folgenden Mängel bezeichnet:
- 16 % des verlegten Fliesenmaterials weichen von der vertraglich vereinbarten Farbe ab.
- Es wurde eine Holzart verwendet, die von der vertraglich vereinbarten Holzart abweicht.
- Der Estrich wurde nicht in der Höhe eingebracht, wie dies vertraglich vereinbart worden war.

Als unwesentliche Mängel wurden dagegen etwa
- Ein uneben verlegter Teppichboden.
- Lose Dachziegel, sofern die Dichtigkeit des Daches nicht betroffen ist.
- Ein nicht gängiges Rollo bei einem schlüsselfertig erstellten Haus angesehen.

Neben dem Vorliegen eines wesentlichen Mangels bedarf es auch einer entsprechenden Abnahmeverweigerung durch den Auftraggeber. Die Abnahmeverweigerung ist eine empfangsbedürftige Willenserklärung, das heißt, sie muss gegenüber dem Auftragnehmer erklärt werden und diesem auch zugehen. Sie ist zwar an eine bestimmte Form nicht gebunden, kann also auch schlüssig oder mündlich erklärt werden.

Aus Dokumentations- und Beweisgründen ist es dem Auftraggeber aber in jedem Falle anzuraten, die Erklärung immer in Schriftform abzugeben.

Verweigert der Auftraggeber zu Recht die Abnahme, so treten die → Abnahmewirkungen nicht ein. Auch eine → fiktive
Abnahme scheidet aus.

Siehe auch: → Abnahmewirkungen
                → Fiktive Abnahme

Praxistipp:
Auch ganz geringfügige Abweichungen von den vertraglich geschuldeten Leistungen können „wesentliche Mängel" darstellen, die zur Abnahmeverweigerung berechtigen. In einem vom BGH entschiedenen Fall etwa war in
einer Position des Leistungsverzeichnisses nachfolgendes vereinbart: „Industriefußboden grau. Ebenflächigkeit
DIN 18 202 Teil 5 Zeile 4". Im Rahmen des Rechtsstreits
stellte der Sachverständige fest, dass die Leistung des
Auftragnehmers an 99 % der Messstellen diesen Anforderungen genügte. Dennoch bejahte der BGH das Vorliegen eines wesentlichen Mangels, mit der Begründung,
dass nicht auf die prozentuale Abweichung vom Leistungssoll abzustellen sei, sondern auf die Auswirkungen
des Mangels im Hinblick auf die Nutzbarkeit des Werkes,
hier also des Fußbodens, der vorliegend nicht mehr als
ebenflächig angesehen werden konnte.
(BGH Urteil vom 19.11.1998, AZ: VII ZR 371/96).

Abnahmewirkungen

Die rechtsgeschäftliche Abnahme ist mit einigen bedeutsamen Folgen für den Auftraggeber und den Auftragnehmer verbunden. Im Einzelnen zieht die Abnahme die folgenden Wirkungen nach sich:

- Das Erfüllungsstadium des Bauvertrages wird beendet, es beginnt das Gewährleistungsstadium.
- Die Vergütungs- und Leistungsgefahr geht auf den Auftraggeber über.
- Die Beweislast für das Vorliegen von Mängeln trägt der Auftraggeber.
- Die Verjährungsfrist für die Geltendmachung von Mängelansprüchen beginnt zu laufen.
- Es beginnt das Abrechnungsstadium.
- Der Auftraggeber verliert grundsätzlich seine Vertragsstrafenansprüche, wenn er diese sich nicht vorbehalten hat und
- Der Auftraggeber verliert Gewährleistungsansprüche bezüglich bei der Abnahme bekannter Mängel, wenn er deren Geltendmachung sich nicht ausdrücklich vorbehält.

Im Einzelnen:

Ende des Erfüllungsstadiums
Mit der Abnahme endet die Vorleistungspflicht des Auftragnehmers. Vor der Abnahme muss der Auftragnehmer zunächst Leistungen erbringen, bevor er eine entsprechende Gegenleistung, etwa eine Abschlagszahlung, vom Auftraggeber erhält. Dies ändert sich mit der Abnahme. Sobald der Auftraggeber Leistungen des Auftragnehmers abge-

nommen hat, kann er eine Zahlung grundsätzlich nicht mehr davon abhängig machen, dass der Auftragnehmer zuvor weitere Leistungen erbringt. Für den Auftragnehmer ist dies vor allem deshalb von Bedeutung, da nach der Abnahme Mängelansprüche des Auftraggebers lediglich noch dazu führen, dass ihm ein Zurückbehaltungsrecht hinsichtlich der Kosten der Mängelbeseitigung zustehen, die Schlussrechnungssumme aber im Übrigen zur Zahlung fällig ist. Sofern der Auftragnehmer also seinen Vergütungsanspruch einklagt, ergeht eine Verurteilung des Auftraggebers auf Zahlung der Vergütung Zug um Zug gegen Beseitigung der Mängel.

Übergang von Vergütungs- und Leistungsgefahr
Unter der so genannten Vergütungsgefahr wird das Risiko des Auftraggebers verstanden, die im Werkvertrag vereinbarte Vergütung bezahlen zu müssen, auch wenn die Arbeiten des Auftragnehmers verschlechtert oder zerstört worden sind, bzw. – aus Sicht des Auftragnehmers – das Risiko, wegen der Zerstörung oder Verschlechterung der Arbeiten keine Vergütung der Leistungen zu erhalten.
Vor der Abnahme trägt der Auftragnehmer grundsätzlich die Gefahr, dass der Auftraggeber bei Verschlechterung oder Zerstörung der Leistungen nicht zahlen muss. Mit der Abnahme geht diese Gefahr auf den Auftraggeber über. Er hat den Auftragnehmer grundsätzlich zu bezahlen, auch wenn nach der Abnahme die Leistungen zerstört werden oder sich verschlechtern.
In der VOB/B findet sich in § 7 eine Ausnahmeregelung von diesem Grundsatz. Nach dieser Vorschrift geht ausnahmsweise schon vor der Abnahme die Vergütungsgefahr auf den Auftraggeber über und zwar dann, wenn die Arbeiten

des Auftragnehmers durch „höhere Gewalt, Krieg, Aufruhr oder andere objektiv unabwendbare Ereignisse" zerstört werden sollten.

Umkehr der Beweislast
Vor der Abnahme hat der Auftragnehmer nachzuweisen, dass er ordentlich gearbeitet hat. Mit der Abnahme dreht sich die Beweislast um. Dann hat nämlich der Auftraggeber nachzuweisen, dass von ihm gerügte Mängel auch tatsächlich vorliegen. Dies hat in einem Bauprozess vor allem zur Folge, dass der Auftraggeber seine Mängelbehauptungen unter Beweis zu stellen hat und die Kosten für ein einzuholendes Sachverständigengutachten von ihm verauslagt werden müssen.

Beginn der Gewährleistungsfristen
Mit der Abnahme beginnt die Verjährungsfrist für die Geltendmachung von Mängelansprüchen zu laufen. Aus diesem Grunde ist es dem Auftragnehmer ebenso wie dem Auftraggeber dringend anzuraten, eine → förmliche Abnahme durchzuführen, bei welcher auf einem Protokoll der exakte Tag der Abnahme vermerkt ist. Es ist dann unproblematisch nachzuweisen, wann die Verjährungsfrist zu laufen begonnen hat und wann sie endet. Unwägbarkeiten bezüglich Beginn und Ende der Gewährleistungsfrist können dadurch von vornherein ausgeschlossen werden. Verweigert der Auftraggeber die Abnahme, obwohl keine wesentlichen Mängel vorliegen, so steht es einer Abnahme gleich, wenn er das Werk nicht innerhalb einer vom Auftragnehmer gesetzten Frist abnimmt. Die Verjährungsfrist beginnt dann mit Ablauf der Frist zu laufen.

Siehe auch: → Gewährleistungsfristen
               → Verjährung von Mängelansprüchen
               → Abnahmeverweigerung
               → Fiktive Abnahme

Beginn des Abrechnungsstadiums
Nach der Abnahme kann der Auftragnehmer die von ihm
erbrachten Leistungen mittels Schlussrechnung endgültig
abrechnen. Die Abnahme stellt eine Fälligkeitsvoraussetzung für die Zahlung der Vergütung des Auftragnehmers
dar. Neben der Abnahme ist für die Fälligkeit der Schlussrechnung auch Voraussetzung, dass diese prüffähig ist,
gestellt wurde und dem Auftraggeber zugegangen ist und
dass die zweimonatige Prüfungsfrist des § 16 Nr. 3 VOB/B
abgelaufen ist.

Siehe auch: → Fälligkeit der Schlusszahlung
               → Prüfungsfrist

Verlust von Vertragsstrafenansprüchen
Sofern im Bauvertrag eine Vertragsstrafe vereinbart wurde,
muss sich der Auftraggeber die Geltendmachung etwaiger
Vertragsstrafenansprüche gegenüber dem Auftragnehmer
bei der Abnahme vorbehalten, soweit im Bauvertrag nichts
abweichendes geregelt wurde.
Unterlässt er dies, so kann er gegenüber dem Auftragnehmer keine Vertragsstrafenansprüche mehr geltend machen.

Siehe: → Vertragsstrafe

Verlust von Mängelansprüchen bei unterlassenem Vorbehalt

Schließlich hat die Abnahme zur Folge, dass der Auftraggeber sich nicht mehr auf Mängel berufen kann, die ihm bereits bei der Abnahme bekannt waren, deren Geltendmachung er sich jedoch nicht bei der Abnahme vorbehalten hat.

Sofern sich der Auftragnehmer darauf berufen will, dass der Auftraggeber bereits bei der Abnahme Kenntnis von einem Mangel hatte, so hat er dies in einem Bauprozess nachzuweisen. Dieser Nachweis ist grundsätzlich relativ schwer zu führen.

Die Erklärung des Vorbehaltes stellt eine empfangsbedürftige Willenserklärung dar, die dem Auftragnehmer auch zugegangen sein muss. Der Zugang der Erklärung beim Auftragnehmer ist vom Auftraggeber im Streitfall nachzuweisen. Sofern der Auftraggeber den Vorbehalt nur mündlich erklärt hat, was möglich ist, wird es ihm regelmäßig schwer fallen, den konkreten Zugang beim Auftragnehmer nachzuweisen.

Praxistipp:

Dem Auftragnehmer ist dringend anzuraten, sich nicht darauf zu verlassen, dass der Auftraggeber bei der Abnahme bereits bekannte Mängel nicht gerügt hat. Der Auftraggeber verliert zwar bei unterlassenem Vorbehalt seine Ansprüche auf Nacherfüllung (früher: Nachbesserung) und Minderung der Vergütung. Der Auftraggeber behält jedoch grundsätzlich die Ansprüche auf Schadensersatz, wenn der Auftragnehmer den oder die Mängel fahrlässig und damit schuldhaft herbeigeführt hat. Es kann sein, dass die Schadensersatzansprüche den Auftragnehmer wirtschaftlich weitaus härter treffen als eine

---

Nacherfüllung. Der Auftraggeber ist allerdings auch mit der Geltendmachung von Schadensersatzansprüchen ausgeschlossen, wenn der Auftragnehmer den Mangel selbst nicht verschuldet hat, da ein Schadensersatzanspruch immer nur dann gegeben ist, wenn dem Auftragnehmer ein Verschulden zur Last gelegt werden kann.

Beispiel:
Der Auftragnehmer baut eine Türe ein, wobei ihm schon bei der Anlieferung der Türen aufgefallen ist, dass die Türen erhebliche Kratzspuren und Abplatzungen aufweisen. Hier handelt der Auftragnehmer fahrlässig und damit schuldhaft. Der Schadensersatzanspruch des Auftraggebers bleibt erhalten.

Der Auftragnehmer baut Türen ein, die zunächst keine Schäden erkennen lassen. Erst nach dem Einbau zeigt sich noch während der Bauausführung, dass sich die Beschichtung von den Türen löst. Hiervon hat der Auftraggeber vor der Abnahme Kenntnis. Es steht dem Auftraggeber bei unterlassenem Vorbehalt auch kein Schadensersatzanspruch zu, da der Auftraggeber die Mängel bei Einbau nicht erkennen konnte. Er handelte nicht fahrlässig und damit nicht schuldhaft.

Abrechnung nach freier Kündigung

Nach § 8 Nr.1 VOB/B kann der Auftraggeber den Bauvertrag jederzeit kündigen (siehe: → Freie Kündigung). Dem Auftragnehmer steht in diesem Fall die vereinbarte Vergütung zu, wobei er sich jedoch das anrechnen lassen muss, was er sich aufgrund der Kündigung an Aufwendungen erspart hat oder durch anderweitige Verwendung seiner Arbeitskraft erwirbt oder zu erwerben böswillig unterlassen hat.

Die Abrechnung der vom Auftragnehmer erbrachten Leistungen nach der Kündigung gestaltet sich unterschiedlich je nach Vertragsart. Es ist also zu unterscheiden, ob ein → Einheitspreisvertrag oder ein → Pauschalpreisvertrag vorliegt.
Bei der Abrechnung ist grundsätzlich aber immer zunächst die vertraglich vereinbarte Vergütung zugrunde zu legen. Es ist dann die Teilvergütung für die vom Auftragnehmer ausgeführten Teilleistungen zu ermitteln. Von der verbleibenden restlichen Vergütung sind die ersparten Kosten oder der (böswillig unterlassene) anderweitige Erwerb in Abzug zu bringen. Schließlich sind erster Betrag mit Mehrwertsteuer und zweiter Betrag ohne Mehrwertsteuer zu addieren. Dies ergibt diejenige Vergütung, welche dem Auftragnehmer nach freier Kündigung durch den Auftraggeber letztlich zusteht.

Abrechnung nach freier Kündigung beim Einheitspreisvertrag
Zunächst sind die erbrachten Leistungen zu ermitteln. Dabei ist zunächst ein entsprechendes → Aufmaß zu erstellen. Die aufgemessenen Mengen sind dann mit den vertraglich vereinbarten → Einheitspreisen, wie gewohnt, zu multiplizieren und den entsprechenden Positionen des → Leistungsverzeichnisses zuzuordnen. Der Auftragnehmer darf bei der Ermittlung angelieferte, aber noch nicht eingebaute Bauteile nicht berücksichtigen.

Die ersparten Kosten sind vom Auftragnehmer in der Art und Weise zu ermitteln, dass er die gemäß seiner ursprünglichen Kalkulation entfallenden Kosten und Aufwendungen von der Restvergütung in Abzug bringt. Er kann jedoch auch nach den tatsächlich ersparten Kosten abrechnen, wenn diese feststehen und er dadurch günstiger steht.

Ein in die Vergütung einkalkulierter Gewinn ist nicht als „ersparte Kosten in Abzug" zu bringen. In Abzug zu bringen sind lediglich die ersparten Aufwendungen. Ebenso stellen etwa ein Wagnis oder allgemeine Geschäftskosten keine ersparten Aufwendungen dar und sind somit nicht in Abzug zu bringen.

Ersparte Aufwendungen sind hingegen Lohnkosten, die aufgrund der Kündigung nicht angefallen sind. Sie sind allerdings nicht erspart, wenn der Auftragnehmer seine Arbeiter nicht anderweitig einsetzen kann und deshalb Lohnkosten entstehen, die er nicht abbauen kann.

Sofern der Auftragnehmer seinerseits bestehende Verträge mit Nachunternehmern kündigen muss und ihm hierbei keine Kosten entstehen, sind Nachunternehmerkosten als Ersparnis zu berücksichtigen.

Abrechnung nach freier Kündigung beim Pauschalpreisvertrag

Bei der Abrechnung eines Pauschalpreisvertrages gelten ebenfalls die eingangs erwähnten Grundsätze. Beim Pauschalpreisvertrag ergibt sich jedoch die Besonderheit, dass die gesamte vom Auftragnehmer zu erbringende Leistung nicht in einzelne Teilleistungen untergliedert ist, wie etwa beim Einheitspreisvertrag.

Im Rahmen der Abrechnung eines Pauschalpreisvertrages nach freier Kündigung muss der Auftragnehmer deshalb das Verhältnis der bis zur Kündigung erbrachten Leistungen zum vereinbarten Pauschalpreis und des Preisansatzes für die Teilleistungen zum Pauschalpreis darlegen, so dass dies für den Auftraggeber nachvollziehbar und nachprüfbar ist. Er hat dabei zumindest eine grobe Kalkulation des vereinbarten Pauschalpreises vorzulegen, die den Auftraggeber in die Lage versetzt, den in Rechnung gestellten Vergütungsanteil für die erbrachten Leistungen im Verhältnis zur gesamten Vergütung für die Gesamtleistung zu überprüfen.

Wie beim Einheitspreisvertrag auch, sind ersparte Aufwendungen in Abzug zu bringen. Insoweit wird auf die obigen Ausführungen zum Einheitspreisvertrag verwiesen.

Siehe auch: → Einheitspreisvertrag
→ Freie Kündigung
→ Pauschalpreisvertrag

Praxistipp 1:
Spricht der Auftraggeber gegenüber dem Auftragnehmer eine → freie Kündigung aus, so hat der Auftragnehmer Anspruch auf die vereinbarte Vergütung abzüglich der ersparten Aufwendungen. Sofern der Auftraggeber die freie Kündigung <u>noch vor Ausführungsbeginn</u> ausspricht, stellt sich regelmäßig die Frage, wie der Auftragnehmer konkret abzurechnen und welche Angaben er in die Abrechnung aufzunehmen hat. Es gilt in diesem Fall Folgendes:

Die vom Auftragnehmer nach → freier Kündigung vor Ausführungsbeginn zu erstellende Abrechnung muss es dem Auftraggeber ermöglichen, nachzuprüfen, ob der Auftragnehmer ersparte Kosten auf der Grundlage der konkreten, dem Bauvertrag zugrunde liegenden Kalkulation korrekt berücksichtigt hat. Der Auftragnehmer darf durch die → freie Kündigung des Auftraggebers keine Vor- oder Nachteile haben. Wird also ein Bauvertrag noch vor Ausführung gekündigt, so reicht es grundsätzlich aus, wenn der Auftragnehmer die dem Vertragsschluss zugrunde liegende Kalkulation darlegt. Hat der Auftragnehmer einen → Einheitspreisvertrag mit einem Zuschlag auf die Herstellungskosten kalkuliert, der bereits die sonstigen Faktoren und den Gewinn enthält, so kann – wohlgemerkt nur bei freier Kündigung vor Ausführungsbeginn – auf dieser Basis gegenüber dem Auftraggeber abgerechnet werden. Grund hierfür ist, dass es zu einer den Auftraggeber belastenden Verschiebung möglicherweise günstig oder ungünstig kalkulierter Posten nicht kommen kann, da insgesamt noch keine Arbeiten ausgeführt wurden.

Daraus ergibt sich auch, dass es in diesem Fall auch nicht nötig ist, Vergütungen aus → Subunternehmerverträgen im Einzelnen darzulegen, da diese bei Abzug der Herstellungskosten insgesamt bereits in Abzug gebracht werden. Eine nähere Differenzierung ist nicht erforderlich. Zur Erläuterung dient das folgende Beispiel.

Beispiel:
Der Auftraggeber kündigt noch vor Ausführungsbeginn einen Einheitspreisvertrag ohne wichtigen Grund nach

§ 8 Nr. 1 Abs. 1 VOB/B. Der Auftragnehmer rechnet daraufhin nach § 8 Nr. 1 Abs. 2 VOB/B ab. Dabei zieht er von der vereinbarten Vergütung die von ihm kalkulierten ersparten Material- und Lohnkosten korrekt ab. Weitere Abzüge nimmt er nicht vor. Er gibt an, dass er auf die Lohn- und Materialkosten aller Positionen des Leistungsverzeichnisses einen Aufschlag von 25 % vorgenommen habe, die er wie folgt aufgliedert:

Baustellengemeinkosten	10,5 %
Sondereinzelkosten	1,3 %
Allgemeine Verwaltungskosten	7,2 %
Wagnis	3,0 %
Gewinn	3,0 %
Gesamt:	25,0 %

Die Abrechnung genügt den Anforderungen bei Kündigung eines Bauvertrages vor Ausführung der Arbeiten. Der Auftraggeber darf diese Abrechnung nicht mangels Prüffähigkeit zurückweisen.
(BGH, Urteil vom 24.06.1999, AZ: VII ZR 342/98)

Praxistipp 2:
Der Auftragnehmer hat bei der Abrechnung nach freier Kündigung durch den Auftraggeber von vornherein seine Forderung um die ersparten Aufwendungen zu kürzen. Es ist nicht Aufgabe des Auftraggebers, nachzuprüfen, welche Abzüge der Auftragnehmer vorzunehmen hat.
Fordert der Auftragnehmer die ihm nach freier Kündigung zustehende Vergütung anhand einer Abrechnung,

> bei welcher er die ersparten Aufwendungen nicht in Abzug gebracht hat, vor Gericht ein, so geht er das vorhersehbare Risiko ein, mit einem Teil seiner eingeklagten Forderung, wenn nicht sogar vollumfänglich mangels Prüffähigkeit der Abrechnung zu unterliegen. Er hat in diesem Falle die (anteiligen) Gerichts- und Anwaltskosten zu tragen.

Abschlagsrechnung / Abschlagszahlung

Nach § 16 Ziffer 1 Abs. 1 VOB/B sind Abschlagszahlungen auf Antrag in Höhe des Wertes der jeweils nachgewiesenen vertragsgemäßen Leistungen einschließlich des ausgewiesenen, darauf entfallenden Umsatzsteuerbetrages in möglichst kurzen Zeitabständen zu gewähren. Auch beim BGB-Vertrag kann der Auftragnehmer seit Inkrafttreten des Gesetzes zur Beschleunigung fälliger Zahlungen zum 01.05.2000 Abschlagsrechnungen stellen. Allerdings können beim BGB-Vertrag Abschlagszahlungen nur „für in sich abgeschlossene Teile der Bauleistung" gefordert werden, wobei bislang nicht hinreichend geklärt ist, wann eigentlich tatsächlich in sich abgeschlossene Teile einer Bauleistung vorliegen. Die Regelung im BGB ist enger gefasst als in der VOB/B, wonach Abschlagszahlungen in möglichst kurzen Zeitabständen gefordert werden können.

Abschlagszahlungen haben nur vorläufigen Charakter. Dies bedeutet für den Auftragnehmer, dass Fehler, die sich bei

Stellung einer Abschlagsrechnung ergeben haben, bei Stellung der Schlussrechnung noch korrigiert werden können. Für den Auftraggeber hat dies zur Konsequenz, dass er seiner Ansicht nach zu viel geleistete Abschlagszahlungen mit nachfolgenden Abschlagsforderungen des Auftragnehmers verrechnen kann.

Wichtig für den Auftragnehmer ist, dass er Forderungen aus einmal gestellten und nicht oder nicht vollständig vom Auftraggeber gezahlten Abschlagsrechnungen dann nicht mehr geltend machen kann, wenn er, etwa nach Fertigstellung und Abnahme, berechtigt ist, die Schlussrechnung zu stellen. Eine Klage, mittels welcher der Auftragnehmer noch offene Forderungen aus Abschlagsrechnungen einfordert, hat also dann keinen Erfolg, wenn er zum Zeitpunkt der Klageerhebung bereits berechtigt war, eine Schlussrechnung zu stellen.

Der seitens des Auftragnehmers gegenüber dem Auftraggeber zu stellende Antrag auf Abschlagszahlung ist formfrei. Es muss jedoch stets ein Antrag vorliegen. Allein die Vereinbarung von Abschlagszahlungen im Bauvertrag reicht nicht aus, dass der Auftraggeber etwa von sich aus Abschlagszahlungen vornehmen müsste. In der Übersendung einer Abschlagsrechnung liegt aber regelmäßig ein Antrag auf Zahlung von Abschlagsforderungen.

Abschlagszahlungen gelten nicht als Abnahme von Teilleistungen des Auftragnehmers. Sollen also Teilleistungen des Auftragnehmers abgenommen werden, was durchaus möglich ist, so ist immer eine Abnahme erforderlich, auch wenn bereits Abschlagszahlungen geleistet wurden.

Die seitens des Auftragnehmers erbrachten Leistungen sind durch eine prüfbare Aufstellung nachzuweisen, die eine schnelle und sichere Beurteilung der Leistungen durch den Auftraggeber ermöglichen muss. Die Abschlagszahlung ist dabei erst zur Zahlung fällig, wenn seit dem Zugang dieser prüfbaren Aufstellung 18 Werktage vergangen sind. Dies bedeutet, dass eine weitere Fälligkeitsvoraussetzung neben der Stellung der entsprechenden Abschlagsrechnung auch ist, dass nach Übersendung der prüfbaren Aufstellung 18 Werktage vergangen sein müssen.

Sofern der Auftraggeber bei Fälligkeit der Abschlagszahlungen nicht zahlt, hat der Auftragnehmer die folgenden Möglichkeiten:

1. Er kann dem Auftraggeber eine angemessene Nachfrist zur Zahlung setzen. Wenn der Auftraggeber auch innerhalb der Nachfrist nicht zahlt, hat der Auftragnehmer vom Zeitpunkt des Nachfristablaufes an einen Anspruch auf Verzugszinsen in Höhe von 5 % über dem Basiszinssatz. Der jeweils aktuelle Basiszinssatz wird regelmäßig von der Deutschen Bundesbank unter www.bundesbank.de veröffentlicht. Er beträgt seit dem 01.01.2004 1,14 %. Der Verzugszinssatz beträgt damit derzeit insgesamt 6,14 %.

2. Der Auftragnehmer darf nach fruchtlosem Ablauf der Nachfrist die Arbeiten bis zur Zahlung einstellen, wobei dem Auftragnehmer grundsätzlich anzuraten ist, mit der Einstellung der Bauarbeiten zurückhaltend vorzugehen.

3. Der Auftragnehmer kann nach fruchtlosem Ablauf der Nachfrist von der Möglichkeit Gebrauch machen, den Bauvertrag zu kündigen. Voraussetzung hierfür ist allerdings, dass er zuvor dem Auftraggeber ohne Erfolg eine angemessene Frist zur Vertragserfüllung gesetzt und ihm

dabei erklärt hat, dass er nach fruchtlosem Ablauf der Frist den Vertrag kündigen werde.

Siehe auch: → Kündigung durch den Auftragnehmer

Praxistipp 1:

Da dem Auftragnehmer ein Anspruch darauf zusteht, Abschlagsforderungen einzufordern, hat er grundsätzlich bis zur Schlussrechnungsreife einen einklagbaren Anspruch auf Zahlung der Abschlagsrechnung. Macht der Auftraggeber jedoch bereits zum Zeitpunkt der Fälligkeit der Abschlagszahlung Mängel geltend, so steht ihm ein Zurückbehaltungsrecht im Hinblick auf die Abschlagsforderung des Auftragnehmers mindestens in Höhe der dreifachen zu erwartenden Mängelbeseitigungskosten zu. Beabsichtigt der Auftragnehmer nach erfolglos gesetzter Nachfrist zur Zahlung der Abschlagsforderung die Bauarbeiten einzustellen, weil der Auftraggeber Mängel geltend und von seinem Zurückbehaltungsrecht Gebrauch macht, also lediglich die Differenz zwischen Abschlagsforderung und dreifachen Mängelbeseitigungskosten auszahlt, so ist dem Auftragnehmer hiervon dringend abzuraten. Der Auftraggeber kann die weitere Zahlung zu Recht zurückhalten. Sofern der Auftragnehmer in diesem Fall die Arbeiten einstellt, geschieht dies ohne Rechtfertigung. Der Auftragnehmer macht sich gegenüber dem Auftraggeber schadensersatzpflichtig. Zudem kann der Auftraggeber bei Vorliegen der entsprechenden Voraussetzungen den Bauvertrag seinerseits aus wichtigem Grund kündigen.

Praxistipp 2:

Sinn und Zweck von Abschlagszahlungen ist es, den Auftragnehmer von der teilweise erheblichen Vorfinanzierung von Bauleistungen zu entlasten. Sobald der Auftraggeber den Bauvertrag kündigt, besteht für den Auftragnehmer keine Verpflichtung mehr, weitere Leistungen zu erbringen. Er kann vielmehr nach der Kündigung die Schlussrechnung stellen, in welche noch offene Abschlagsforderungen aufzunehmen sind. Es steht ihm deshalb nach der Kündigung nicht mehr das Recht zu, noch Abschlagszahlungen vom Auftraggeber zu fordern. Er muss vielmehr nach Fälligkeit der Schlussrechnung aus dieser gegen den Auftraggeber vorgehen und kann sich nicht mehr auf Abschlagsrechnungen beziehen.

Änderung des Bauentwurfes

Gemäß § 1 Nr. 3 VOB/B steht dem Auftraggeber das Recht zu, während der Bauphase Änderungen des Bauentwurfes anzuordnen.

Unter dem Begriff „Bauentwurf" sind alle Vorgaben zu verstehen, die für das Bauvorhaben, oder anders ausgedrückt, die bautechnischen Leistungen des Auftragnehmers, maßgeblich sind. Unter den Begriff „Bauentwurf" fallen damit vor allem die → Leistungsbeschreibung, die Baubeschreibung sowie das → Leistungsverzeichnis, ferner Pläne, (statische) Berechnungen und schließlich auch mündliche Anweisungen des Auftraggebers.

Das Änderungsrecht des Auftraggebers ist ausschließlich auf den Bauentwurf beschränkt. Er ist nicht berechtigt, neben dem Bauentwurf auch einseitig den Bauvertrag zu ändern. Er kann also beispielsweise keine Änderungen hinsichtlich Vereinbarungen über Gewährleistungsbestimmungen oder Zahlungsmodalitäten vornehmen. Ebenfalls vom Änderungsrecht nicht umfasst ist eine Änderung der vereinbarten Bauzeit. Der Auftraggeber ist zwar berechtigt, den Bauentwurf zu ändern. Ist damit jedoch zwangsläufig auch eine Verlängerung oder Verkürzung der Bauzeit verbunden, so hat der Auftraggeber eine neue Vereinbarung mit dem Auftragnehmer zu treffen.

Das Änderungsrecht des Auftraggebers ist nicht unbegrenzt. Die Grenzen des Änderungsrechtes des Auftraggebers ergeben sich aus einer Abwägung der beiderseitigen Interessen von Auftraggeber und Auftragnehmer. Es ist abzugrenzen von der Anordnung zusätzlicher Leistungen durch den Auftraggeber. Die Anordnung zusätzlicher Leistungen und die Änderung des Bauentwurfes unterscheiden sich vor allem im Hinblick auf die jeweiligen Rechtsfolgen.

Siehe auch: → Zusätzliche Leistungen
               → Anordnungen des Auftraggebers

Der Auftraggeber hat dem Auftragnehmer die Änderungsanordnung ausdrücklich mitzuteilen. Sie ist an keine bestimmte Form gebunden, kann also auch grundsätzlich mündlich erklärt werden, es sei denn im Bauvertrag ist ausdrücklich Schriftform vereinbart. Es ist jedoch aus Nachweisgründen immer die Schriftform anzuraten.

Der Architekt ist nicht befugt, im Rahmen der ihm erteilten Architektenvollmacht Änderungen gegenüber dem Auftragnehmer anzuordnen. Vielmehr bedarf es hierzu einer ausdrücklichen Bevollmächtigung durch den Auftraggeber.

Sofern der Auftraggeber seine Änderungsbefugnis überschreitet, also nicht lediglich Änderungen des Bauentwurfes anordnet, so ist die Änderungsanordnung für den Auftragnehmer unverbindlich, er muss sie also nicht berücksichtigen. Der Vertrag bleibt in seiner bisherigen Form, also unverändert bestehen. Die unzulässige Änderung bedeutet zwar einerseits keine Vertragskündigung durch den Auftraggeber, andererseits gibt sie allerdings auch dem Auftragnehmer kein Recht, den Bauvertrag zu kündigen, da die Anordnung unbeachtlich ist und für den Auftragnehmer keine nachteiligen Folgen nach sich zieht.

Die Änderung eines Bauentwurfes stellt eine Änderung des Vertragsinhaltes dar, weshalb – in der Regel dem Auftragnehmer – ein Anspruch auf Anpassung des vereinbarten Preises zusteht. Dies gilt auch für Pauschalpreisverträge. Maßgeblich für die Preisanpassung ist beim Einheitspreisvertrag § 2 Nr. 5 VOB/B, beim Pauschalvertrag ist § 2 Nr. 7 Abs. 1 Satz 4 VOB/B.

Demnach ist beim Einheitspreisvertrag etwa, ein neuer Preis unter Berücksichtigung der Mehr- oder Minderkosten zu vereinbaren, wenn durch die Änderung des Bauentwurfes die Grundlagen des Preises für eine im Vertrag nicht vorgesehene Leistung geändert werden. Beim Pauschalpreisvertrag ist ebenfalls ein neuer Preis zu vereinbaren, wenn durch die

Änderung des Bauentwurfes die auszuführende Leistung von der vertraglich vereinbarten so erheblich abweicht, dass dem Auftragnehmer nicht zugemutet werden kann, weiterhin am ursprünglichen Pauschalpreis festzuhalten.

Siehe auch:　　→　Mehrkosten
　　　　　　　　　→　Mehrvergütung
　　　　　　　　　→　Minderkosten

Praxistipp:
Sollte der Auftraggeber den Bauentwurf insoweit abändern, dass dies letztlich einer Neuanfertigung der Planung gleichkommt, so überschreitet er seine Befugnis zur Änderung des Bauentwurfes. Der Auftragnehmer braucht die Änderungen aufgrund des ihm zustehenden Leistungsverweigerungsrechtes hinsichtlich der Änderung nicht zu befolgen und gerät auch nicht in Verzug. Klauseln im Bauvertrag, durch welche das Leistungsverweigerungsrecht des Auftragnehmers ausgeschlossen wird, sind unwirksam. Letztlich bleibt dem Auftraggeber nur die Möglichkeit, einen neuen Vertrag unter den neuen Bedingungen abzuschließen oder mit dem Auftragnehmer eine einvernehmliche Vertragsänderung zu vereinbaren.

Allgemeine Geschäftsbedingungen

AGB sind alle für eine Vielzahl von Verträgen vorformulierte Vertragsbedingungen, die eine Vertragspartei, der Verwender, der anderen Vertragspartei bei Abschluss eines Vertrages stellt. AGB liegen demnach nur dann vor, wenn die Vertragspartner die einzelnen Bedingungen nicht individuell ausgehandelt haben, sondern Vertragsklauseln verwenden. Die Bestimmungen der VOB/B stellen AGB im Sinne des § 305 BGB dar. Sie unterliegen damit der Inhaltskontrolle der Vorschriften über AGB.

Die VOB/B stellt jedoch einen im Ganzen einigermaßen ausgewogenen Ausgleich der Interessen des Auftraggebers und des Auftragnehmers dar, ist also AGB-konform. Man spricht dabei auch von der Privilegierung der → VOB/B als Ganzes. Die VOB/B wird bei der Frage, ob sie dem Recht der AGB entspricht, als ganzes Werk betrachtet, das in sich ausgewogen ist. Sie enthält Vor- und Nachteile für den Auftragnehmer, benachteiligt ihn jedoch insgesamt nicht unverhältnismäßig. So wird im Rahmen der Inhaltskontrolle nicht jede einzelne Klausel der VOB/B auf Vereinbarkeit mit dem Recht der AGB hin überprüft, sondern das gesamte Klauselwerk als solches. Das ganze Klauselwerk ist ausgewogen und daher insgesamt als AGB-konform zu werten.

Sofern die Regelungen der VOB/B, etwa im Hinblick auf die Abnahme oder, wie häufig Gewährleistungsregelungen, abgeändert werden, so sind derartige isolierte Vereinbarungen nicht mehr von der Privilegierung der VOB/B als Ganzes gedeckt. Die Klauseln sind dann auf die Vereinbarkeit mit dem Recht der Allgemeinen Geschäftsbedingungen zu überprüfen.

Die VOB/B ist stets, um überhaupt wirksam vereinbart zu sein, in den Bauvertrag einzubeziehen. (Einbeziehung der VOB/B)

Siehe auch: → VOB/B als Ganzes

Praxistipp:

Die VOB/B ist nur dann privilegiert, wenn sie „als Ganzes" vereinbart wurde. Wird eine Klausel abgeändert, so ist es unerheblich, wie schwer wiegend die Abänderung ist. Auch nur geringfügige inhaltliche Abweichungen vom Text der VOB/B reichen aus, um sie insgesamt der Überprüfung durch §§ 305 ff BGB zu stellen. Hieraus ergeben sich für die Baupraxis ganz erhebliche Folgen. In VOB-Bauverträgen wird regelmäßig die 4-jährige Gewährleistungsfrist nach VOB/B auf fünf Jahre nach BGB verlängert. Dies dürfte künftig zur Konsequenz haben, dass etwa die in § 16 Nr. 3 Abs. 1 VOB/B geregelte Zweimonatsfrist für die Fälligkeit der Schlussrechnung unwirksam ist, da sie von der Regelung im BGB zu ungunsten des Auftragnehmers abweicht.

(BGH, Urteil vom 22.01.2004, AZ: VII ZR 419/02).

Allgemeine Technische Vertrags- bedingungen für Bauleistungen

Nach § 1 Nr. 1 Satz 2 VOB/B wird die vom Auftragnehmer auszuführende Leistung nach Art und Umfang durch den Vertrag bestimmt. Als ein Bestandteil des Vertrages gelten beim VOB-Bauvertrag dabei immer auch die Allgemeinen Technischen Vertragsbedingungen für Bauleistungen (ATV). Die Allgemeinen Technischen Vertragsbedingungen für Bauleistungen finden sich in Teil C der VOB wieder.

§ 1 Nr. 1 Satz 2 VOB/B hat letztlich jedoch nur für Bauverträge Bedeutung, die nicht mit öffentlichen Auftraggebern über ein Vergabeverfahren gemäß VOB/A zustande gekommen sind. Ansonsten ist bereits aufgrund der Vorschrift des § 10 Nr. 1 Abs. 2 VOB/A klargestellt, dass die VOB/C Vertragsbestandteil ist. Gemäß dieser Vorschrift ist nämlich in den Vergabeunterlagen vorzuschreiben, dass die VOB/B als auch die VOB/C Bestandteile des Vertrages werden.

Für VOB-Bauverträge, die nicht über ein Vergabeverfahren nach der VOB/A zustande kommen, hat die Bestimmung des § 1 Nr. 1 Satz 2 VOB/B vor allem insoweit Bedeutung, als im Bauvertrag lediglich die VOB/B vereinbart sein muss. Sofern die VOB/B wirksam vereinbart ist, ist auch automatisch die VOB/C Vertragsgegenstand.

Bei Widersprüchen im Bauvertrag sind gemäß § 1 Nr. 2 lit. e) VOB/B zudem die Allgemeinen Technischen Vertragsbedingungen für Bauleistungen (ATV) zur ergänzenden Bestimmung des Vertragsinhaltes heranzuziehen.

Die Allgemeinen Technischen Vertragsbedingungen für Bauleistungen in Teil C der VOB sind in verschiedene DIN-Normen untergliedert, wobei sich eingangs der Bestimmungen der VOB/C die „Allgemeinen Regelungen für Bauleistungen jeder Art", DIN 18299, befindet. Die im Anschluss daran befindlichen DIN 18300 ff, welche jeweils bestimmte Gewerke betreffen und hierzu speziellere Regelungen beinhalten als die allgemein gehaltene DIN 18299, gehen dieser Norm dabei regelmäßig vor.

Praxistipp:
Sofern zwischen den Vertragspartnern nicht ausdrücklich vereinbart wird, nach welchen technischen Regeln Bauleistungen auszuführen sind, gelten im VOB-Bauvertrag „automatisch" die Allgemeinen Technischen Vertragsbedingungen des Teiles C der VOB. Sofern jedoch die VOB/B nicht wirksam vereinbart worden ist, etwa weil einem privaten, im Baubereich unerfahrenen, Bauherrn bei Vertragsabschluss der Text der VOB/B nicht zur Kenntnisnahme ausgehändigt wurde, stellt sich die Frage, ob DIN-Vorschriften auf das Vertragsverhältnis anzuwenden sind. Dies ist zumindest nach Ansicht des OLG Saarbrücken zu bejahen. DIN-Vorschriften bedürfen zu ihrer Geltung nämlich keiner besonderen Vereinbarung. Dies hat zur Folge, dass für den Bauvertrag einschlägige DIN-Normen, etwa Aufmaßbestimmungen für ein bestimmtes Gewerk, auch für solche Verträge zur Anwendung kommen, bei denen lediglich ein Preis vereinbart wurde und ansonsten die gesetzlichen Regelungen des BGB gelten.
(OLG Saarbrücken, Urteil vom 27.06.2000, AZ: 7 U 326/99-80)

Anordnungen des Auftraggebers

Nach § 2 Nr. 5 VOB/B sind die vereinbarten Preise nach bestimmten Vergütungsregeln den Umständen anzupassen, wenn seitens des Auftraggebers der Bauentwurf geändert wird oder andere Anordnungen getroffen werden, die eine Anpassung des Preises rechtfertigen.

Hiervon ist strikt der Fall zu unterscheiden, wonach der Auftraggeber gemäß § 2 Nr. 6 VOB/B → Zusätzliche Leistungen vom Auftragnehmer fordert. Die Unterscheidung ist deshalb von Bedeutung, da der Auftragnehmer seinen Anspruch auf eine Mehrvergütung im Falle der Anordnung zusätzlicher Leistungen vor Ausführung der Arbeiten dem Auftraggeber gegenüber zwingend anzukündigen hat. Dieses Erfordernis entfällt, wenn der Auftraggeber lediglich Anordnungen trifft, wonach keine → zusätzlichen Leistungen auszuführen sind, oder den Bauentwurf abändert.

Keiner Ankündigung des Anspruches auf Mehrvergütung bedarf es etwa, wenn vom Auftraggeber lediglich Bauumstände geändert werden, die nicht im Risikobereich des Auftragnehmers liegen, etwa eine vom Auftraggeber angeordnete vorläufige Baueinstellung oder Arbeitsunterbrechung. Bauumstände werden auch geändert, wenn eine im Vertrag vorgesehene Eisenbahnstrecke nicht für den Materialtransport geeignet ist und deshalb vom Auftraggeber angeordnet wird, dass das Material auf andere Art und Weise befördert werden muss. Hier bedarf es also keiner Ankündigung einer Mehrvergütung durch den Auftragnehmer vor Ausführung der Arbeiten.

Sofern der Auftraggeber eine Mehrung der vertraglich vereinbarten Leistungspositionen anordnet, sich der Vertrag nicht inhaltlich, sondern um die vereinbarten Mengen oder Massen ändert, so verlangt der Auftraggeber vom Auftragnehmer mehr als ursprünglich, also eine zusätzliche Leistung. Der Anspruch auf Mehrvergütung ist dem Auftraggeber gegenüber also zwingend anzuzeigen, bevor die zusätzlichen Arbeiten ausgeführt werden.

Die Anordnungsbefugnis ist beschränkt auf geänderte und → zusätzliche Leistungen. Sie erstreckt sich nicht darauf, dass der Auftraggeber berechtigt wäre, andere Leistungen als die vertraglich vereinbarten oder sogar neue und selbstständige weitere Leistungen vom Auftragnehmer zu verlangen. Eine solche Anordnung braucht vom Auftragnehmer nicht berücksichtigt zu werden.

Die Vereinbarung eines neuen Preises soll vor Ausführung der Arbeiten getroffen werden, wenn lediglich Anordnungen vorliegen, die keine → zusätzlichen Leistungen betreffen. Die Vereinbarung über einen neuen Preis vor der Ausführung ist daher in diesen Fällen nicht Voraussetzung für einen Mehrvergütungsanspruch des Auftragnehmers. Wenn zusätzliche Leistungen angeordnet werden, ist eine Vereinbarung über die zusätzliche Vergütung vor der Ausführung zu vereinbaren, es sei denn, es liegt ein Notfall vor, der die unverzügliche Ausführung der Arbeiten erforderlich macht. Grundsätzlich sollte stets vor der Ausführung der Arbeiten die Vereinbarung getroffen worden sein, um nachträgliche Streitigkeiten über die zusätzliche Vergütung zu vermeiden.

Siehe auch: → Zusätzliche Leistungen
              → Mehrkosten
              → Mehrvergütung
              → Minderkosten

Praxistipp:
Es ist dem Auftragnehmer zu empfehlen, stets seinen Anspruch auf eine Mehrvergütung gegenüber dem Auftraggeber schriftlich anzuzeigen. Gerade dann, wenn sich der Auftragnehmer nämlich nicht sicher ist, ob der Auftraggeber nun lediglich eine Anordnung im Sinne von § 2 Nr. 5 VOB/B getroffen hat, bei welcher keine Ankündigung des Anspruches auf Mehrvergütung erforderlich ist, oder ob er → zusätzliche Leistungen nach § 2 Nr. 6 VOB/B gefordert hat, bei welcher der Auftragnehmer zwingend vor Ausführung seiner Arbeiten einen Mehrvergütungsanspruch ankündigen muss, ist der Auftragnehmer stets auf der sicheren Seite, wenn er einen Mehrvergütungsanspruch rein vorsorglich angekündigt hat.

Arbeiten an einem Bauwerk

Die Unterscheidung dahingehend, ob Arbeiten an einem Bauwerk oder Arbeiten an einem Grundstück vorliegen, ist im Hinblick auf die Länge der → Verjährungsfristen für Mängelansprüche von erheblicher Bedeutung. Die Verjährungsfrist für Arbeiten an Bauwerken beträgt nach § 13 Nr. 4 Abs. 1 VOB/B vier Jahre, gerechnet vom Zeitpunkt der → Abnahme an, für Arbeiten an Grundstücken beträgt sie hingegen zwei Jahre. Die Unterscheidung danach, ob Arbeiten an

Bauwerken oder an Grundstücken vorliegen, kann im Einzelfall durchaus problematisch sein.

Arbeiten an einem Bauwerk umfassen alle vertraglichen Leistungspflichten des Auftragnehmers, die sich auf die Errichtung, die Veränderung, die Erweiterung oder den Erhalt des Bauwerkes beziehen, sowie wesentlich und ursächlich hierzu beitragen. Ein Bauwerk ist jede Sache, die durch Verwendung von Arbeit und Material in Verbindung mit dem Erdboden hergestellt wird. Der Begriff geht weiter als der des Gebäudes und umfasst sowohl Bauwerke, die oberhalb als auch unterhalb der Erdoberfläche errichtet werden, etwa Eisenbahngleise, Straßen, aber auch Rohrleitungsnetze. Der Begriff umfasst auch nicht lediglich Bauten insgesamt, sondern auch die Herstellung einzelner Bauteile, also auch Fahrbahnmarkierungen bei Straßenbauten. Ferner zählen hierzu Instandsetzungs- und Änderungsarbeiten an bestehenden Gebäuden.

Zur Abgrenzung zu Arbeiten an einem Grundstück:
Siehe   → Arbeiten an einem Grundstück

Beispiele:

Abbrucharbeiten
Sofern der Auftragnehmer den Auftrag erhalten hat, ein bestehendes Bauwerk abzureißen, um im Anschluss ein neues Bauvorhaben dort zu errichten, so handelt es sich bei den Abbrucharbeiten um Arbeiten an einem Bauwerk. Die Mängelansprüche bezüglich dieser Arbeiten verjähren also in vier Jahren ab Abnahme der Abbrucharbeiten als Teilleistungen.

Wenn ausschließlich Abbrucharbeiten in Auftrag gegeben werden, ohne dass beabsichtigt ist, in Zukunft ein Bauvorhaben zu errichten, handelt es sich um Arbeiten an einem Grundstück, mit der Folge der zweijährigen Verjährungsfrist für Mängelansprüche. Sofern die Abbrucharbeiten einem Auftragnehmer ausschließlich übertragen worden sind, ohne dass auch die Errichtung eines neuen Bauvorhabens Vertragsgegenstand ist, der Auftraggeber jedoch konkret beabsichtigt, ein neues Bauvorhaben dort zu errichten, so liegen ebenfalls Arbeiten an einem Bauwerk vor, da die Abbrucharbeiten wie Ausschachtungsarbeiten, der Errichtung des neuen Bauvorhabens dienen.

Gerüstarbeiten
Sofern einem Auftragnehmer die Errichtung eines Bauwerkes in Auftrag gegeben wurde und als eigene Position im Leistungsverzeichnis die Aufstellung des Gerüstes steht, so sind in den Gerüstarbeiten jedenfalls Arbeiten an einem Bauwerk zu sehen.

Leuchtreklame
Eine Leuchtreklame, die mit einem Gebäude fest verbunden wird, stellt eine Arbeit an einem Bauwerk dar, wenn die Errichtung wegen Größe und Befestigung am Bauwerk nur durch spezielle Planung und statische Berechnung gewährleistet ist und sich die Leuchtreklame als erweiternder Bauteil des Gebäudes darstellt. (Im Fall des OLG Hamm, Urteil vom 27.06.1994, AZ: 17 U 53/93 hatte die Leuchtreklame Ausmaße von 12 Metern Länge, 0,25 Metern Tiefe sowie 2,05 Metern Höhe.)

Arbeiten an einem Grundstück

Führt der Auftragnehmer Arbeiten an einem Grundstück aus, so verjähren die Ansprüche auf Mängelbeseitigung in zwei Jahren, führt er Arbeiten an einem Bauwerk aus, so verjähren die Ansprüche erst in vier Jahren, jeweils gerechnet vom Zeitpunkt der Abnahme an.

Siehe auch: → Arbeiten an einem Bauwerk

Um Arbeiten an einem Grundstück handelt es sich, wenn Arbeiten am Grund oder Boden ausgeführt werden, etwa Erdarbeiten oder in unmittelbarem Zusammenhang damit stehende Arbeiten, ohne dass damit die Errichtung eines Bauwerkes verbunden wäre. Hierunter fallen beispielsweise reine Gartengestaltungsarbeiten oder reine Planier- und Baggerarbeiten. Ausschachtungs- oder Abgrabungsarbeiten, die dem Zweck dienen, dass danach ein Haus errichtet oder ein Kanalrohr verlegt wird, sind daher → Arbeiten an einem Bauwerk.

Zu Arbeiten an einem Grundstück zählen darüber hinaus auch solche Arbeiten, die zwar an einem Gebäude vorgenommen werden, dieses aber nicht in ihrer Substanz betreffen. Hierzu zählen etwa Ausbesserungsarbeiten an einem Farbanstrich, auch wenn diese an einem Gebäude erbracht werden, ohne dass sie dem Erhalt des Gebäudes dienen würden. Sofern jedoch die Substanz des Gebäudes betroffen ist und die Arbeiten der Erhaltung der Bausubstanz dienen, so liegen Arbeiten an einem Bauwerk vor. Hierunter fallen beispielsweise die Erneuerung eines Dachstuhles,

Ausbesserungsarbeiten an Mauerwerk oder ein <u>neuer</u> Farbanstrich an einer Fassade.

Wird ein Auftragnehmer in einem Bauvertrag sowohl mit der Erbringung von Arbeiten an einem Grundstück als auch mit der Erbringung von Arbeiten an einem Bauwerk beauftragt, so gilt im Übrigen für sämtliche Leistungen die längere Verjährungsfrist von vier Jahren. Eine Differenzierung findet nicht statt, so dass in solchen Fällen auch Mängelansprüche hinsichtlich Arbeiten an einem Grundstück ausnahmsweise erst in vier Jahren verjähren.

Praxistipp:
Die Unterscheidung danach, ob Arbeiten an einem Grundstück vorliegen, bei denen die Mängelansprüche bereits nach zwei Jahren Abnahme verjähren, oder aber Arbeiten an einem Bauwerk, bei welchem die Verjährung erst nach vier Jahren ab Abnahme eintritt, ist in Grenzfällen durchaus schwierig und für den juristischen Laien ist die hierzu ergangene Rechtsprechung wohl kaum überschaubar. Daher ist dem Auftraggeber nahe zu legen, in jedem Fall die Verjährungsfrist so früh wie möglich, etwa durch gerichtliche Schritte, zu hemmen.
Es sollte in jedem Fall davon abgesehen werden, sich auf eine Entscheidung eines Gerichtes in einem ähnlichen Einzelfall zu verlassen, da die Wertung, ob nun Arbeiten an einem Grundstück oder aber an einem Bauwerk vorliegen vom jeweiligen Einzelfall abhängt und vom zuständigen Gericht durchaus auch anders beurteilt werden könnte.

Wartet der Auftraggeber unnötig lange mit der Geltendmachung von Mängelansprüchen zu, weil er fehlerhaft
davon ausgeht, es lägen Arbeiten an einem Bauwerk vor,
obwohl es sich nach Ansicht der zuständigen Gerichte
um Arbeiten an einem Grundstück handelt, geht er die
Gefahr ein, dass der Auftragnehmer die Einrede der Verjährung erhebt. Dem Auftragnehmer ist in derartigen
Grenzfällen grundsätzlich anzuraten, rein vorsorglich die
Einrede der Verjährung zu erheben. Denn auf eine entsprechende Einrede hin findet grundsätzlich der
Gesichtspunkt der Verjährung vor Gericht Berücksichtigung.

Aufmaß

Nach § 14 Nr. 2 VOB/B sind die für die Abrechnung erforderlichen Feststellungen dem Fortgang der Leistungen entsprechend möglichst gemeinsam vorzunehmen, wobei die
Abrechnungsbestimmungen in den → Technischen Vertragsbedingungen und in den anderen Vertragsunterlagen zu
beachten sind. Für Leistungen, die bei Weiterführung der
Arbeiten nur schwer feststellbar sind, hat der Auftragnehmer rechtzeitig gemeinsame Feststellungen zu beantragen.

Diese Feststellungen, welche ausschließlich der Abrechnung der Arbeiten des Auftragnehmers dienen, werden in
der Regel in Gestalt eines Aufmaßes niedergelegt.

Das Aufmaß enthält nach Anzahl, Maß und gegebenenfalls Gewicht die vom Auftragnehmer ausgeführten Bauleistungen. Wie das Aufmaß zu erstellen ist, ergibt sich aus den → Allgemeinen Technischen Vertragsbedingungen für Bauleistungen, welche in den jeweiligen DIN-Vorschriften im Teil C der VOB festgehalten sind. Das Aufmaß muss nicht zwingend gemeinsam, also von beiden Vertragsparteien, erstellt werden. Vielmehr ist es grundsätzlich Aufgabe des Auftragnehmers, ein sachgerechtes und richtiges Aufmaß zu erstellen, das die Grundlage für seine Abrechnung bildet. Der Auftragnehmer wird immer ein großes eigenes Interesse daran haben, dass ein Aufmaß erstellt und seiner Abrechnung zugrunde gelegt wird. Sofern die VOB/B den Passus enthält, dass die Aufmaßnahme möglichst gemeinsam erfolgen solle, so hat dies lediglich empfehlenden Charakter. Ein nur vom Auftragnehmer erstelltes Aufmaß kann aber in jedem Falle einer Abrechnung zugrunde gelegt werden.

In der Baupraxis können folgende Fallgestaltungen auftreten:
- Das Aufmaß wird gemeinsam von Auftragnehmer und Auftraggeber erstellt. Ist dies der Fall, so ist das Aufmaß für beide Parteien bindend, gleichermaßen, ob es sich um einen privaten oder öffentlichen Auftraggeber handelt. Unterlaufen den Vertragsparteien allerdings Fehler im Hinblick bei den für das Aufmaß maßgeblichen Berechnungen oder Messungen, so kann das Aufmaß grundsätzlich angefochten werden.
- Das Aufmaß wird nur vom Auftragnehmer erstellt. In diesem Fall hat der Auftragnehmer zu beweisen, dass das Aufmaß korrekt ist. Er kann sich dabei auf das von ihm erstellte Aufmaß stützen, selbst dann wenn im Bauver-

trag ein gemeinsames Aufmaß vereinbart wurde. Der Auftragnehmer trägt in diesem Fall allerdings das Risiko des nur bedingt vorliegenden Beweises für die Richtigkeit des von ihm erstellten Aufmaßes. Dies könnte ihm dann zum Verhängnis werden, wenn – etwa bei Tiefbauarbeiten – die von ihm erbrachten Leistungen nicht mehr nachvollziehbar sind.

- Das Aufmaß wird nur vom Auftragnehmer erstellt und der Auftraggeber hat die Mitwirkung bei der Aufmaßnahme verweigert. In diesem Fall kann der Auftragnehmer zum vollen Nachweis der Richtigkeit seiner Abrechnung das von ihm erstellte Aufmaß heranziehen. Der Auftraggeber trägt, weil er gegen den in der Baupraxis allgemein geltenden Grundsatz der → Kooperationspflicht verstoßen hat, das volle Beweisrisiko hinsichtlich der Unrichtigkeit des vom Auftragnehmer erstellten Aufmaßes.

Die Aufmaßnahme hat „dem Baufortschritt entsprechend" zu erfolgen. Die VOB/B legt nicht explizit fest, in welchen zeitlichen Abschnitten genau die Aufmaßnahme zu erfolgen hat. Sie hat aber nicht zur Voraussetzung, dass etwa die gesamten Bauleistungen oder einzelne Gewerke fertig gestellt sein müssten. Vielmehr kann der Auftragnehmer schon eine (erneute) Aufmaßnahme verlangen, wenn Baufortschritte überhaupt zu erkennen sind. Vor allem dann, wenn zu befürchten steht, dass durch Folgearbeiten eine Aufmaßnahme nicht mehr möglich ist, wie etwa im Tiefbau, kann der Auftragnehmer eine gemeinsame Aufmaßnahme vom Auftraggeber fordern.

Sofern ein Architekt mit der Bauüberwachung betraut wurde, kann der Auftragnehmer schließlich davon ausgehen, dass der Architekt berechtigt ist, die Aufmaßnahme für den Auftraggeber mit durchzuführen. Nimmt der Architekt sie in diesem Falle vor, so liegt ein gemeinsames Aufmaß mit den oben beschriebenen Folgen vor.

Siehe auch: → Kooperationspflicht

Praxistipp 1:
Sofern § 14 Nr. 2 Satz 1 VOB/B bestimmt, dass das Aufmaß möglichst gemeinsam vorzunehmen ist, bedeutet dies nicht, dass in jedem Falle eine körperliche Aufmaßnahme durch beide Vertragsparteien durchzuführen wäre. Es genügt vielmehr für die Annahme eines gemeinsamen Aufmaßes, dass Auftragnehmer und Auftraggeber bzw. der vom Auftraggeber insoweit bevollmächtigte Architekt die für die Abrechnung maßgeblichen Mengen anhand der Ausführungspläne festlegen. Wenn also der Auftraggeber und der Auftragnehmer die vom Auftragnehmer erbrachte Leistung nicht auf der Baustelle selbst nachmessen, sondern die abzurechnenden Mengen lediglich anhand der maßgeblichen Ausführungspläne festlegen, und der Auftraggeber später diese Zahlen bestreitet, so hat er, da ein gemeinsames Aufmaß vorliegt, genau darzutun und zu beweisen, weshalb die Zahlen unrichtig sein sollen. Er kann sich letztlich einseitig nur dann von diesem gemeinsamen Aufmaß lösen, wenn er nachweist, dass die gemeinsam getroffenen Feststellungen nicht der Wirklichkeit entsprechen und ihm dies

erst nach der gemeinsamen Aufmaßnahme bekannt geworden ist.
(OLG Hamm, Urteil vom 12.07.1991, AZ: 26 U 146 / 89)

Praxistipp 2:
Ist in einem → Einheitspreisvertrag ausdrücklich geregelt, dass die Abrechnung „nach Aufmaß und Einheitspreisen" zu erfolgen habe, so ist die Rechnung, wirksame → Abnahme vorausgesetzt, nur zur Zahlung fällig, wenn ein entsprechendes Aufmaß der Rechnung auch beigefügt ist. Der Auftraggeber kann sich auf das fehlende Aufmaß berufen und die Zahlung grundsätzlich so lange verweigern, bis der Auftragnehmer das Aufmaß vorlegt. Das Recht des Auftraggebers, die Zahlung wegen des fehlenden Aufmaßes zu verweigern, verliert der Auftraggeber jedoch dann, wenn seit Rechnungsstellung ein Jahr vergangen ist. Nach Ablauf dieses Zeitraumes kann der Auftraggeber also nicht mehr die Zahlung verweigern, sofern lediglich das Aufmaß fehlt, im Übrigen aber eine prüfbare Rechnung vorliegt. Dies hat seinen Grund darin, dass der Auftraggeber ausreichend Möglichkeiten hat, innerhalb eines Jahres den Auftragnehmer aufzufordern, das fehlende Aufmaß vorzulegen.
(OLG Celle, Urteil vom 13.09.1995, AZ: 13 U 30 / 95)

Praxistipp 3:
Wenn Auftragnehmer und Auftraggeber vereinbaren, dass die tatsächlich erbrachten Bauleistungen des Auftragnehmers durch ein gemeinsames Aufmaß ermittelt

werden sollen, der Auftragnehmer jedoch lediglich das Aufmaß selbst erstellt und der Schlussrechnung beifügt, so ist die Rechnung dennoch zur Zahlung fällig. Der Auftraggeber kann in diesem Falle nicht die Zahlung mit dem Argument verweigern, es fehle ein gemeinsames Aufmaß.

Die Fälligkeit einer Schlussrechnung hat zur Voraussetzung, dass eine wirksame Abnahme vorliegt und die Rechnung prüfbar ist. Dies ist auch in diesem Fall gegeben. Allerdings trägt der Auftragnehmer das Beweisrisiko dafür, dass das Aufmaß richtig erstellt ist. Ist der Nachweis der Richtigkeit nicht mehr möglich, etwa weil bereits Folgegewerke auf den Leistungen des Auftragnehmers aufgebaut haben, so geht dies zu seinen Lasten. Beim gemeinsamen Aufmaß ist dies nicht der Fall, siehe oben.

(BGH, Urteil vom 29.04.1999, AZ: VII ZR 127 / 98)

Auftragsänderung

Siehe: → Anordnungen des Auftraggebers
→ Änderung des Bauentwurfes

Auftragsentziehung

Siehe: → Kündigung durch den Auftraggeber

Ausführung

§ 4 VOB/B regelt die einzelnen Rechte und Pflichten von Auftragnehmer und Auftraggeber während der Bauausführung. Diese Rechte und Pflichten werden unter den einzelnen Schlagworten detailliert erläutert. An dieser Stelle wird lediglich ein zusammenfassender Überblick über die jeweiligen Rechte und Pflichten der Vertragsparteien gegeben.

Auftraggeberpflichten und -rechte
Der Auftraggeber hat während der Ausführung der Arbeiten insbesondere die Pflicht,
1. für die Aufrechterhaltung der → Ordnung auf der Baustelle zu sorgen und das Zusammenwirken der einzelnen Unternehmer zu regeln,
2. dafür zu sorgen, dass die erforderlichen öffentlich-rechtlichen → Genehmigungen und Erlaubnisse herbeigeführt werden,
3. dem Auftragnehmer unentgeltlich die notwendigen Lager- und Arbeitsplätze, Zufahrtswege, Anschlussgleise sowie vorhandene Anschlüsse für Wasser und Strom zur Nutzung oder Mitbenutzung zu überlassen (→ Nutzung von Einrichtungen),
4. auf Verlangen des Auftragnehmers eine gemeinsame → Zustandsfeststellung zu treffen.

Er hat insbesondere das Recht,
1. die Ausführung der Arbeiten zu überwachen. Dabei hat er Zutritt zu Arbeitsplätzen, Werkstätten und Lagerräumen, wo die Leistungen erbracht werden (→ Überwachungsrecht des Auftraggebers und → Zutrittsrecht des Auftraggebers),

2. dass ihm die → Ausführungsunterlagen ausgehändigt werden und die erforderlichen Auskünfte erteilt werden, wenn dadurch keine Geschäftsgeheimnisse des Auftragnehmers preisgegeben werden (→ Auskunftsrecht),

3. → Anordnungen zu treffen, die zur vertragsgemäßen Ausführung der Leistungen erforderlich sind,

4. vom Auftragnehmer zu verlangen, dass Stoffe oder Bauteile, die dem Vertrag oder den Proben nicht entsprechen, innerhalb einer von ihm gesetzten Frist von der Baustelle entfernt werden,

5. dem Auftragnehmer den Auftrag zu entziehen, wenn er Leistungen nicht im eigenen Betrieb ausführt, sondern von Nachunternehmern ausführen lässt und nicht innerhalb einer vom Auftraggeber gesetzten Frist die Arbeiten im eigenen Betrieb ausführt. Der Zustimmung durch den Auftraggeber bedarf es allerdings nicht, wenn der Betrieb des Auftragnehmers nicht auf diese Leistungen eingerichtet ist (→ Kündigung durch den Auftraggeber).

Siehe: → Ordnung auf der Baustelle
               → Zutrittsrecht des Auftraggebers
               → Anordnungen des Auftraggebers
               → Auskunftsrecht
               → Nutzung von Einrichtungen
               → Zustandsfeststellung
               → Kündigung durch den Auftraggeber

Auftragnehmerpflichten und -rechte
Dem Auftragnehmer stehen während der Bauausführung hingegen die nachfolgenden Pflichten und Rechte zu. Er hat insbesondere die Pflicht,

1. gegen → Anordnungen des Auftraggebers → Bedenkenmitteilungen vorzubringen, wenn er die Anordnungen für
   unberechtigt oder unzweckmäßig hält, die Anordnungen
   jedoch auszuführen, wenn nicht gesetzliche oder behördliche Bestimmungen entgegenstehen,
2. die Arbeiten unter eigener Verantwortung nach dem Vertrag auszuführen, wobei er die anerkannten → Regeln der
   Technik sowie die gesetzlichen und behördlichen Bestimmungen zu beachten hat,
3. für Ordnung auf seiner Arbeitsstelle zu sorgen (→ Ordnung auf der Baustelle),
4. dafür zu sorgen, dass die gesetzlichen, behördlichen und
   berufsgenossenschaftlichen Verpflichtungen gegenüber
   seinen Arbeitnehmern eingehalten werden,
5. → Bedenkenmitteilungen gegenüber dem Auftraggeber
   abzugeben, wenn er Bedenken gegen die vorgesehene
   Art der Ausführung, gegen die Güte der vom Auftraggeber gelieferten Stoffe oder Bauteile oder gegen Leistungen der Vorunternehmer hat,
6. die von ihm ausgeführten Leistungen und die ihm übergebenen Gegenstände bis zur → Abnahme gegen
   Beschädigung und Diebstahl zu schützen,
7. auf Verlangen des Auftraggebers ausgeführte Leistungen
   oder ihm überlassene Gegenstände gegen Eis und Schnee
   sowie vor Grundwasser und Winterschäden zu schützen,
8. Mängel, die sich bereits während der Bauausführung zeigen, zu beseitigen (→ Gewährleistung vor der Abnahme),
9. die Leistungen im eigenen Betrieb auszuführen, sofern
   dieser darauf eingerichtet ist und bei Weitervergabe der
   Leistungen die VOB/B dem Vertrag mit dem Nachunternehmer zu Grunde zu legen sowie den Nachunternehmer
   dem Auftraggeber auf Verlangen zu benennen.

Siehe auch: → Abnahme
                → Bedenkenmitteilung
                → Kündigung durch den Auftraggeber
                → Nachunternehmer
                → Schadenersatz
                → Vorunternehmer

Verstöße gegen die vorgenannten Pflichten aus § 4 VOB/B führen grundsätzlich zu Schadensersatzansprüchen der jeweils betroffenen Vertragspartei. Die Pflichten stellen zwar lediglich Nebenpflichten der Vertragsparteien dar, doch lösen auch Verstöße gegen Nebenpflichten Schadensersatzansprüche aus. Der Pflichtenkatalog ist im Übrigen nicht abschließend, sondern beschreibt nur die wesentlichen Pflichten der Vertragsparteien während der Bauausführung.

Ausführungsfristen

Siehe: → Vertragsfristen

Auskunftsrecht

Dem Auftraggeber stehen während der Ausführung der Bauarbeiten → Zutrittsrechte, Einsichtsrechte und Auskunftsrechte zu. Der Auftragnehmer hat dem Auftraggeber alle erforderlichen Auskünfte zu erteilen, die der Auftraggeber benötigt, um den Bauablauf ausreichend und ordnungsgemäß überwachen zu können.

Der Auftragnehmer braucht dem Auftraggeber jedoch keine Auskünfte über bestimmte Umstände zu erteilen, wenn er damit Gefahr laufen würde, dass Betriebsgeheimnisse preisgegeben werden. Betriebsgeheimnisse liegen dann vor, wenn der Auftragnehmer ein objektiv begründetes, berechtigtes wirtschaftliches Interesse daran hat, dass nur ein eng begrenzter Personenkreis über Kenntnisse verfügt. In Betracht kommen beispielsweise Informationen über bestimmte Verfahrenstechniken oder Formeln.

Siehe auch: → Überlassungspflichten

Praxistipp:
Sofern der Auftragnehmer dem Auftraggeber vertrauliche Auskünfte erteilt, zu deren Geheimhaltung er eigentlich berechtigt wäre und er den Auftraggeber ausdrücklich auf die Vertraulichkeit der Auskünfte hinweist, so macht sich der Auftraggeber schadensersatzpflichtig, wenn er diese Auskünfte – auch nach Beendigung des Vertrages – an Dritte weitergibt. Zusätzlich stehen dem Auftragnehmer Unterlassungsansprüche gegen den Auftraggeber zu, die er gegebenenfalls gerichtlich, auch im Wege einer einstweiligen Verfügung durchsetzen kann.

Ausschlusswirkung der Schlusszahlung

Siehe: → Schlusszahlung
               → Vorbehalt der Schlusszahlung

B

Bauabzugssteuer

Die Bauabzugssteuer wurde mit Wirkung zum 01.01.2002 durch das Gesetz zur Eindämmung der illegalen Beschäftigung eingeführt. Demnach ist bei allen Zahlungen von unternehmerisch tätigen Auftraggebern oder juristischen Personen des öffentlichen Rechtes für im Inland erbrachte Bauleistungen auf Rechnung des ebenfalls unternehmerisch tätigen Auftragnehmers ein Abzug in Höhe von 15 % des Bruttorechnungsbetrages vorzunehmen und einzubehalten, wenn der Auftragnehmer keine Freistellungsbescheinigung vorlegt oder bestimmte Freigrenzen überschritten werden.

Die Freistellungsbescheinigung wird vom zuständigen Finanzamt des Auftragnehmers ausgestellt. Das Finanzamt stellt eine Freistellungsbescheinigung nur dann aus, wenn es zu der Überzeugung gelangt ist, dass der ihm zustehende Steueranspruch nicht gefährdet ist.

Der Auftraggeber kann im Falle, dass keine Freistellungsbescheinigung vorgelegt wird, und dem Auftragnehmer zustehende Freigrenzen überschritten werden (siehe unten), den Abzugsbetrag einbehalten, muss ihn dann aber innerhalb von zehn Tagen nach Ablauf des Monates, in welchem er die restliche Zahlung an den Auftragnehmer erbracht hat, an das für den Auftragnehmer zuständige Finanzamt zugunsten des Auftragnehmers abführen. Aus diesem Grunde besteht für den Auftragnehmer nicht die Möglichkeit, den Abzug

83

durch Stellung einer Sicherheit, etwa einer Bankbürgschaft, abzulösen. Für den Auftraggeber besteht der Nachteil in einem Einbehalt der Bauabzugssteuer vor allem darin, dass er zunächst einmal das zuständige Finanzamt des Auftragnehmers ausfindig machen muss und dann sämtliche Formalitäten bei der Anmeldung selbst vorzunehmen hat.

Im Ergebnis muss der Auftraggeber also, etwa auf eine Abschlags- oder Schlussrechnung hin, lediglich die verbleibenden 85 % der Bruttorechnungssumme (abzüglich eines etwa vereinbarten Sicherheitseinbehaltes) an den Auftragnehmer auszahlen. Die weiteren 15 % sind dann innerhalb der vorgenannten Frist an das Finanzamt abzuführen.

Der Auftragnehmer kann den Einbehalt der Bauabzugssteuer nicht nur durch Vorlage einer Freistellungsbescheinigung abwenden. Dem Auftraggeber steht auch dann kein Recht auf Einbehalt zu, wenn die Höhe der Bruttorechnungssumme einen Betrag in Höhe von € 5.000,00 nicht übersteigt. Bei der Ermittlung dieser Bagatellgrenze kommt es nicht nur auf die Leistungen für das betreffende Bauvorhaben an. Vielmehr sind sämtliche Leistungen des Auftragnehmers, die er für den jeweiligen Auftraggeber innerhalb eines Kalenderjahres erbracht hat, zu addieren. Übersteigen sämtliche Forderungen innerhalb des Kalenderjahres die Bagatellgrenze, so steht dem Auftraggeber das Recht zu, die Bauabzugssteuer einzubehalten, wenn der Auftragnehmer nicht eine Freistellungsbescheinigung vorlegt.

Der Begriff „Bauleistung" ist weit auszulegen. Es fallen darunter alle Leistungen des Auftragnehmers, die der Herstellung, Instandsetzung, Instandhaltung, der Änderung oder

der Beseitigung von Bauwerken dienen. Hierzu zählen auch Baustoffe und Bauteile sowie etwa Fenster, Türen oder Bodenbeläge. Nicht zu den Bauleistungen und somit im Hinblick auf die Bauabzugssteuer steuerfrei sind Leistungen von Architekten oder Sonderfachleuten sowie Materiallieferungen von Baustoffhändlern.

Siehe auch: → Freistellungsbescheinigung

Praxistipp:
Wie bereits oben ausgeführt, hat das jeweils zuständige Finanzamt des Auftragnehmers nach § 48b Abs. 1 EStG die Freistellungsbescheinigung zu erteilen, wenn der zu sichernde Steueranspruch nicht gefährdet erscheint.
Dabei steht dem Finanzamt nicht das Recht zu, die Erteilung der Bescheinigung deshalb zu verweigern, weil der Auftragnehmer regelmäßig mit der Begleichung von Steuerschulden in Verzug gerät. Dies würde dem Sinn und Zweck der Bauabzugssteuer widersprechen, die lediglich dazu dienen soll, die illegale Bautätigkeit in Deutschland einzudämmen. Das Gesetz darf vom Finanzamt nicht dazu missbraucht werden, säumige Steuerzahler zu bestrafen oder Steuerschulden einzutreiben. Nur dann, wenn ausreichend konkrete Anhaltspunkte und Feststellungen dahingehend bestehen, dass der Auftragnehmer Steuergesetze nicht einhalten will, kann das Finanzamt die Erteilung der Bescheinigung versagen.
(Finanzgericht Berlin, Beschluss vom 21.12.2001, AZ: 8 B 8108 / 01)

Praxistipp 2:
Der Auftraggeber ist nicht verpflichtet, vor jeder Zahlung an den Auftragnehmer nachzuprüfen, ob die einmal vom Auftragnehmer vorgelegte Freistellungsbescheinigung noch Gültigkeit hat oder ob sie zwischenzeitlich widerrufen wurde.
(OFD Münster, Verfügung vom 25.02.2002, AZ: S 2303-2 St 13-31)

Baubeginn / Baubeginnanzeige

Nach § 5 Nr. 1 VOB/B hat der Auftragnehmer die Ausführung der vertraglich vereinbarten Bauleistungen nach den verbindlichen → Vertragsfristen zu beginnen, wobei die in einem Bauzeitenplan enthaltenen Einzelfristen nur dann als verbindlich gelten, wenn dies ausdrücklich im Bauvertrag vereinbart ist.

Sofern der Auftragnehmer zunächst rein interne Vorbereitungshandlungen für die Bauausführung trifft, so beginnt er noch nicht mit den Bauausführungen. Wenn er also etwa Material bestellt, Baugeräte anmietet, Subunternehmer beauftragt oder Arbeitspläne für seine Mitarbeiter erstellt, liegt noch kein Baubeginn vor. Er ist jedoch dann anzunehmen, wenn er den eigentlichen Produktionsvorgang eingeleitet hat, also zum Beispiel damit begonnen hat, Betonfertigteile zu erstellen oder wenn er Baugeräte zum Bauplatz schaffen lässt. Um mit den Bauarbeiten zu beginnen, muss der Auftragnehmer also die rein interne Planungs- und Vorbereitungsphase bereits verlassen haben und tatsächlich entweder mit der Produktion von Bauteilen oder aber mit der Einrichtung der Baustelle begonnen haben.

Sofern die Vertragsparteien einen Ausführungstermin oder eine Ausführungsfrist, innerhalb welcher die Bauarbeiten begonnen werden müssen, vereinbart haben, so richtet sich die Verpflichtung des Auftragnehmers, mit den Bauleistungen zu beginnen, ausschließlich nach diesen vertraglichen Vereinbarungen.

Sind keine Vertragsfristen vereinbart, so richtet sich die Verpflichtung des Auftragnehmers, mit den Arbeiten zu beginnen, nach § 2 Nr. 5 VOB/B. Danach gilt Folgendes:

- Der Auftraggeber hat dem Auftragnehmer auf dessen Verlangen hin den voraussichtlichen Ausführungsbeginn mitzuteilen.
- Innerhalb von zwölf Werktagen nach Abruf der Bauleistungen hat der Auftragnehmer mit den Arbeiten zu beginnen und
- der Auftragnehmer hat dem Auftraggeber den Beginn der Bauarbeiten anzuzeigen, (Baubeginnanzeige).

Auskunftspflicht des Auftraggebers
Die Auskunftspflicht des Auftraggebers korrespondiert mit der Vorschrift in § 11 Nr. 1 Abs. 3 VOB/A. Demnach ist, sofern ein öffentlicher Auftraggeber beteiligt ist, womit die Vorschriften der VOB/A bei der Vergabe der Bauleistungen einzuhalten sind, die Frist, innerhalb derer der Auftraggeber dem Auftragnehmer den voraussichtlichen Beginn der Arbeiten mitzuteilen hat, in den Vergabeunterlagen bereits anzugeben. Ist kein öffentlicher Auftraggeber beteiligt und wurde kein Vergabeverfahren nach der VOB/A durchgeführt,

so ist in § 2 Nr. 5 VOB/B geregelt, dass dem Auftragnehmer ein Auskunftsanspruch gegenüber dem Auftraggeber hinsichtlich der Bekanntgabe des Ausführungsbeginns zusteht.

Teilt der Auftraggeber den voraussichtlichen Ausführungstermin nicht oder nicht unverzüglich mit, so sind Schadensersatzansprüche des Auftragnehmers gegen den Auftraggeber denkbar. Ebenso kann der Auftragnehmer die Verlängerung von Vertragsfristen fordern und gegebenenfalls den Bauvertrag nach § 9 Nr. 1b VOB/B kündigen. Der Auftragnehmer muss allerdings nachweisen, dass es aufgrund einer verspäteten Mitteilung des Auftraggebers zu Behinderungen kam und ihm hieraus wiederum finanzielle oder sonstige Schäden entstanden sind.

Pflicht, innerhalb von zwölf Werktagen nach Abruf mit der Ausführung zu beginnen
Der Auftragnehmer ist verpflichtet, innerhalb der 12-Werktagesfrist nach dem Abruf des Auftraggebers mit den Arbeiten zu beginnen. Beginnt er innerhalb der Frist nicht mit den Arbeiten, so macht er sich schadensersatzpflichtig.

Sollte der Auftraggeber einseitig eine Ausführungsfrist festlegen, die länger oder kürzer als die 12-Werktagesfrist ist, so ist dies unzulässig. Der Auftragnehmer hat auch in diesem Fall weiterhin das Recht, innerhalb der 12-Werktagesfrist die Arbeiten zu beginnen und muss damit nicht früher anfangen. Es ist den Vertragsparteien jedoch unbenommen, durch eine entsprechende Vereinbarung auch eine kürzere oder eine längere Ausführungsfrist zu vereinbaren. In diesem Fall ist dann die vereinbarte Ausführungsfrist maßgeblich.

Der Abruf des Auftraggebers ist nicht an eine bestimmte Form gebunden. Er kann also sowohl mündlich wie schriftlich erfolgen. Aus Dokumentations- und Beweisgründen ist aber auch hier wieder die Schriftform anzuraten.

Baubeginnanzeige
Die Baubeginnanzeige ist ebenfalls nicht formgebunden. Sie ist im Übrigen nur dann zu erklären, wenn keine Vertragsfristen vereinbart wurden und der Auftraggeber die Bauleistungen abgerufen hat.

Siehe auch: → Kündigung durch den Auftraggeber
→ Schadensersatz
→ Vertragsfristen

Praxistipp 1:
Wenn die Vertragsparteien im Bauvertrag einen Baubeginntermin verbindlich festlegen und dieser aufgrund von Verzögerungen von Vorunternehmern nicht gehalten werden kann, sich also um einige Wochen oder gar Monate verschiebt, so stehen dem Auftragnehmer die nachfolgenden Rechte gegenüber dem Auftraggeber zu: Er kann, sofern er den Bauvertrag mit dem Auftraggeber aufrechterhalten will, die ihm durch die Verzögerungen eingetretenen → Mehrkosten ersetzt verlangen. Er hat gegenüber dem Auftraggeber einen Anspruch auf Schadensersatz nach § 6 Nr. 6 VOB/B, wenn der Auftraggeber die eingetretenen Verzögerungen schuldhaft verursacht hat. Dies ist etwa der Fall, wenn er seiner Verpflichtung zur Bereitstellung von Einrichtungen nicht nachgekommen ist und sich deshalb die Arbeiten der Vorunterneh-

mer verzögert haben. Will der Auftragnehmer nicht lediglich Schadensersatz und Mehrkosten geltend machen, sondern den Bauvertrag nicht mehr erfüllen, so hat er die folgenden Möglichkeiten: Ruft der Auftraggeber die Arbeiten verspätet ab, so befindet er sich automatisch in Annahmeverzug. Der Auftragnehmer ist aufgrund des Verzuges des Auftraggebers berechtigt, den Bauvertrag aus wichtigem Grunde gemäß § 9 Nr. 1 lit. a VOB/B zu kündigen.

Zusätzlich, nicht etwa nur alternativ, kann der Auftragnehmer bei einer mehr als dreimonatigen Verzögerung hinsichtlich des Abrufes den Bauvertrag auch nach § 6 Nr. 7 VOB/B kündigen.

(OLG Düsseldorf, Urteil vom 25.04.1995, AZ: 21 U 192 / 94)

Praxistipp 2:
Vorstehende Grundsätze gelten jedoch nur dann, wenn die Bauvertragsparteien einen verbindlichen Baubeginntermin vereinbart haben. Haben die Bauvertragsparteien hingegen keinen verbindlichen Baubeginntermin im Bauvertrag oder sonst wirksam vereinbart, hat der Auftragnehmer zunächst einen Anspruch gegen den Auftraggeber, den voraussichtlichen Baubeginn mitzuteilen. Hat der Auftragnehmer einen Bauvertrag mit einem öffentlichen Auftraggeber geschlossen (Vergabeverfahren nach VOB/A) und wurden in den Verdingungsunterlagen keine Angaben zum Baubeginn gemacht, so kann der Auftragnehmer in aller Regel davon ausgehen, dass der öffentliche Auftraggeber die Arbeiten innerhalb von zwei Mona-

ten abruft. Erfolgt in diesem Zeitraum kein Abruf, so steht dem Auftragnehmer das Recht zu, nach Ablauf einer von ihm gesetzten Nachfrist Schadensersatz vom Auftraggeber zu verlangen. Ein Rücktritt vom Vertrag scheidet jedoch aus.

(BGH, Urteil vom 30.09.1971, AZ: VII ZR 20/70)

Baugewährleistungsversicherung

Mängelansprüche des Auftraggebers aufgrund nach der Abnahme auftretender Mängel werden bislang vorrangig durch selbstschuldnerische unbefristete Bürgschaften abgedeckt. Zwar ist der Auftraggeber durch die Hingabe einer Bürgschaft weitgehend hinsichtlich der entstehenden Mangelbeseitigungskosten gesichert, wobei er im Falle der Insolvenz des Auftragnehmers jedoch auf den Sicherungsbetrag beschränkt ist. Übersteigen die Mangelbeseitigungskosten den Sicherungsbetrag, geht der Auftraggeber hinsichtlich des überschießenden Betrages leer aus. Für den Auftragnehmer stellt die Hingabe einer Bürgschaft keine finanzielle Entlastung dar, da zwar zunächst das sich verbürgende Kreditinstitut für die Kosten der Mangelbeseitigung aufkommt, allerdings beim Auftragnehmer in voller Höhe Regress nimmt.

Etwa vom Auftragnehmer vor Beginn der Bauausführung abgeschlossene Bauleistungsversicherungen stellen für ihn ebenfalls keine Absicherung dar, da diese Versicherungen regelmäßig nur unvorhergesehene Sachschäden abdecken, die vor der Abnahme entstehen. Betriebshaftpflichtversicherungen bieten lediglich Schutz gegen allgemeine Haftpflichtschäden während der Bauphase, nicht jedoch für Mangelansprüche des Auftraggebers.

Seit einiger Zeit werden auf dem deutschen Versicherungsmarkt Baugewährleistungsversicherungen angeboten. Diese Versicherungen decken hauptsächlich diejenigen Kosten ab, welche im Rahmen von Mangelbeseitigungen nach der → Abnahme entstehen. Gedeckt sind ferner Kosten aus der Befriedigung von Minderungsansprüchen, die nach der Abnahme geltend gemacht werden.

Dabei werden auch → Subunternehmer in den Versicherungsumfang einbezogen. Umfasst werden vom Versicherungsumfang ferner unterlassene → Bedenkenmitteilungen und daraus sich ergebende Schäden.

Schließlich kommen die Versicherungen auch für Verfahrenskosten auf, die im Zusammenhang mit gerichtlichen Auseinandersetzungen aufgrund von Mängelansprüchen entstehen.

Die Versicherung ist vor Ausführung der Bautätigkeiten abzuschließen.

Praxistipp:
Dem Auftragnehmer ist gerade bei der Ausführung von Bauleistungen im Zusammenhang mit größeren Bauvorhaben der Abschluss einer Baugewährleistungsversicherung anzuraten. Sofern der Auftragnehmer dabei Mit-

glied einer ARGE ist, ist eine Beschränkung der Baugewährleistungsversicherung auf diejenige Quote vorzunehmen, die seiner prozentualen Beteiligung entspricht.

Bauhandwerkersicherung nach § 648a BGB

Da die VOB/B das Werkvertragsrecht des BGB lediglich
ergänzt und § 17 VOB/B lediglich den Fall regelt, dass und in
welcher Art und Weise bei entsprechender Vereinbarung im
Vertrag der Auftraggeber Sicherheit vom Auftragnehmer
verlangen kann, sind die Vorschriften des § 648a BGB über
die Bauhandwerkersicherheitsleistung, die der Auftragnehmer vom Auftraggeber verlangen kann, auch auf VOB-Bauverträge anzuwenden.

Der Auftragnehmer ist bis zur → Abnahme vorleistungspflichtig. Dies bringt für ihn eine Reihe von finanziellen Risiken mit sich:
1. Der Auftragnehmer trägt das volle finanzielle Risiko,
   wenn der Auftraggeber vor Zahlung insolvent wird und
   seiner Zahlungsverpflichtung nicht mehr nachkommen
   kann. Er kann in diesen Fällen darauf beschränkt sein,
   seine Vergütungsansprüche lediglich noch zur Insolvenztabelle anzumelden und erhält meist nach Jahren, wenn
   überhaupt, nur einen geringen Bruchteil der ihm zustehenden Vergütung. In das Bauvorhaben eingebrachte
   Gegenstände kann er nicht wieder entfernen, da diese
   Eigentum des Grundstückeigentümers geworden sind.

2. Der Auftragnehmer ist auch dann schutzlos, wenn der Auftraggeber zwar zahlen kann, aber nicht zahlen will. Er kann dann nur den Weg über die Gerichte gehen. Bauprozesse dauern jedoch in der Regel sehr lange und kosten viel Geld. Da viele mittelständische Betriebe nicht Jahre auf die Zahlung von Vergütung warten können, sind sie oftmals gezwungen, Vergleiche einzugehen, bei welchen sie auf einen Großteil der Vergütung verzichten müssen.

Da auch die Bauhandwerkersicherungshypothek erhebliche Schwächen aufweist, (siehe: → Bauhandwerkersicherungshypothek) wurde mit dem Bauhandwerkersicherungsgesetz, das am 01.05.1993 in Kraft getreten ist, § 648a BGB in das Gesetz eingefügt, wonach dem Auftragnehmer über die Handwerkersicherungshypothek hinaus weitere Sicherungsmöglichkeiten eingeräumt wurden. Die Vorschrift hat in der Baupraxis zwischenzeitlich erhebliche Bedeutung erlangt. Sie ist auf alle Bauverträge anzuwenden, die nach dem 01.05.1993 abgeschlossen wurden.

Der Auftragnehmer kann demnach vom Auftraggeber für die von ihm zu erbringenden Vorleistungen eine Sicherheit verlangen. Hierzu kann der Auftragnehmer dem Auftraggeber eine angemessene Frist zur Beibringung der Sicherheit mit der Erklärung bestimmen, dass er nach dem Ablauf der Frist seine Leistung verweigern werde. Ob er dies dann tatsächlich macht, muss der Auftragnehmer selbst entscheiden. Es bietet sich dies aber jedenfalls dann an, wenn er befürchten muss, dass der Auftraggeber die vereinbarte Vergütung nicht zahlen kann.

Verlangen können die Sicherheit nach dem Wortlaut der Vorschrift „Unternehmer eines Bauwerks, einer Außenanlage oder eines Teils davon". Unternehmer eines Bauwerkes ist jeder, der die Herstellung eines Bauwerkes oder eines Teiles hiervon übernommen hat. Darunter fallen grundsätzlich:

*   alle Auftragnehmer, also der → Hauptunternehmer, der → Generalunternehmer, der → Totalunternehmer, der → Totalübernehmer,
*   Architekten,
*   Sonderfachleute, wie etwa Statiker,
*   Unternehmer einer Außenanlage, wie etwa Garten- und Landschaftsbauer sowie
*   Subunternehmer gegenüber ihren Auftraggebern.

Nicht darunter fallen:

*   Baustofflieferanten,
*   all diejenigen, die mit dem Auftragnehmer lediglich einen Werklieferungsvertrag abgeschlossen haben,
*   juristische Personen des öffentlichen Rechtes, etwa die Bundesrepublik Deutschland, die Länder, Landkreise und Gemeinden, Stiftungen sowie
*   unter bestimmten Voraussetzungen Privatpersonen bei der Errichtung von Einfamilienhäusern.

Aufforderung
Der Auftragnehmer muss den Auftraggeber zunächst zur Stellung einer Sicherheit auffordern, wobei diese Aufforderung formfrei ist, also auch mündlich erklärt werden kann. Es ist dringend anzuraten, die Aufforderung schriftlich zu verfassen, da hiermit nachträgliche Beweis- und Dokumentationsschwierigkeiten vermieden werden können.

Die Aufforderung kann frühestens bei Vertragsschluss und jederzeit während der Bauausführung erfolgen. Sie kann auch noch nach der Abnahme bis zur Zahlung der Schlussrechnung vom Auftraggeber gefordert werden. Sofern der Auftraggeber nach der Abnahme innerhalb der gesetzten Frist keine Sicherheit stellt, steht ihm nicht mehr das Recht auf Einbehalt des mindestens dreifachen Betrages der zu erwartenden Mängelbeseitigungskosten von der Schlussrechnung zu.

Fristsetzung

Der Auftragnehmer hat dem Auftraggeber eine angemessene Frist zu setzen, die in der Regel ein bis drei Wochen betragen sollte, damit dem Auftraggeber die Möglichkeit eingeräumt wird, die Sicherheit beibringen zu können. Eine zu kurz bemessene Frist wird in eine angemessene umgedeutet. Das Aufforderungsschreiben ist damit nicht etwa unwirksam.

Androhung der Folgen

Zwingend erforderlich ist weiter, dass der Auftragnehmer in seinem Sicherungsverlangen darauf hinweist, dass er die Ausführung weiterer Leistungen verweigern werde, wenn der Auftraggeber die Sicherheit nicht innerhalb der gesetzten Frist stellt oder aber der Auftraggeber sein Zurückbehaltungsrecht verliert, sofern das Sicherheitsverlangen nach der Abnahme gestellt wird.

Höhe der Sicherheit

Der Auftragnehmer kann Sicherheit bis zur Höhe des voraussichtlichen Vergütungsanspruches verlangen, wie er sich aus dem Vertrag oder Zusatzauftrag ergibt, zuzüglich etwaiger Nebenforderungen, die pauschal mit 10 % anzusetzen sind. Bereits geleistete → Abschlagszahlungen, → Vorauszahlungen und → Teilschlusszahlungen sind dabei in Abzug zu bringen. Bei Vorliegen von Mängeln sind die voraussichtlichen Mängelbeseitigungskosten in einfacher Höhe in Abzug zu bringen. Bei einem vereinbarten Zahlungsplan beschränkt sich die Sicherheit nicht auf die Höhe der jeweils fälligen oder der höchsten Rate, sondern auf den gesamten voraussichtlichen Vergütungsanspruch. Die Höhe der Sicherheitsleistung kann nachträglich angepasst werden, wenn der Vorleistungsumfang, etwa bei Nachträgen, erhöht wird.

Arten von Sicherheiten
Das Gesetz schreibt keine bestimmten Arten von Sicherheiten vor, so dass grundsätzlich alle Sicherungsmittel nach §§ 232 ff BGB in Betracht kommen. Sie müssen nicht zwingend von Dritten, etwa einem Kreditinstitut erbracht werden, sondern können auch vom Auftraggeber selbst erbracht werden. Die Sicherheit darf nicht befristet sein. Der Auftragnehmer kann darüber hinaus nicht verlangen, dass ihm eine → Bürgschaft auf Erstes Anfordern ausgehändigt wird. Es sei denn, die Vertragsparteien haben dies individuell vereinbart.

Nach § 648a Abs. 2 BGB kann die Sicherheit auch durch eine Garantie oder ein sonstiges Zahlungsversprechen eines im Geltungsbereich des BGB zum Geschäftsbetrieb befugten Kreditinstitutes oder Kreditversicherers geleistet werden. Das Kreditinstitut oder der Kreditversicherer darf jedoch Zahlungen an den Auftragnehmer nur vornehmen, soweit der Auftraggeber den Vergütungsanspruch des Auftragneh-

mers entweder anerkannt hat oder durch ein vorläufig vollstreckbares Urteil zur Zahlung der Vergütung verurteilt worden ist und die Voraussetzungen vorliegen, unter denen die
Zwangsvollstreckung begonnen werden darf.

Kosten der Sicherheit
Der Auftragnehmer ist verpflichtet, dem Auftraggeber die
üblichen Kosten für die Gewährung der Sicherheit zu erstatten. Die Kosten hat der Auftraggeber dem Auftragnehmer
nachzuweisen.

Der Auftraggeber hat jedoch nicht das Recht, die Aushändigung der Sicherheit an den Auftragnehmer von der Erstattung der Kosten abhängig zu machen. Ebenso kann er die
Aushändigung nicht davon abhängig machen, dass ihm der
Auftragnehmer seinerseits wiederum eine Sicherheit hinsichtlich der Kosten aushändigt.

**Folgen der Nichtleistung und verspäteten Leistung der
Sicherheit**
Sofern der Auftraggeber die geforderte Sicherheit nicht
innerhalb der gesetzten Frist leistet, stehen dem Auftragnehmer die nachfolgenden Rechte zu:
1. Er kann die (weitere) Ausführung seiner Leistungen verweigern, also die (weiteren) Arbeiten einstellen.
2. Er kann den Vertrag kündigen. Zuvor hat er dem Auftraggeber jedoch eine weitere Nachfrist zu setzen und zu
   erklären, dass er den Vertrag kündigen werde, wenn die
   Sicherheit nicht innerhalb der Frist ausgehändigt wird.
   Der Vertrag gilt bereits als aufgehoben, wenn die Frist
   fruchtlos verstrichen ist. Es bedarf also keiner Kündigungserklärung mehr. Die → Leistungs- und Vergütungs-

gefahr geht zu diesem Zeitpunkt bereits auf den Auftraggeber über.

3. Nach der Vertragsaufhebung muss der Auftraggeber dem Auftragnehmer den Schaden ersetzen, der dem Auftraggeber dadurch entstanden ist, dass er auf die Gültigkeit des Vertrages vertraut hat.

Siehe auch: → Abschlagszahlung
→ Bauhandwerkersicherungshypothek
→ Bürgschaft
→ Bürgschaft auf Erstes Anfordern
→ Kündigung durch den Auftragnehmer
→ Vorauszahlung

Praxistipp:

Der Auftragnehmer kann vom Auftraggeber auch noch nach der Abnahme eine Bauhandwerkersicherheit nach § 648a BGB fordern. Das Forderungsrecht ist nicht auf die Zeit bis zur Abnahme beschränkt. Dies ist für den Auftragnehmer von ausschlaggebender Bedeutung. Rügt nämlich der Auftragnehmer nach der Abnahme Mängel und behält er den mindestens dreifachen Betrag der zu erwartenden Mängelbeseitigungskosten von der zu zahlenden Schlussrechnung des Auftragnehmers ein, so kann der Auftragnehmer den Auftraggeber unter Fristsetzung auffordern, dass dieser ihm eine Bauhandwerkersicherheit in Höhe des noch offenen Schlussrechnungsbetrages aushändigt. Reagiert der Auftraggeber nicht und übergibt er innerhalb der Frist dem Auftragnehmer die geforderte Sicherheit nicht, so steht ihm lediglich noch das Recht auf den einfachen Einbehalt zu.

> *(OLG München, Urteil vom 21.01.2003, AZ: 13 U 4425 / 02*
> *zum Zeitpunkt der Abfassung des Handbuches noch nicht*
> *rechtskräftig)*

Dem Auftragnehmer ist also anzuraten, generell, wenn der Auftraggeber sich nach Abnahme auf Mängel beruft und einen Einbehalt von der Schlussrechnungssumme in Höhe der mindestens dreifachen zu erwartenden Mängelbeseitigungskosten geltend macht, die Stellung einer Bauhandwerkersicherung nach § 648a BGB in Höhe der noch offenen Restwerklohnforderung aus der Schlussrechnung unter Fristsetzung zu verlangen. Stellt sie der Auftraggeber innerhalb der Frist nicht, kann er kein Zurückbehaltungsrecht in Höhe der dreifachen zu erwartenden Mängelbeseitigungskosten mehr geltend machen. Der Auftragnehmer kann dann die Zahlung der fälligen Restwerklohnforderung abzüglich der einfachen zu erwartenden Mängelbeseitigungskosten – wenn nötig auch gerichtlich – einfordern.

Praxistipp 2:
Fordert der Auftragnehmer vom Auftraggeber eine Sicherheit unter Fristsetzung, so hat er darauf zu achten, dass die Frist angemessen ist. Nach der amtlichen Begründung des Gesetzgebers zu § 648a BGB soll eine Frist von sieben bis zehn Tagen ausreichend sein. Allerdings ist zu berücksichtigen, dass, etwa bei größeren Bauvorhaben, eine längere Frist erforderlich sein kann. Der Auftragnehmer sollte daher dem Auftraggeber grundsätzlich eher etwas mehr Zeit lassen, die Sicherheit beizubringen, bevor er Konsequenzen zieht, etwa die

Arbeiten einstellt oder bei vereinbartem Baubeginn gar nicht erst aufnimmt. Solange nämlich die angemessene Frist noch nicht abgelaufen ist, steht dem Auftragnehmer noch kein Leistungsverweigerungsrecht zu.
(OLG Naumburg, Urteil vom 16.08.2001, AZ: 2 U 17 / 01)
Zu beachten ist aber, dass eine zu kurz bemessene Frist nicht zur Folge hat, dass das Verlangen nach Sicherheit insgesamt unwirksam wäre. Vielmehr ist die zu kurz bemessene Frist in eine angemessene umzudeuten. Das Verlangen an sich bleibt wirksam.

Praxistipp 3:
Erbringt der Auftraggeber die geforderte Sicherheit durch Bankbürgschaft, so muss er eine bis zur Beendigung des Bauvertrages befristete Bürgschaft nicht akzeptieren. Eine solche Bürgschaft ist für den Auftragnehmer im Falle der vorzeitigen Kündigung des Bauvertrages durch den Auftrageber nahezu wertlos, da er hinsichtlich der ihm noch zustehenden Vergütungsansprüche gegenüber dem Auftraggeber wieder ohne Sicherheit dasteht. Er kann eine unbefristete Bürgschaft fordern. Händigt der Auftraggeber innerhalb der ihm vom Auftragnehmer gesetzten angemessenen Frist nur eine bis zur Beendigung des Bauvertrages befristete Bürgschaft an den Auftragnehmer aus und weigert er sich, eine unbefristete Bürgschaft zu stellen, so hat er keine Sicherheit erbracht.
(OLG Frankfurt, Urteil vom 12.08.2002, AZ: 1 U 127 / 01)

Bauhandwerkersicherungshypothek

Nach § 648 BGB kann der Unternehmer eines Bauwerkes oder eines Teiles hiervon für seine Forderungen gegenüber dem Auftraggeber verlangen, dass dieser eine Sicherungshypothek an seinem Baugrundstück zugunsten des Auftragnehmers einräumt. Diese Möglichkeit steht auch dem Auftragnehmer eines Bauvertrages nach der VOB zu, da die VOB/B lediglich die gesetzlichen Bestimmungen des Werkvertragsrechtes im BGB ergänzt und hierzu keine Regelungen in der VOB/B getroffen werden.

Die Regelung über die Sicherungshypothek ist in vielerlei Hinsicht unzureichend und in der Baupraxis wenig praktikabel.

Der Auftraggeber muss grundsätzlich Eigentümer des Baugrundstückes sein. Für die Identität zwischen Eigentümer und Auftraggeber ist der Zeitpunkt des Antrages auf Eintragung einer Vormerkung bzw. einer Sicherungshypothek maßgeblich. Wenn also der Bauherr das Grundstück erst im Verlauf der Bauausführung erwirbt, so ist es dem Auftragnehmer möglich, eine Bauhandwerkersicherungshypothek eintragen zu lassen. Bei den vielfältigen Unternehmereinsatzformen ist es in der Baupraxis jedoch häufig der Fall, dass es an einer Identität von Auftraggeber (Bauherr) und Grundstückseigentümer fehlt. Wenn etwa vom Bauherrn ein Generalübernehmer mit der Ausführung beauftragt wird und dieser seinerseits wieder Subunternehmer mit der Ausführung einzelner Gewerke beauftragt, so ist es dem Subunternehmer nicht möglich, zur Sicherung seiner Ansprüche gegenüber dem Generalübernehmer eine Bauhandwerkersicherungshypothek eintragen zu lassen, da der Generalübernehmer nicht Eigentümer des Baugrundstückes ist. Die Bauhandwerkersicherungshypothek spielt somit in der Baupraxis eine untergeordnete Rolle, zumal mit Einführung des § 648a BGB (siehe: → Bauhandwerkersicherung nach § 648a BGB) nunmehr weitere und für die Baupraxis interessantere Sicherungsmittel zur Verfügung stehen.

Lediglich in einzelnen Ausnahmefällen, nämlich dann, wenn es der Grundsatz von Treu und Glauben erfordert, wird das Erfordernis der Identität von Grundstückseigentümer und Auftraggeber aufgeweicht. Erforderlich hierfür ist, dass
- der Grundstückseigentümer unter Ausnutzung des Umstandes, dass er nicht Eigentümer des Grundstückes ist, mit einem von ihm bewusst gesteuerten Auftraggeber versucht, sich missbräuchlich einen Vorteil zu verschaffen und dass
- der Auftragnehmer schutzwürdig ist.

Sind mehrere Auftraggeber Eigentümer eines Grundstückes, ist das Grundstück insgesamt mit der Sicherungshypothek zu belasten.

Werden die vom Auftragnehmer zu erbringenden Bauleistungen auf mehreren Grundstücken des Auftraggebers erbracht, so kann die Sicherungshypothek an jedem Baugrundstück des Auftraggebers in voller Höhe der Forderung eingeräumt werden.

Hat der Auftragnehmer bereits eine Sicherheit nach § 648a BGB erlangt, so ist er im Übrigen nicht mehr berechtigt, eine Bauhandwerkersicherungshypothek vom Auftraggeber zu verlangen.

Sicherbare Forderungen

Sicherbar sind zunächst die Vergütungsansprüche des Auftragnehmers für Leistungen, die er tatsächlich erbracht hat. Die Vergütungsforderung muss nicht fällig sein.

Gesichert werden können ferner Vergütungsansprüche, die nach einer Vertragskündigung durch den Auftraggeber oder den Auftragnehmer entstanden sind.

Voraussetzung für die Sicherung dieser Ansprüche ist jeweils, dass im Vertrag die Zahlung der Vergütung nicht von weiteren Voraussetzungen abhängig gemacht wurde, die zum Zeitpunkt des Verlangens noch nicht vorliegen.

Sicherbar sind schließlich neben der Vergütungsforderung auch eventuelle Schadensersatzansprüche des Auftragnehmers gegenüber dem Auftraggeber.

Verfahren

Die Bestellung der Sicherungshypothek erfolgt durch Einigung von Auftragnehmer und Auftraggeber über die Eintragung der Hypothek und Eintragung in das Grundbuch, wobei das erforderliche Verfahren nach der Grundbuchordnung einzuhalten ist.

Da die Eintragung regelmäßig viel Zeit in Anspruch nimmt, wird in der Baupraxis zunächst eine Vormerkung im Grundbuch eingetragen, die darauf gerichtet ist, dass die Sicherungshypothek eingetragen wird. Dies geht erheblich schneller und ist im Wege der einstweiligen Verfügung durchzusetzen.

Sollte der Auftraggeber nach Eintragung der Vormerkung über das Grundstück verfügen, dieses etwa veräußern, so sind diese Verfügungen gegenüber dem Auftragnehmer unwirksam.

Praxistipp 1:

Kündigt der Auftraggeber den Bauvertrag, ohne dass ein wichtiger Grund vorliegt (siehe: → Freie Kündigung), so kann der Auftragnehmer die vereinbarte Vergütung verlangen, wobei er sich jedoch das anrechnen lassen muss, was er sich infolge der Kündigung erspart hat. Der Auftragnehmer kann in diesem Fall hinsichtlich der Vergütung, die ihm noch gegen den Auftraggeber zusteht, vom Auftraggeber die Einräumung einer Bauhandwerkersicherungshypothek an dessen Grundstück verlangen, auch wenn der Wortlaut des § 648 BGB dahingeht, dass bei nicht vollendeten Bauleistungen nur die Einräumung der Sicherungshypothek für einen der geleisteten Arbeit entsprechenden Teil vom Auftragnehmer verlangt werden kann.

Die Bauhandwerkersicherungshypothek sichert aber nicht nur Vergütungsansprüche für bereits erbrachte Bauleistungen des Auftragnehmers sondern umfasst auch Forderungen aus dem Bauvertrag, ohne dass der Auftragnehmer durch von ihm erbrachte Bauleistungen dem Baugrundstück eine Werterhöhung zukommen lassen müsste. Der Auftragnehmer hat im Falle der → freien Kündigung durch den Auftraggeber ein berechtigtes Interesse daran, dass die ihm noch zustehende Vergütung ausreichend gesichert ist.

(OLG Düsseldorf, Beschluss vom 14.08.2003, AZ: 5 W 17 / 03)

Praxistipp 2:
Hat der Auftragnehmer eine Vormerkung auf Eintragung
einer Bauhandwerkersicherungshypothek am Grundstück
des Auftraggebers im Grundbuch erlangt und bietet ihm
der Auftraggeber eine selbstschuldnerische Bankbürgschaft in Höhe des mit der Sicherungshypothek gesicherten Anspruches des Auftragnehmers an, um die einstweilige Einstellung der Zwangsvollstreckung abzuwenden, so
ist dem Auftragnehmer anzuraten, sich auf diesen Aus-
tausch einzulassen. Zwar wurde unlängst erst vom Land-
gericht München I entschieden, dass die Stellung einer
selbstschuldnerischen Bürgschaft keine der Sicherungshypothek adäquate Sicherheit sei, der Auftraggeber dadurch
also nicht die einstweilige Einstellung der Zwangsvollstreckung erreichen könne. Nach Ansicht des Gerichtes
könne dies nur durch Zahlung der mit der Sicherungshypothek gesicherten Forderung erreicht werden.
Allerdings ist die Rechtsprechung in diesem Punkt sehr
uneinheitlich, da einige Gerichte die selbstschuldnerische Bürgschaft als geeignete Austauschsicherheit ansehen. Wenn sich also abzeichnet, dass in einem Wider-
spruchsverfahren des Auftraggebers gegen die
Vormerkung zugunsten des Auftragnehmers das entscheidende Gericht beabsichtigt, die Bürgschaft entgegen der Ansicht des Landgerichtes München I als geeignete Austauschsicherheit anzuerkennen, so sollte
spätestens dann der Auftragnehmer die Bürgschaft ebenfalls als solche akzeptieren, da er sich ansonsten erheblichen Schadensersatzansprüchen des Auftraggebers
aufgrund der unberechtigten Grundbuchblockade ausge-
setzt sieht.

Vor dem Hintergrund der uneinheitlichen Beurteilung durch die Gerichte ist es derzeit für den Auftragnehmer die am wenigsten riskante Vorgehensweise, die Bankbürgschaft von vornherein als geeignete Austauschsicherheit anzuerkennen.
(LG München I, Beschluss vom 01.07.2002, AZ: 24 O 6471 / 02; aber auch: OLG Köln, Urteil vom 27.11.1974, AZ: 16 U 124 / 74 und OLG Saarbrücken, Beschluss vom 17.05.1990, AZ: 7 W 7/9)

Praxistipp 3:
Erlangt der Auftragnehmer eine Vormerkung auf Eintragung einer Bauhandwerkersicherungshypothek zur Sicherung eines ihm gegen den Auftraggeber zustehenden Vergütungsanspruches und stellt der Auftraggeber innerhalb eines Monates nach Eintragung der Vormerkung Insolvenzantrag, woraufhin das Insolvenzverfahren bald darauf eröffnet wird, so kann der (vorläufige) Insolvenzverwalter die Löschung der Vormerkung verlangen. Die Vormerkung wird mit Eröffnung des Insolvenzverfahrens unwirksam, wenn der Auftraggeber innerhalb eines Monates, nachdem der Auftragnehmer die Vormerkung auf Eintragung der Sicherungshypothek erlangt hat, Insolvenzantrag beim insoweit zuständigen Insolvenzgericht stellt und daraufhin das Insolvenzverfahren eröffnet wird, § 88 InsO.

Bauleistungsversicherung

Durch den Abschluss einer Bauleistungsversicherung werden die vom Auftragnehmer zu erbringenden Bauleistungen gegen unvorhergesehene Beschädigungen oder Zerstörungen versichert. Die Versicherung erstreckt sich dabei auf den Zeitraum vom Beginn der Bauleistungen bis zur Abnahme.

Sofern der Auftraggeber die Bauleistungsversicherung abschließt, können die Vertragspartner vereinbaren, dass sich der Auftragnehmer an der Versicherungsprämie mit einem angemessenen prozentualen Anteil beteiligt.

Nicht vom Versicherungsschutz umfasst sind Mängel an Bauleistungen des Auftragnehmers sowie die daraus resultierenden Folgeschäden. Diese sind ebenfalls nicht von einer → Betriebshaftpflichtversicherung gedeckt. Um sich gegen derartige Risiken abzusichern, ist dem Auftragnehmer anzuraten, eine → Baugewährleistungsversicherung abzuschließen.

Die Bauleistungsversicherung umfasst regelmäßig auch die Kosten, die anfallen, wenn die Schäden an den Bauleistungen durch Maßnahmen beseitigt werden, mit denen geringere Aufwendungen verbunden sind. Ebenfalls gedeckt sind die Kosten, die im Zusammenhang mit vorbereitenden Arbeiten entstehen.

Der Auftragnehmer sollte ein besonderes Augenmerk darauf richten, dass er die entstandenen Schäden unverzüglich, jedenfalls spätestens drei Tage nach Eintritt des Schadensfalles der Versicherung meldet. Die Frist zur unverzüglichen

Anzeige von Schäden kann bereits verspätet sein, wenn fünf Tage seit dem Schadensereignis verstrichen sind. Wie oftmals, so kommt es aber auch hier auf den Einzelfall an.

Siehe auch: → Baugewährleistungsversicherung

Bauüberwachung

Gemäß § 4 Nr. 1 Abs. 2 VOB/B hat der Auftraggeber das Recht, nicht die Pflicht, die Bauarbeiten zu überwachen. Der Auftragnehmer ist grundsätzlich selbst dafür verantwortlich, dass die Bauarbeiten ordnungsgemäß ausgeführt werden. Sofern der Auftraggeber von seinem Recht auf Überwachung der Bauleistungen keinen Gebrauch macht, kann ihm hieraus beim Auftreten von Schäden oder Mängeln keine Mitverantwortung angelastet werden.

Der Architekt ist, auch wenn er vom Auftraggeber mit der Leistungsphase 8 aus § 15 Abs. 2 HOAI (Objektüberwachung) beauftragt wurde, nicht Erfüllungsgehilfe des Auftraggebers, so dass bei etwaigen Pflichtverstößen zwar möglicherweise der Architekt haftet, nicht aber auch der Auftraggeber.

Sinn und Zweck des Überwachungsrechtes des Auftraggebers ist es, frühzeitig etwaigen → Bauverzögerungen entgegenzuwirken und Meinungsverschiedenheiten bereits im Vorfeld auszuräumen.

Das Überwachungsrecht des Auftraggebers setzt sich im Wesentlichen aus drei Komponenten zusammen, nämlich:

1. dem Zutrittsrecht
2. dem Einsichtsrecht und
3. dem Auskunftsrecht

Zutrittsrecht

Dem Auftraggeber steht das Recht zu, Arbeitsplätze, Werkstätten und Lagerräume, in oder auf welchen die Bauleistungen durch den Auftragnehmer erbracht werden, zu
betreten. Dabei müssen sich diese nicht unbedingt auf der
Baustelle befinden. Das Zutrittsrecht umfasst vielmehr auch
Lagerstätten des Auftragnehmers, die sich außerhalb der
Baustelle befinden.

Das Zutrittsrecht erstreckt sich jedoch nicht auf Räumlichkeiten oder Stätten, über die der Auftragnehmer nicht
bestimmen oder verfügen kann. Zu denken sind hier vor
allem an Räumlichkeiten von → Subunternehmern. Auch
dann, wenn im Bauvertrag zwischen dem Auftragnehmer
und einem → Subunternehmer die Geltung der VOB/B vereinbart wurde und sich das Überwachungsrecht aus § 4
VOB/B ergibt, gilt dies nur zwischen den Vertragspartner des
Subunternehmervertrages, also dem Auftragnehmer und
dem Subunternehmer, nicht aber auch zugunsten des Auftraggebers.

Einsichtsrecht

Das Einsichtsrecht des Auftraggebers besagt, dass der Auftragnehmer auf Verlangen des Auftraggebers diesem Werkzeichnungen und sonstige Ausführungsunterlagen sowie
die Ergebnisse von Güteprüfungen hinsichtlich von Baustof-
fen auszuhändigen hat, die auf der Baustelle verwendet werden. Der Auftraggeber soll so in die Lage versetzt werden,

nachzuprüfen, ob die erbrachten Bauleistungen auch den vertraglich vereinbarten Leistungen entsprechen.

Auskunftsrecht

Siehe: → Auskunftsrecht

Praxistipp:

Das Überwachungsrecht des Auftraggebers ist nicht zu verwechseln mit dem ihm zustehenden Anordnungsrecht (siehe: → Anordnungen des Auftraggebers).

Das Überwachungsrecht des Auftraggebers ist auf die ihm zustehenden Zutritts-, Auskunfts- und Einsichtsrechte beschränkt. Er kann die Arbeiten des Auftragnehmers zwar überprüfen und dem Auftragnehmer durchaus auch Ratschläge erteilen und Verbesserungsvorschläge unterbreiten. Diese sind jedoch für den Auftragnehmer nicht verbindlich. Er muss sie nicht befolgen, soweit es sich nicht um Anordnungen des Auftraggebers handelt.

Der Auftragnehmer ist, auch wenn der Auftraggeber sein Überwachungsrecht besonders intensiv ausübt, nach wie vor allein verantwortlich dafür, dass die von ihm ausgeführten Arbeiten ordentlich und fachgerecht ausgeübt werden. Der Auftraggeber kann im Rahmen des ihm zustehenden Überwachungsrechtes dem Auftragnehmer nicht vorschreiben, wie er die von ihm zu erbringenden Arbeiten ausführen soll.

Bauwesenversicherung

Siehe: → Bauleistungsversicherung

Bedarfspositionen

Bedarfspositionen (Eventualpositionen) werden in der VOB/B nicht erwähnt, sondern lediglich in § 9 Nr. 1 Abs. 2 VOB/A. Bedarfspositionen sind Positionen, die Bauleistungen betreffen, welche zunächst nicht beauftragt werden, bezüglich derer der Auftraggeber sich jedoch vorbehält, sie noch nachträglich anzuordnen. Der Auftraggeber will mit Bedarfspositionen erreichen, dass bereits im Vorfeld der tatsächlichen Beauftragung ein verbindlicher Preis festgelegt wird, der für beide Vertragsparteien dann maßgeblich ist.

Der Auftraggeber muss die Ausführung von Bedarfspositionen erst anordnen, wenn diese vom Auftragnehmer ausgeführt werden sollen, wobei er hinsichtlich der Entscheidung, ob er nun die Positionen anordnet, frei ist. Ein Anspruch auf Ausführung von Bedarfspositionen steht dem Auftragnehmer gegenüber dem Auftraggeber nicht zu.

Praxistipp:
Sind im Leistungsverzeichnis Bedarfspositionen enthalten, so kann der Auftraggeber zwar entscheiden, wann und ob er die Ausführung der unter diesen Positionen beschriebenen Leistungen ausführen lässt. Entscheidet sich der Auftraggeber aber, die Bedarfspositionen aus-

führen zu lassen, so hat er sie <u>vom Auftragnehmer</u> des maßgeblichen Bauvertrages ausführen zu lassen. Der Auftraggeber ist nicht berechtigt, die Arbeiten von einem anderen Unternehmer durchführen zu lassen.
(OLG Hamburg, Urteil vom 07.11.2003, AZ: 1 U 108/02)

Bedenkenmitteilung

Der Auftragnehmer ist nach § 4 Nr. 1 Abs. 4 VOB/B verpflichtet, gegen → Anordnungen des Auftraggebers, die er für unberechtigt oder unzweckmäßig hält, Bedenken geltend zu machen, die Anordnungen jedoch auf Verlangen auszuführen, wenn nicht behördliche oder gesetzliche Vorschriften entgegenstehen. Davon zu unterscheiden ist die Pflicht des Auftragnehmers nach § 4 Nr. 3 VOB/B, Bedenken anzumelden, wenn er solche gegen die vorgesehene Art der Ausführung, gegen die Güte der vom Auftraggeber gelieferten Stoffe oder Bauteile oder gegen die Leistungen anderer Unternehmer hat.

Bedenken gegen Anordnungen des Auftraggebers
Der Auftragnehmer muss die Anordnungen für unberechtigt oder unzweckmäßig halten. Unberechtigt ist die Anordnung dann, wenn sie nicht notwendig ist, um die Fertigstellung der Bauleistungen zu erreichen. Unzweckmäßig ist sie, wenn durch sie die Leistung nicht oder nur unter erschwerten Bedingungen zu erreichen ist.

Maßgeblich ist dabei eine subjektive Betrachtungsweise aus der Sicht des Auftragnehmers, nicht etwa eine objektive, da die VOB/B davon spricht, dass nach Ansicht des Auftragnehmers die Anordnungen unzweckmäßig oder unberechtigt sind.

Die Geltendmachung der Bedenken ist formfrei möglich, sie kann also sowohl schriftlich wie auch mündlich erfolgen. Es empfiehlt sich aber, wie sonst auch, die Bedenkenmitteilung aus Beweis- und Dokumentationsgründen schriftlich abzufassen. Adressat der Benkenmitteilung ist der Auftraggeber oder eine sonst zum Empfang ausdrücklich bevollmächtigte Person.

Der Auftragnehmer ist nach erfolgter Bedenkenmitteilung verpflichtet, die Anordnungen des Auftraggebers dennoch zu befolgen, wenn der Auftraggeber dies ausdrücklich verlangt.

Er ist berechtigt, die Befolgung der Anordnungen zu verweigern, wenn die Durchführung gegen gesetzliche oder behördliche Bestimmungen verstößt. Hierunter sind etwa öffentlich-rechtliche Bestimmungen wie zum Beispiel das Bauordnungsrecht zu verstehen, aber auch zivilrechtliche Normen, vor allem dann, wenn nachbarschaftliche Interessen beeinträchtigt werden.

Sofern dem Auftragnehmer durch eine unberechtigte oder unzweckmäßige Anordnung Mehrkosten entstehen, so hat der Auftraggeber dem Auftragnehmer diese Mehrkosten zu ersetzen. Dabei kommt es nicht darauf an, ob der Auftraggeber die Anordnung schuldhaft getroffen hat.

Bedenken gegen die Art der Ausführung, etc.
Nach § 4 Nr. 3 VOB/B muss der Auftragnehmer Bedenken
- gegen die vorgesehene Art der Ausführung,
- wegen der Sicherung gegen Unfallgefahren,
- gegen die Güte der vom Auftraggeber gelieferten Stoffe und Bauteile oder
- gegen die Leistungen anderer Unternehmer

haben.

Der Auftragnehmer hat zu überprüfen, ob die ihm überlassene Planung korrekt ist. Dabei reicht die Prüfungspflicht nur soweit, wie sie ein sachkundiger Auftragnehmer des entsprechenden Gewerkes haben muss und kann. Ferner können sich Bedenken aus der Leistungsbeschreibung oder aus den einzuhaltenden Regeln der Technik ergeben.

Bedenken gegen die Sicherung gegen Unfallgefahren können sich nur aus Unfallverhütungsvorschriften, welche der Auftraggeber vorgibt, ergeben, da der Auftragnehmer selbst für die Sicherung gegen Unfallgefahren auf der Baustelle verantwortlich ist.

Bedenken gegen die vom Auftraggeber gelieferten Stoffe oder Bauteile können sich sowohl auf deren Art als auch auf deren Qualität beziehen. Vor allem dann, wenn neue Baustoffe oder Materialien verwendet werden, hat der Auftragnehmer sie auf die Geeignetheit hin zu überprüfen.

Der Auftragnehmer hat nicht die Pflicht, Bauleistungen anderer Unternehmer in jedem Fall zu prüfen. Seiner Prüfungspflicht sind Grenzen gesetzt. Leistungen etwa, die ein Vorunternehmer erbracht hat und auf welchen die Leistun-

gen des Auftragnehmers nicht aufbauen, hat er nicht zu
überprüfen. Grundsätzlich ist er nur verpflichtet diejenigen
Vorleistungen auf deren Mangelhaftigkeit hin zu überprüfen,
auf denen er seine Leistung aufbauen will. So hat etwa ein
Parkettleger den Estrich dahingehend zu überprüfen, ob er
ihm eine geeignete Basis für das aufzubringende Parkett bietet.

Maßgeblich für seine Prüfungspflicht ist die von ihm zu
erwartende Fachkenntnis. Die Bedenken sind gegenüber
dem Auftraggeber zwingend schriftlich und unverzüglich
mitzuteilen. Er hat seine Bedenken klar und deutlich und für
jedermann verständlich zu formulieren.

Rechtsfolgen
Unterlässt der Auftragnehmer die Bedenkenmitteilung vollständig, so haftet er für die hieraus resultierenden Folgen,
etwa für Mängel. Teilt er die Bedenken im Falle des § 4 Nr. 3
VOB/B lediglich mündlich, nicht in der vorgeschriebenen
Schriftform mit und hat der Auftraggeber die Bedenkenmitteilung zur Kenntnis genommen, so hat der Auftraggeber
dafür zu sorgen, dass die angemeldeten Bedenken überprüft
werden und gegebenenfalls Abhilfe geschafft wird. Unterlässt dies der Auftraggeber, so trifft den Auftragnehmer
keine Haftung.

Für mangelhafte Leistungen anderer Unternehmer hat der
Auftragnehmer in der Regel nicht zu haften. Baut er also auf
einer mangelhaften Bauleistung eines Vorunternehmers auf,
so haften Vorunternehmer und Auftragnehmer nebeneinan-
der auf Mangelbeseitigung, wobei jeder nur hinsichtlich seines Werkes zur Nacherfüllung verpflichtet ist. Nur in Aus-

nahmefällen kann der Auftraggeber sowohl Vorunternehmer als auch Auftragnehmer für die volle Schadensbeseiti-
gung in Anspruch nehmen. Sofern der Auftragnehmer im
Rahmen der Mängelbeseitigung seiner Leistungen auch
gezwungen ist, Teile der Vorleistungen nachzubessern, so
hat er gegenüber dem Vorunternehmer einen Schadensersatzanspruch in Höhe der Kosten für die Mängelbeseitigung
an den Leistungen des Vorunternehmers.

Praxistipp 1:
Wird der Auftragnehmer vom Auftraggeber mit einer
Leistung (hier: Verlegung von Betonplatten) beauftragt
und hat ein Vorunternehmer gemäß den fehlerhaften
Vorgaben des Architekten des Auftraggebers den Estrich
verlegt, der daher Mängel aufweist, so hat er im Rahmen
seiner Verpflichtung zur Bedenkenanmeldung dem Auftraggeber diese Mängel genau und aus Nachweisgründen schriftlich anzuzeigen.
Wenn der Architekt daraufhin den Auftragnehmer damit
beauftragt, den Estrich nach einer von ihm vorgegeben
Verfahrensweise nachzubessern, die aber, was für den
Auftragnehmer klar erkennbar ist, ebenfalls nicht geeignet ist, die Mangelhaftigkeit zu beheben, so hat er auch
gegen diese Art der Ausführung Bedenken anzumelden.
Führt er die Arbeiten gemäß den fehlerhaften Vorgaben
des Architekten dennoch aus, ohne erneut Bedenken vorzubringen und zeigen daher die von ihm ausgeführten
Plattenbelagsarbeiten ebenfalls Mängel, so kann sich der
Auftragnehmer letztlich nicht darauf berufen, er habe
rechtzeitig Bedenken angemeldet.
(BGH, Urteil vom 18.12.1980, AZ: VII ZR 43/80)

Dem Auftragnehmer ist daher in derart gelagerten Fällen anzuraten, stets dann, wenn er irgendwelche Bedenken gegen die Art der Ausführung hegt, umgehend schriftlich Bedenken anzumelden. Es ist besser einmal zu viel als einmal zu wenig Bedenken angemeldet zu haben. Nur so bewegt sich der Auftragnehmer auf der sicheren Seite und er wird von der Gewährleistungspflicht nach § 13 Nr. 3 VOB/B frei.

Praxistipp 2:

Wird der Auftragnehmer vom Auftraggeber mit Bauleistungen beauftragt, bei welchen nicht erprobtes Material zum Einsatz kommen soll, so ist der Auftragnehmer nicht verpflichtet, bezüglich des unerprobten Materials Bedenken anzumelden.

Wenn nämlich der Auftraggeber dem Auftragnehmer von sich aus Material zur Verarbeitung vorschreibt, von dem er weiß, dass es noch nicht ausreichend erprobt ist, so muss er spätere Mängel von vornherein einkalkulieren und kann sich nicht darauf berufen, der Auftragnehmer hätte ihn darauf hinweisen müssen, dass bei Verwendung des Materials Mängelrisiken vorliegen.

(OLG Hamm, Urteil vom 04.04.2003, AZ: 34 U 132 / 01)

Der Auftragnehmer hat also nicht für Mängel einzustehen, die allein auf der Mangelhaftigkeit des vorgeschriebenen Materials beruhen. Er kann dafür nicht vom Auftraggeber in Anspruch genommen werden.

Behinderung der Ausführung

Nach § 6 Nr. 1 VOB/B hat der Auftragnehmer, wenn er sich in der ordnungsgemäßen Ausführung der Leistung behindert glaubt, dies dem Auftraggeber unverzüglich mitzuteilen.

Siehe: → Behinderungsanzeige

Unter einer Behinderung der Ausführung sind sämtliche Ereignisse zu verstehen, die den Leistungs- oder Produktionsablauf sowohl in sachlicher, wie in zeitlicher und räumlicher Hinsicht verzögern.

Für das Vorliegen einer Behinderung ist nicht Voraussetzung, dass der Auftragnehmer die Arbeiten einstellen muss. Es reicht aus, dass die Arbeiten langsamer als geplant vorangehen, etwa weil → Vorunternehmer ihre Leistungen noch nicht fertig gestellt haben oder vom Auftraggeber einzuholende Genehmigungen noch nicht vorliegen.

Die zur Behinderung führenden Ereignisse dürfen dem Auftragnehmer nicht schon bei Vertragsschluss bekannt gewesen sein, vielmehr durften sie ihm weder bekannt noch hinreichend voraussehbar gewesen sein, so dass sie vom Auftragnehmer in den Produktionsablauf nicht von Beginn an einkalkuliert werden konnten.

Die Behinderungen können vom Auftragnehmer, vom Auftraggeber oder von keiner der Vertragsparteien verursacht sein.

- Hat der Auftragnehmer Behinderungen zu vertreten, so macht er sich gegenüber dem Auftraggeber, etwa bei der Überschreitung vertraglich vereinbarter → Vertragsfristen schadensersatzpflichtig.
- Hat der Auftraggeber die Behinderungen zu vertreten, so führen die Behinderungen bei Vorliegen der entsprechenden Voraussetzungen (siehe → Behinderungsanzeige) zur Verlängerung von → Vertragsfristen sowie bei Verschulden des Auftraggebers zu Schadensersatzansprüchen des Auftragnehmers, bis hin zum Recht auf Kündigung des Bauvertrages.
- Sind die Behinderungen schließlich von keiner Vertragspartei verursacht, so führt dies in aller Regel ebenfalls zur Verlängerung der → Vertragsfristen.

Sofern der Auftragnehmer auch ohne die Behinderung nicht schneller arbeiten hätte können, wirkt sich diese im Ergebnis nicht aus. Der Auftragnehmer muss also immer prüfen, ob mit den hindernden Umständen nachteilige Folgen verbunden sind.

Siehe auch: → Behinderungsanzeige
→ Behinderungsschaden
→ Unterbrechung der Ausführung
→ Verlängerung von Vertragsfristen

Praxistipp:
Schließt der Auftragnehmer mit dem Auftraggeber einen Bauvertrag, in welchem verbindliche Ausführungsfristen vereinbart werden, so ist der Auftragnehmer zwar grundsätzlich nicht daran gehindert, soweit möglich, noch vor

dem vereinbarten Ausführungsbeginn die Arbeiten aufzunehmen. Hat dies jedoch zur Folge, dass er die Arbeiten noch vor dem vereinbarten Fertigstellungstermin
weitestgehend fertig stellt und lediglich Restarbeiten deshalb noch nicht ausgeführt werden können, weil ein Vorunternehmer seine Leistungen noch nicht erbracht hat,
die für die weitere Ausführung der Arbeiten des Auftragnehmers nötig sind, so kann sich der Auftragnehmer
nicht darauf berufen er sei in der Ausführung seiner
Arbeiten behindert, weil der Vorunternehmer seine
Arbeiten noch nicht ausgeführt habe. Er kann in diesem
Fall keine Schadensersatzansprüche wegen Behinderung
gegenüber dem Auftraggeber geltend machen.
(OLG Düsseldorf, Urteil vom 30.04.2002, AZ: 21 U 189/01)

Beispiel:
Ein Unternehmer wird damit beauftragt, Betonwerkstein-
arbeiten auszuführen. Ausführungsbeginn soll gemäß
den vertraglich festgelegten Ausführungsfristen der
22.09.1997 und Fertigstellungstermin der 04.10.1997 sein.
Der Auftragnehmer beginnt bereits am 16.09.1997 und
hat bereits nach einer Woche seine Arbeiten weitestgehend fertig gestellt. Am 25.09.1997 meldet er beim Auftraggeber Behinderung an, da ein Vorunternehmer Arbeiten noch nicht erbracht hat, auf denen seine Arbeiten
aufbauen. Er kündigt dem Auftraggeber an, dass er jeden
Tag eine Einsatzpauschale fordere. Am 26.09.1997 zieht
er seine Mitarbeiter von der Baustelle ab, da diese keine
Arbeit mehr haben. Die Arbeiten werden erst später
abgeschlossen, nachdem der Vorunternehmer die Leis-

tungen erbracht hat. Die angekündigte Einsatzpauschale kann der Auftragnehmer vom Auftraggeber in diesem Fall nicht ersetzt verlangen.

Behinderungsanzeige

Glaubt sich der Auftragnehmer in der ordnungsgemäßen Ausführung seiner Arbeiten behindert, so hat er dies dem Auftraggeber unverzüglich und schriftlich anzuzeigen. Unterlässt der Auftragnehmer diese Anzeige, so hat er nur dann einen Anspruch gegen den Auftraggeber auf Berücksichtigung der hindernden Umstände, wenn dem Auftraggeber diese Umstände offenkundig und die hindernde Wirkung dieser offenkundigen Umstände bereits bekannt waren.

Nur dann, wenn der Auftragnehmer die Behinderungsanzeige formgerecht und unverzüglich vorbringt oder Offenkundigkeit vorliegt, kann der Auftragnehmer eine → Verlängerung von Vertragsfristen oder, sofern der Auftraggeber die Behinderungen zu verantworten hat, einen → Behinderungsschaden geltend machen.

Der Auftragnehmer hat vor der Anzeige sorgfältig zu überprüfen, ob Tatsachen vorliegen, von denen er glaubt, dass sie ihn an der ordnungsgemäßen Erbringung seiner Arbeiten behindern. Es ist nicht Voraussetzung, dass hindernde Tatsachen auch tatsächlich vorliegen, der Auftragnehmer muss nur die Besorgnis haben, dass sie vorliegen.

Für die Anzeige ist Schriftform vorgeschrieben. Sinn und Zweck der Schriftform liegt in Beweis- und Dokumentationszwecken. Eine mündliche Anzeige ist nicht wirkungslos, der Nachweis für den Auftragnehmer ist dann aber schwierig. Kann der Auftragnehmer nicht nachweisen, dass er Behinderungen angezeigt hat, so haftet er. Dem Auftragnehmer ist also dringend anzuraten, die Behinderungsanzeigen immer schriftlich zu verfassen.

Sofern der Auftragnehmer keine schriftliche Behinderungsanzeige verfasst hat, jedoch die hindernden Umstände vollständig und klar beschrieben in sein Bautagebuch einträgt, so reicht dies für eine wirksame Behinderungsanzeige aus, wenn er das Bautagebuch umgehend an den Auftraggeber oder einen seiner Bevollmächtigten weitergibt.

Die Anzeige muss zwingend die Tatsachen enthalten, von denen der Auftragnehmer annimmt, sie würden ihn in der Ausführung behindern und zugleich auch die Gründe, weshalb er die Besorgnis hat, dass Behinderungen vorliegen. Es reicht nicht aus, wenn er lediglich den Hinweis darauf gibt, dass Unterlagen fehlen oder ein Vorunternehmer Arbeiten nicht fertig gestellt hat. Zu richten ist die Anzeige entweder an den Auftraggeber direkt oder an einen seiner Bevollmächtigten. Ausreichend ist es jedoch auch, wenn er die Anzeige an einen Architekten oder Ingenieur richtet, der mit der Bauaufsicht beauftragt wurde.

Bei unterlassener Anzeige besteht ein Anspruch auf Berücksichtigung der hindernden Umstände nur, wenn dem Auftraggeber offenkundig die Tatsachen und deren hindernde Wirkung bekannt waren. Unter welchen Voraussetzungen

eine Behinderungsanzeige wegen Offenkundigkeit unterbleiben kann, ergibt sich aus dem Zweck der regelmäßig
erforderlichen Behinderungsanzeige. Diese Anzeige dient
dem Schutz des Auftraggebers. Sie dient der Information
des Auftraggebers über die Störung. Der Auftraggeber soll
ferner gewarnt und ihm die Möglichkeit eröffnet werden,
Behinderungen abzustellen. Er soll zugleich vor unberechtigten Behinderungsansprüchen geschützt werden. Die
rechtzeitige und korrekte Behinderungsanzeige erlaubt ihm
nämlich, Beweise für eine in Wahrheit nicht oder nicht im
geltend gemachten Umfang bestehende Behinderung zu
sichern. Nur wenn die Informations-, Warn- und Schutzfunktion im Einzelfall keine Anzeige erfordert, ist die Behinderungsanzeige wegen Offenkundigkeit entbehrlich.

Im Rahmen eines Bauprozesses hat der Auftragnehmer bei
Fehlen einer Behinderungsanzeige nachzuweisen, dass dem
Auftraggeber die Tatsachen offenkundig waren. Da dieser
Nachweis schwer zu führen ist, ist dem Auftragnehmer drin-
gend anzuraten, bei der Besorgnis des Bestehens einer
Behinderung sofort eine schriftliche Anzeige an den Auf-
traggeber zu verfassen.

Siehe auch:　　→ Behinderung der Ausführung
　　　　　　　　→ Behinderungsschaden
　　　　　　　　→ Verlängerung von Vertragsfristen
　　　　　　　　→ Unterbrechung der Ausführung

Praxistipp:
Um seine Ansprüche auf Schadenersatz wegen hindern-
der Umstände nicht zu verlieren, sollte jeder Auftragneh-

mer bei der Besorgnis des Vorliegens von Hinderungs-
gründen in jedem Falle eine formgerechte und inhaltlich
vollständige Behinderungsanzeige verfassen und diese
zur Sicherheit nicht dem Architekten, sondern dem Auftraggeber übersenden, um sicherzustellen, dass ein entsprechender Zugang der Anzeige beim richtigen Adressaten, und das ist regelmäßig der Auftraggeber,
stattfindet.

Er sollte darauf achten, dass seine Behinderungsanzeige
die folgenden Voraussetzungen aufweist:

a) Sie ist unverzüglich nach Auftreten der Behinderung
   zu verfassen.

b) Sie ist in Schriftform abzufassen.

c) Sie ist sehr ausführlich unter Angabe der Gründe,
   weshalb eine Behinderung vorliegen soll, abzufassen
   und

d) sie ist an den richtigen Adressaten zu richten.

Auch hier gilt, dass der Auftragnehmer besser eine
Anzeige zu viel als eine Anzeige zu wenig abfasst und
diese besser zu ausführlich begründet, als dass letztlich
Zweifel an der Wirksamkeit mangels ausreichender
Begründung entsteht. Der Auftragnehmer muss jedoch in
der Behinderungsanzeige nicht angeben, in welcher
Höhe seiner Erwartung nach Schadensersatzansprüche
aufgrund der Behinderung entstehen. Er wird oftmals
zum Zeitpunkt der Abfassung der Behinderungsanzeige,
die unverzüglich an den Auftraggeber zu richten ist, gar
nicht in der Lage sein, den Schaden ansatzweise zu übersehen.

(BGH, Urteil vom 21.12.1989, AZ: VII ZR 132 / 88)

Behinderungsschaden

Der Auftragnehmer hat bei Auftreten von Behinderungen zunächst alles zu tun, was ihm zugemutet werden kann, um die Weiterführung der Arbeiten zu ermöglichen. Sobald die Behinderungen wegfallen, hat er ohne weiteres und unverzüglich die Arbeiten wieder aufzunehmen und den Auftraggeber hiervon zu unterrichten.

Nach § 6 Nr. 6 VOB/B hat jeweils der Vertragspartner einen Anspruch auf Schadensersatz gegen den anderen, der die Behinderungen zu vertreten hat. Der Behinderungsschaden umfasst den Ersatz des nachweislich entstandenen Schadens sowie des entgangenen Gewinnes, sofern grobe Fahrlässigkeit oder Vorsatz bei der Verursachung der Behinderungen vorliegt.

Schadensersatzanspruch des Auftragnehmers

Der Auftraggeber haftet gegenüber dem Auftragnehmer nur dann auf Ersatz des ihm entstandenen Schadens, wenn er die Behinderungen schuldhaft verursacht hat. Dies ist vor allem dann der Fall, wenn sich der Auftraggeber verpflichtet hat, bestimmte Leistungen selbst vorzunehmen oder bereitzustellen und er mit der Herstellung oder Bereitstellung in Verzug gerät. Dies ist etwa der Fall, wenn vertraglich festgelegt ist, dass bestimmte Baugeräte vom Auftraggeber zur Verfügung zu stellen sind und er dieser Verpflichtung nicht oder verspätet nachkommt.

Das Gleiche gilt, wenn der Auftraggeber seiner Verpflichtung zur Vornahme bestimmter Mitwirkungshandlungen, wie etwa der Einholung der Baugenehmigung oder etwa der unentgeltlichen Bereitstellung von Stromanschlüssen nicht nachkommt. Ebenso haftet der Auftraggeber, wenn er seine Verpflichtung zur Erbringung von Vorleistungen durch andere vornehmen lässt, etwa einen Statiker mit der Erstellung von Plänen beauftragt, und dieser die Vorleistungen verspätet erbringen. Der Statiker ist in diesem Fall Erfüllungsgehilfe des Auftraggebers.

Der Behinderungsschaden wird durch einen Vergleich derjenigen Kosten, die hypothetisch angefallen wären, wenn die Behinderungen nicht eingetreten wären, mit den tatsächlich angefallenen Kosten ermittelt. Die Differenz ist dem Auftragnehmer zu ersetzen. Wenn also beispielsweise der Auftragnehmer einen → Subunternehmer beauftragt und durch ein Verschulden des Auftraggebers aufgrund von ihm verursachter Behinderungen die Arbeiten für zwei Wochen zum Stillstand kommen, so wird der Subunternehmer dem Auftragnehmer seine Mehrkosten berechnen, wenn er in dieser Zeit seine Arbeitnehmer nicht beschäftigen kann. Diese Mehrkosten kann der Auftragnehmer grundsätzlich an den Auftraggeber als Schadensersatzposition weitergeben.

Zu ersetzen sind durch verlängerte Bauzeiten entstandene höhere Lohnkosten und zusätzliche Materialkosten. Da der Auftragnehmer seine Arbeitskräfte für die Baustelle einplant, kann er vom Auftraggeber verlangen, dass Kosten für unbeschäftigtes Personal ebenso ersetzt werden, wie Kosten für nicht einsetzbares Gerät (direkte Kosten). Auf diese direkten Kosten ist zudem ein prozentualer Aufschlag für so genannte „Allgemeine Geschäftskosten", wie etwa zusätzliche Kosten für die Lohnbuchhaltung, vorzunehmen. Auch zu ersetzen sind gegebenenfalls höhere Versicherungsprämien, die ihre Ursache in der behinderungsbedingten Bauverzögerung haben.

Schließlich sind dem Auftragnehmer Kosten zu erstatten, die er für Sachverständige zur Schadensermittlung aufwendet, als auch Vorfinanzierungszinsen für verauslagte Gehälter, die in der Zeit, während der die Baustelle ruht, entstehen.

Schadensersatzanspruch des Auftraggebers

Wenn nicht der Auftraggeber die Behinderung zu vertreten hat, sondern der Auftragnehmer, so stehen dem Auftraggeber Schadensersatzansprüche gegen den Auftragnehmer zu.

Der Schadensersatzanspruch des Auftraggebers umfasst in erster Linie den Verzugsschaden. Wenn der Auftraggeber aufgrund der Behinderungen weitere Arbeiten erst später ausführen lässt und dadurch die Fertigstellung des Bauwerkes hinausgezögert wird, so kann er etwa Mietausfallschaden oder erforderlich gewordene Hotelkosten dem Auftragnehmer in Rechnung setzen. Wenn der Auftraggeber Generalunternehmer ist und der Bauherr aufgrund einer vom Nachunternehmer des Generalunternehmers verursachten Behinderung und damit nicht fristgerechten Fertigstellung des Bauwerkes den Generalunternehmer auf Zahlung einer Vertragsstrafe in Anspruch nimmt, so kann der Generalunternehmer die Vertragsstrafe der Höhe nach als Schadensersatz an den Nachunternehmer weitergeben.

Ebenso sind auch dem Auftraggeber Sachverständigenkosten zu ersetzen, die dieser aufwendet, um feststellen zu lassen, worauf der Terminverzug beruht und wie hoch der Schaden des Auftraggebers ist.

Entgangenen Gewinn kann der Auftraggeber, ebenso wie der Auftragnehmer, nur bei Vorsatz und grober Fahrlässigkeit geltend machen.

Siehe auch: → Behinderung der Ausfahrung
               → Behinderungsanzeige
               → Verlängerung von Vertragsfristen

Praxistipp:

Der Auftragnehmer hat bei der (gerichtlichen) Geltendmachung von Schadensersatzansprüchen aufgrund von vom Auftraggeber zu vertretenden Behinderungen zu berücksichtigen, dass er sich gegebenenfalls bestehende Zinsvorteile aus früheren Zahlungen des Auftraggebers anrechnen lassen muss.

Wenn der Auftragnehmer vom Auftraggeber zum Beispiel eine Vorauszahlung auf erst noch auszuführende Bauleistungen erhalten hat, so hat er bei der Berechnung des konkreten Schadens die Zinsvorteile in Abzug zu bringen, die er bei ordnungsgemäßer Anlage des Vorauszahlungsbetrages erwirtschaftet hat oder erwirtschaften hätte können. Dies kann im Einzelfall zu erheblichen Abzügen führen. Berücksichtigt der Auftragnehmer den Vorteilsausgleich nicht und klagt, obwohl erhebliche Zinsvorteile, etwa aus einer größeren Vorauszahlung, bestehen, so läuft er Gefahr, dass er mit einem größeren Teil seiner Forderung oder gegebenenfalls sogar ganz

unterliegt. Er hat dann quotal zum Unterliegen die Kosten
des Verfahrens zu tragen.
(OLG Bremen, Urteil vom 11.11.1998, AZ: 5 U 48 / 97)

Gleiches gilt für einen Verzögerungsschaden wegen ver-
späteter Fertigstellung einer Eigentumswohnung. Es sind
in diesem Fall die Vorteile anzurechnen, die der geschä-
digte Käufer aus ersparten Zinsaufwendungen für die
Kaufpreisfinanzierung erlangt.
(BGH Urteil vom 15.04.1983, AZ: V ZR 152 / 82)

Besondere Leistungen

Besondere Leistungen gemäß Nr. 4.2 der ATV DIN 18 299 ff
sind vom Auftragnehmer nur auszuführen, wenn sie in der
Leistungsbeschreibung ausdrücklich erwähnt sind. Besondere Leistungen sind besonders zu vergüten. Die in
Abschnitt 4.2 der jeweiligen DIN-Vorschriften der VOB/C auf-
geführten besonderen Leistungen stellen nur Beispiele dar.
Die Aufzählung ist nicht abschließend.

Beispiel:
ATV DIN 18 299
4.2 Besondere Leistungen
Besondere Leistungen sind Leistungen, die nicht Nebenleistungen gemäß Abschnitt 4.1 sind und nur dann zur
vertraglichen Leistung gehören, wenn sie in der Leistungsbeschreibung besonders erwähnt sind.

Besondere Leistungen sind z. B.:

4.2.1 Maßnahmen nach den Abschnitten 3.1 und 3.3

4.2.2 Beaufsichtigen der Leistungen anderer Unternehmer

4.2.3 Sicherungsmaßnahmen zur Unfallverhütung für Leistungen anderer Unternehmer

4.2.4 Besondere Schutz- und Sicherheitsmaßnahmen bei Arbeiten in kontaminierten Bereichen, z. B. messtechnische Überwachung, spezifische Zusatzgeräte für Baumaschinen und Anlagen, abgeschottete Arbeitsbereiche

4.2.5 Besondere Schutzmaßnahmen gegen Witterungsschäden, Hochwasser und Grundwasser, ausgenommen Leistungen nach Abschnitt 4.1.10.DIN 18299: Allgemeine Regelungen für Bauarbeiten jeder Art (Ausg. Juni 1996)

4.2.6 Versicherung der Leistung bis zur Abnahme zugunsten des Auftraggebers oder Versicherung eines außergewöhnlichen Haftpflichtwagnisses

4.2.7 Besondere Prüfung von Stoffen und Bauteilen, die der Auftraggeber liefert

4.2.8 Aufstellen, Vorhalten, Betreiben und Beseitigen von Einrichtungen zur Sicherung und Aufrechterhaltung des Verkehrs auf der Baustelle, z. B. Bauzäune, Schutzgerüste, Hilfsbauwerke, Beleuchtungen, Leiteinrichtungen

4.2.9 Aufstellen, Vorhalten, Betreiben und Beseitigen von Einrichtungen außerhalb der Baustelle zur Umleitung und Regelung des öffentlichen und Anlieger-Verkehrs

4.2.10 Bereitstellen von Teilen der Baustelleneinrichtung für andere Unternehmer oder den Auftraggeber

4.2.11 Besondere Maßnahmen aus Gründen des Umweltschutzes, der Landes- und Denkmalpflege

4.2.12 Entsorgen von Abfall über die Leistungen nach den Abschnitten 4.1.11 und 4.1.12 hinaus

4.2.13 Besonderer Schutz der Leistung, der vom Auftraggeber für eine vorzeitige Benutzung verlangt wird, seine Unterhaltung und spätere Beseitigung

4.2.14 Beseitigen von Hindernissen

4.2.15 Zusätzliche Maßnahmen für die Weiterarbeit bei Frost und Schnee, soweit sie dem Auftragnehmer nicht ohnehin obliegen

4.2.16 Besondere Maßnahmen zum Schutz und zur Sicherung gefährdeter baulicher Anlagen und benachbarter Grundstücke

4.2.17 Sichern von Leitungen, Kabeln, Dränen, Kanälen, Grenzsteinen, Bäumen, Pflanzen und dergleichen.

Praxistipp:
Haben Auftraggeber und Auftragnehmer die Ausführung von besonderen Leistungen im Bauvertrag nicht vorgesehen und werden diese nachträglich erforderlich, so stellen sie → zusätzliche Leistungen gemäß § 2 Nr. 6 VOB/B dar. Die Vergütung sowie die Leistungsverpflichtung des Auftragnehmers berechnen sich dementsprechend.

Besondere Vertragsbedingungen

Bei Widersprüchen im Bauvertrag gelten gemäß § 1 Nr. 2 VOB/B nacheinander:

- die → Leistungsbeschreibung
- die → Besonderen Vertragsbedingungen
- etwaige → Zusätzliche Vertragsbedingungen
- etwaige → Zusätzliche Technische Vertragsbedingungen
- die → Allgemeinen Technischen Vertragsbedingungen für Bauleistungen
- die → Allgemeinen Vertragsbedingungen für die Ausführung von Bauleistungen.

Die Besonderen Vertragsbedingungen sind Bedingungen, die der Auftraggeber dem Bauvertrag für ein Bauvorhaben, also nicht generell allen seinen Vorhaben, zugrunde legt. → Zusätzliche Vertragsbedingungen hingegen sind Bedingungen des Auftraggebers, die er allen seinen Bauprojekten zu Grunde legt. Die besonderen Vertragsbedingungen gehen damit den zusätzlichen Vertragsbedingungen als speziellere Regelung vor. Insoweit stehen in § 1 Nr. 2 VOB/B die besonderen Vertragsbedingungen auch in der Reihenfolge vor den → zusätzlichen Vertragsbedingungen, sofern es darum geht durch Auslegung zu ermitteln, was bei Widersprüchen im Vertrag tatsächich zum Ausdruck gebracht werden sollte.

Zu beachten ist dass dann, wenn der Auftraggeber die besonderen Vertragsbedingungen zwar nur bei einem Bauvorhaben zu Grunde legt, diese aber dann gegenüber mehreren Auftragnehmern, die Arbeiten an diesem einen Bau-

vorhaben ausrichten, verwendet, → Allgemeine Geschäftsbedingungen vorliegen.

Siehe auch: → Allgemeine Geschäftsbedingungen
→ Zusätzliche Vertragsbedingungen

Bestandteile des Vertrages

Nach § 1 Nr. 1 VOB/B wird die Leistung, die vom Auftrag-
nehmer auszuführen ist, durch den Vertrag bestimmt. Als
Bestandteile des Vertrages gelten auch die → Allgemeinen
Technischen Vertragsbedingungen für Bauleistungen, die in
Teil C der VOB enthalten sind. Dies hat zur Konsequenz, dass
immer dann, wenn im Bauvertrag die VOB/B wirksam ein-
bezogen wurde, auch die VOB/C als vereinbart gilt. Die
VOB/C ist damit in einem VOB-Bauvertrag stets Vertragsbe-
standteil. Dies gilt jedoch nicht für Teil A der VOB. Die
Bestimmungen der VOB/A betreffen Regelungen über die
Vergabe von Bauleistungen. Die Vergabe findet jedoch vor
Vertragsschluss statt und kann daher nicht Vertragsbestand-
teil selbst sein.

Siehe auch: → Allgemeine Technische Vertragsbedingungen für Bauleistungen

Bürgschaft

Nach § 17 Nr. 1 Abs. 1, Nr.2 VOB/B ist eine Sicherheitsleistung im Bauvertrag zu vereinbaren. Ist nichts anderes vereinbart, so kann die Sicherheit in drei verschiedenen Arten geleistet werden, nämlich

- durch Einbehalt von Geld (siehe → Sicherheitseinbehalt)
- durch Hinterlegung von Geld oder
- durch Bürgschaft eines Kreditinstitutes oder Kreditversicherers, sofern das Kreditinstitut oder der Kreditversicherer
  - in der Europäischen Gemeinschaft oder
  - in einem Staat der Vertragsparteien des Abkommens über den Europäischen Wirtschaftsraum oder
  - in einem Staat der Vertragsparteien des WTO-Übereinkommens über das öffentliche Beschaffungswesen zugelassen ist.

Die Bürgschaft hat in der Baupraxis eine vorrangige Bedeutung als Sicherheitsleistung. Sie dient als Vertragserfüllungsbürgschaft dazu, die vertragsgemäße Ausführung der Bauleistungen sicherzustellen und als Gewährleistungsbürgschaft dazu, die Mängelansprüche des Auftraggebers abzusichern.

Die Bürgschaft ist dadurch gekennzeichnet, dass sie in vollem Umfang abhängig ist vom Bestehen der zu sichernden Forderung. Dies bedeutet, dass der Bürge nur so lange aus der Bürgschaft in Anspruch genommen werden kann, wie auch die zu sichernde Forderung besteht. Besteht die Forderung nicht mehr, so besteht auch kein Anspruch mehr gegen den Bürgen aus der einmal ausgereichten Bürgschaft. Eine ausgereichte Originalbürgschaftsurkunde ist nach Zahlung der Forderung durch den Schuldner umgehend an den Bürgen wieder auszuhändigen. Diese „Akzessorietät" der Bürgschaft zur zu sichernden Forderung hat auch zur Konsequenz, dass eine Bürgschaft vom Gläubiger der zu sichernden Forderung nicht an einen Dritten abgetreten werden kann, ohne dass dieser auch die zu sichernde Forderung mit abtritt. Die Bürgschaft „klebt" also an der zu sichernden Forderung und kann nicht eigenständig oder isoliert ohne eine zu sichernde Forderung bestehen.

Tauglichkeit des Bürgen
Sofern der Auftragnehmer eine Bürgschaft, etwa zur Sicherung von Mängelansprüchen, an den Auftraggeber aushändigen möchte, ist zunächst Voraussetzung, dass der Auftraggeber den Bürgen als tauglich anerkennt.
Ein Bürge ist tauglich, wenn er ein der Höhe der zu leistenden Sicherheit angemessenes Vermögen besitzt und seinen allgemeinen Gerichtsstand im Inland hat. Hinzu kommen muss, dass der Auftraggeber nach § 17 Nr. 4 Satz 1 VOB/B den Bürgen auch tatsächlich als tauglich anerkennt.

Schriftformerfordernis
Die Bürgschaftserklärung ist vom Bürgen schriftlich zu erklären.
Sie hat zu enthalten:
1. die Erklärung, dass der Bürge für eine fremde Schuld einzustehen hat
2. die Bezeichnung des Auftraggebers
3. die Bezeichnung des Auftragnehmers

4. die Bezeichnung der Forderung, für die sich der Bürge verbürgt, also etwa Mängelansprüche, die im Rahmen der Verjährungsfrist auftreten, und schließlich
5. die Angabe des Zweckes der Sicherung.

Zu ihrer Wirksamkeit ist es ferner erforderlich, dass die Bürgschaft vom Bürgen unterzeichnet ist.

Selbstschuldnerische Bürgschaft
Nach § 17 Nr. 4 Satz 2 VOB/B ist die Bürgschaft ferner „unter dem Verzicht der Einrede der Vorausklage" abzugeben. (→ selbstschuldnerische Bürgschaft)

Der Verzicht auf die Einrede der Vorausklage muss ausdrücklich in die Bürgschaftsurkunde aufgenommen sein. Er bedeutet, dass der Auftraggeber, an den die Bürgschaft ausgehändigt wurde, unmittelbar gegen den Bürgen vorgehen kann und sich nicht erst an den Auftragnehmer halten muss. Er bedeutet aber nicht, dass der Bürge keine Einwendungen gegen die Forderung des Auftraggebers geltend machen könnte. Ihm stehen vielmehr alle Einwendungen, eingeschlossen die Einrede der Verjährung, zu, die auch dem Auftragnehmer gegenüber dem Auftraggeber zustehen, für welchen sich der Bürge verbürgt hat.

Unbefristete Bürgschaft
Die Bürgschaft darf, ebenfalls nach § 17 Nr. 4 Satz 2 VOB/B, nicht auf bestimmte Zeit begrenzt sein.
Zwar darf eine Bürgschaft grundsätzlich auch befristet sein, die VOB/B erkennt eine Bürgschaft jedoch nur dann als geeignetes Sicherungsmittel an, wenn diese unbefristet ausgestellt ist, also nicht zeitlich begrenzt wurde.

Die Bürgschaftserklärung darf nicht dahingehend lauten, dass der Bürge nur von einem bestimmten Zeitpunkt an oder nur innerhalb eines bestimmten Zeitraumes in Anspruch genommen werden darf. Könnte eine Bürgschaft nach der VOB/B auch zeitlich begrenzt, etwa auf die Dauer von vier Jahren ab Abnahme ausgestellt werden, so liefe der Auftraggeber Gefahr, dass er die Bürgschaft bereits vor Ablauf der Verjährungsfrist aushändigen müsste, wenn er zum Beispiel ein selbstständiges Beweisverfahren beantragt hätte, durch das die Verjährungsfrist gehemmt wurde. Dauert die Hemmung zum Beispiel zwei Jahre, so müsste der Auftraggeber die Bürgschaft vor Ablauf der Verjährungsfrist an den Bürgen wieder aushändigen und wäre hinsichtlich seiner Mängelansprüche ungesichert.

Ausstellung nach Vorgaben des Auftraggebers
Schließlich hat die Bürgschaft nach den Vorgaben des Auftraggebers ausgestellt zu werden, wobei er selbstverständlich an die Vorgaben der VOB/B gebunden ist. Nach den Vorgaben des Auftraggebers bedeutet also nicht, dass dieser völlig frei in der Bestimmung der Vorgaben wäre.

Praxistipp 1:
Der Auftragnehmer sollte beachten, dass er dann, wenn er mit dem Auftraggeber im Bauvertrag vereinbart hat, dass ein Einbehalt zur Absicherung von Mängelansprüchen durch eine Bürgschaft abgelöst werden kann, er nicht zuerst dem Auftraggeber die Originalbürgschaftsurkunde aushändigt und im Nachhinein den Einbehalt vom Auftraggeber herausverlangt. In diesem Fall läuft er Gefahr, dass der Auftraggeber die Originalbürgschaft

behält und zugleich den Einbehalt nicht an den Auftraggeber auszahlt. Der Auftragnehmer kann dann zwar den Einbehalt herausklagen, allerdings vergeht dabei oftmals viel Zeit, während derer Kosten auflaufen, die der Auftragnehmer zunächst zu übernehmen hat, wie etwa von ihm zu zahlende Avalprovision. Es ist dem Auftragnehmer daher dringend anzuraten, die Originalbürgschaftsurkunde nur Zug um Zug gegen Barauszahlung des Einbehaltes an den Auftraggeber auszuhändigen. Er ist nicht hinsichtlich der Aushändigung der Originalbürgschaftsurkunde vorleistungspflichtig.
(Siehe hierzu auch: OLG Düsseldorf, Urteil vom 30.09.2003, AZ: 23 U 204 / 02)

Praxistipp 2:
Haben die Vertragsparteien im Bauvertrag vereinbart, dass ein Gewährleistungseinbehalt durch eine selbstschuldnerische Bürgschaft abgelöst werden kann und stellt der Bürge irrtümlich eine Bürgschaft auf Erstes Anfordern, so kann er die Bürgschaft vom Auftraggeber nicht wieder herausverlangen. Der Auftraggeber ist jedoch verpflichtet, schriftlich gegenüber dem Bürgen und dem Auftragnehmer zu erklären, dass er die Bürgschaft nicht auf Erstes Anfordern, sondern lediglich als selbstschuldnerische Bürgschaft geltend machen wird.
(BGH Urteil vom 10.04.2003, AZ: VII ZR 314 / 01)

Bürgschaft auf Erstes Anfordern

Nach § 17 Nr. 4 Satz 3 VOB/B kann der Auftraggeber vom Auftragnehmer nicht fordern, dass dieser ihm eine so genannte „Bürgschaft auf Erstes Anfordern" aushändigt.

Eine Bürgschaft auf Erstes Anfordern im Sinne der VOB/B ist eine Bürgschaft, worin sich der Bürge gegenüber dem Auftraggeber verpflichten müsste auf die erste Zahlungsanforderung hin zu zahlen. Bei dieser Form der Bürgschaft kann der Bürge keine Einwendungen gegen die Forderung des Auftraggebers vorbringen. Er könnte sich beispielsweise nicht darauf berufen, dass angebliche Mängel gar nicht vorliegen oder sich nicht auf die Verjährung von Mängelansprüchen berufen (siehe → Bürgschaft). Dies wäre erst dann möglich, wenn der Bürge auf die Anforderung hin gezahlt hat und dann die Zahlung vom Auftraggeber wieder herausverlangt wird.

Die Bürgschaft auf Erstes Anfordern kann grundsätzlich mittels einer Vertragsklausel nicht mehr gefordert werden. Dies gilt sowohl für eine → Vertragserfüllungsbürgschaft als auch für eine → Gewährleistungsbürgschaft.

Zwar kann der Auftraggeber nicht verlangen, dass eine Bürgschaft auf Erstes Anfordern an ihn ausgehändigt wird. Dem steht es jedoch nicht entgegen, dass eine solche doch ausgestellt und an den Auftraggeber ausgehändigt wird.

In diesem Falle hat der Bürge den Auftragnehmer unverzüglich darüber zu unterrichten, dass eine Inanspruchnahme durch den Auftraggeber bevorsteht, damit der Auftragnehmer mögliche Einreden und Einwendungen gegen die Forderung des Auftraggebers unverzüglich geltend machen kann, da der Bürge selbst diese nicht kennt. Der Auftragnehmer kann dann gegebenenfalls eine einstweilige Verfügung beantragen, die darauf gerichtet ist, dass dem Auftraggeber untersagt wird, den Bürgen in Anspruch zu nehmen. Auf diesem Wege kann dann doch verhindert werden, dass der Bürge auf Erstes Anfordern des Auftraggebers hin zahlt.

Wenn eine Bauvertragsklausel vorsieht, dass entgegen der Bestimmung in der VOB/B der Auftragnehmer verpflichtet ist, eine <u>Vertragserfüllungsbürgschaft auf Erstes Anfordern</u> an den Auftraggeber auszuhändigen, so ist diese Klausel unwirksam, mit der Folge, dass sie ersatzlos entfällt und die gesetzliche Regelung maßgeblich ist. Da nach der VOB/B nur dann eine Sicherheit zu leisten ist, wenn dies vertraglich vereinbart ist, hat dies zur Folge, dass der Auftragnehmer aufgrund des ersatzlosen Wegfalles der Klausel keine Vertragserfüllungsbürgschaft auszuhändigen hat.

Formularmäßige Klauseln über die Stellung von <u>Gewährleistungsbürgschaften auf Erstes Anfordern</u> sind unwirksam, wenn

- ein vereinbarter Sicherheitseinbehalt nur durch eine solche Bürgschaft abgelöst werden kann und
- dem Auftragnehmer alle weiteren in der VOB/B vorgesehenen Sicherungsmittel nicht ermöglicht werden (siehe → Bürgschaft).

Daraus folgt, dass eine Klausel über die Stellung einer Gewährleistungsbürgschaft auf Erstes Anfordern dann zulässig ist, wenn die weiteren Sicherungsmittel, etwa Hinterlegung von Geld oder die Einzahlung des Sicherheitseinbehaltes auf ein → Sperrkonto, als Alternativen zur Verfügung stehen.

Siehe auch: → Bürgschaft
→ Einrede der Vorausklage
→ Gewährleistungssicherheit
→ Sicherheitseinbehalt
→ Sperrkonto
→ Vertragserfüllungsbürgschaft

Praxistipp 1:
Sofern der Auftragnehmer nach den Allgemeinen Vertragsbedingungen des Auftraggebers einen <u>unverzinslichen</u> Sicherheitseinbehalt ausschließlich durch eine Bürgschaft auf Erstes Anfordern ablösen kann, so ist diese Klausel insgesamt unwirksam, da sie den Auftragnehmer unangemessen benachteiligt. Dies hat zur Folge, dass der Auftragnehmer nicht verpflichtet ist, eine Gewährleistungssicherheit zu stellen. Die ursprünglich gegebenenfalls an den Auftraggeber ausgereichte Bürgschaft auf Erstes Anfordern kann der Auftragnehmer notfalls gerichtlich herausfordern. Die unwirksame Klausel über die Stellung einer Bürgschaft auf Erstes Anfordern kann auch nicht dahingehend umgedeutet werden, dass der Auftragnehmer zwar keine Bürgschaft auf Erstes Anfordern zu stellen hat, sondern lediglich eine einfache selbstschuldnerische Bürgschaft. Eine solche Umdeutung lässt das Gesetz nicht zu.
(OLG München, Urteil vom 03.02.2004, AZ: 9 U 3458 / 03)

Praxistipp 2:
Vor Inkrafttreten der VOB/B in der Fassung 2002 wurde die Frage diskutiert, ob auch bei einem Bauvertrag mit einem <u>öffentlichen Auftraggeber</u> eine Klausel unwirksam ist, die dahingehend lautet, dass der Auftragnehmer eine Bürgschaft auf Erstes Anfordern zur Ablösung eines Sicherheitseinbehaltes zu stellen habe. Für Bauverträge mit privaten Auftraggebern hatte bereits vor In-Kraft-Treten der VOB/B 2002 die Rechtsprechung einheitlich klargestellt, dass eine derartige Klausel unwirksam ist. Das OLG Koblenz hatte in seiner Entscheidung vom 08.11.2002 die Klausel für wirksam erachtet, wenn sie sich in einem Bauvertrag mit einem öffentlichen Auftraggeber befindet. Mit In-Kraft-Treten der VOB/B 2002 ist nunmehr klargestellt, dass auch bei Bauverträgen mit öffentlichen Auftraggebern eine Klausel unwirksam ist, wonach der Auftragnehmer verpflichtet wird, eine Bürgschaft auf Erstes Anfordern zur Ablösung eines Sicherheitseinbehaltes zu stellen, § 17 Nr. 4 VOB/B 2002.

D

Direktzahlungen

Nach § 16 Nr. 6 VOB/B ist der Auftraggeber berechtigt, Zahlungen an Gläubiger eines Auftragnehmers zu leisten, soweit sie an der Ausführung der vertraglichen Leistung des Auftragnehmers aufgrund eines mit diesem abgeschlossenen Dienst- oder Werkvertrages beteiligt sind, wegen Zahlungsverzuges des Auftragnehmers die Fortsetzung ihrer Leistungen zu Recht verweigern und die Direktzahlung die Fortsetzung der Leistung sicherstellen soll.

Die Regelung trifft in der Baupraxis auf die Fälle zu, bei welchen der Auftragnehmer als Hauptunternehmer bzw. Generalunternehmer einen oder mehrere Nachunternehmer mit der Ausführung von Teilen der Arbeiten betraut hat, die der Auftragnehmer insgesamt für den Auftraggeber zu erbringen hat. Wenn der Auftragnehmer (Hauptunternehmer) in diesen Fällen die oder den Nachunternehmer nicht bezahlen kann, so berührt dies zunächst nicht den Vertrag zwischen dem Auftraggeber und dem Auftragnehmer. Der Auftraggeber ist nur verpflichtet, Zahlungen an den Auftragnehmer zu leisten, nicht aber auch an den Nachunternehmer, wenn dieser vom Auftragnehmer nicht (mehr) bezahlt wird. Der Nachunternehmer kann jedoch die Arbeiten bei Nichtzahlung aufgrund des ihm gegenüber dem Auftragnehmer zustehenden Zurückbehaltungsrechtes einstellen, so dass auch der Auftraggeber ein großes Interesse hat, dass der Nachunternehmer sein Geld erhält. Er will schließlich, dass

144

die Arbeiten insgesamt fristgerecht erledigt werden. Hier gibt ihm die VOB/B die Möglichkeit, Zahlungen unmittelbar an den Nachunternehmer zu richten, anstatt an den Auftragnehmer.

Letztlich müssen hierfür die nachfolgenden Voraussetzungen vorliegen:

1. Der Auftraggeber muss aus dem mit dem Auftragnehmer geschlossenen Vertrag heraus verpflichtet sein, Zahlungen an diesen zu leisten. Die Zahlungsverpflichtung des Auftraggebers kann sich dabei sowohl auf eine Schlusszahlung, eine Abschlagszahlung als auch eine Vorauszahlung beziehen.

2. Der Auftraggeber darf nur an Gläubiger des Auftragnehmers zahlen, die an der Ausführung des Bauvorhabens, über welches der Auftraggeber mit dem Auftragnehmer einen Vertrag geschlossen hat, beteiligt sind. Zahlt der Auftraggeber an einen Dritten, der zwar eine Forderung gegen den Auftragnehmer hat, welche aber nichts mit Bauleistungen am Bauvorhaben zu tun hat, so bleibt er gegenüber dem Auftragnehmer trotz der Zahlung an den Dritten zur Zahlung verpflichtet, er muss also den Betrag letztlich nochmals an den Auftragnehmer leisten. In Betracht kommen hier Zahlungen an Baustofflieferanten, die auf Basis eines Kaufvertrages Material an die Baustelle geliefert haben.

3. Der Dritte, in der Regel der → Nachunternehmer, muss eine fällige Forderung gegen den Auftragnehmer haben und der Auftragnehmer muss sich ihm gegenüber in Zahlungsverzug befinden. Sofern der Auftraggeber auf eine noch nicht fällige Forderung direkt an den → Nachunternehmer zahlt, muss er gegebenenfalls nochmals an den

Auftragnehmer zahlen. Der Auftraggeber muss also vor der Zahlung an den Dritten genau prüfen, ob die Forderungen fällig sind.

4. Die vom → Nachunternehmer erbrachten Leistungen müssen in Zusammenhang mit dem Bauvorhaben stehen, bezüglich dessen ein Vertrag zwischen Auftraggeber und Auftragnehmer geschlossen wurde.

5. Der Nachunternehmer muss die Weiterführung seiner Arbeiten eingestellt haben, weil er vom Auftragnehmer nicht bezahlt wurde.

6. Sofern der Auftraggeber an den → Nachunternehmer zahlt, so muss dies geschehen, damit der → Nachunternehmer seine Arbeiten wieder aufnimmt.

Da es für den Auftraggeber schwierig ist abzuklären, inwieweit dem → Nachunternehmer tatsächlich fällige Forderungen gegen den Auftragnehmer zustehen, räumt ihm § 16 Nr. 6 Satz 2 VOB/B das Recht ein, vom Auftragnehmer Auskunft darüber zu verlangen, ob und inwieweit er die Forderungen des → Nachunternehmers als berechtigt ansieht. Hierzu hat er ihm eine angemessene Frist zu setzen.

Der Auftragnehmer ist auf dieses Auskunftsverlangen hin verpflichtet, sich darüber zu erklären. Unterlässt er dies oder erklärt er sich nicht innerhalb der Frist, so gelten die Voraussetzungen der Direktzahlung als anerkannt. Der Auftragnehmer kann sich im Nachhinein dann nicht mehr darauf berufen, dass die Forderung des → Nachunternehmers gar nicht fällig war.

Druckzuschlag

Treten nach der Abnahme Mängel an den Bauleistungen des Auftragnehmers auf, zu deren Beseitigung er verpflichtet ist, hat der Auftraggeber diese dem Auftragnehmer anzuzeigen und ihn unter Fristsetzung zur Mangelbeseitigung aufzufordern.

Siehe hierzu: → Mangelbeseitigung
→ Symptomtheorie

§ 641 Abs. 3 BGB, der auf den VOB-Bauvertrag entsprechend anzuwenden ist, bestimmt hierzu, dass der Besteller (Auftraggeber), sofern er die Beseitigung eines Mangels vom Auftragnehmer fordern kann, nach der Abnahme einen angemessenen Teil der Vergütung <u>mindestens in Höhe des dreifachen</u> Betrages der für die Mangelbeseitigung erforderlichen Kosten bis zur Beseitigung des Mangels einbehalten kann. Unter dem Begriff „Druckzuschlag" wird dabei der Betrag verstanden, der über die zu erwartenden <u>einfachen</u> Mängelbeseitigungskosten hinausgeht. Maßgeblich für den Einbehalt sind die zu erwartenden Kosten der Mangelbeseitigung, die sich aus einem Sachverständigengutachten oder aber auch aus einem entsprechenden Kostenvoranschlag ergeben können.
Dadurch, dass der Auftraggeber berechtigt ist, mindestens die dreifachen Mängelbeseitigungskosten einzubehalten, soll auf den Auftragnehmer Druck ausgeübt werden, dass er baldmöglichst die Mangelbeseitigung vornimmt. Hieraus erklärt sich der Begriff „Druckzuschlag".

Der Auftraggeber ist berechtigt, den Druckzuschlag auszuüben, bis die Mängel endgültig beseitigt sind. Sobald der Auftragnehmer die Mängel beseitigt hat, erlischt das Recht des Auftraggebers, einen Betrag wegen Mängeln zurückzubehalten.

Für den Auftragnehmer ist in diesem Zusammenhang vor allem von Bedeutung, dass der Auftraggeber auch dann nicht mehr berechtigt ist, einen Einbehalt wegen vorliegender Mängel auszuüben, wenn der Auftragnehmer ihn nach der Abnahme aufgefordert hat, eine → Bauhandwerkersicherheit nach § 648 oder § 648a BGB zu stellen und ihm hierzu eine angemessene Frist gesetzt hat. Kommt der Auftraggeber seiner Pflicht zur Stellung der Sicherheit nicht nach, steht ihm kein Zurückbehaltungsrecht in mindestens dreifacher Höhe der zu erwartenden Mangelbeseitigungskosten. Der Druckzuschlag entfällt.

Siehe auch: → Bauhandwerkersicherung nach
                 § 648a BGB
            → Bauhandwerkersicherungshypothek

Praxistipp:
Verweigert der Auftraggeber dem Auftragnehmer das Recht eine Mängelbeseitigung durchzuführen, etwa weil er ihm Baustellenverbot erteilt, so gerät er, bei Vorliegen der weiteren Voraussetzungen, in Annahmeverzug. Hieraus ergeben sich die entsprechenden Verzugsfolgen. Der Auftraggeber verliert jedoch in diesem Fall nicht sein Recht, weiterhin ein Zurückbehaltungsrecht im Hinblick auf die noch offene Vergütungsforderung des Auftrag-

nehmers geltend zu machen. Hierfür wäre es erforderlich, dass der Auftraggeber seinen Anspruch verwirkt. Allein der Annahmeverzug des Auftraggebers hat nicht zur Folge, dass er sein Recht auf Vornahme des Druckzuschlages verwirkt hätte. Allerdings ist die Höhe des Druckzuschlages (mindestens dreifacher Betrag der zu erwartenden Mängelbeseitigungskosten) in diesem Fall auf den einfachen Betrag zu reduzieren.
(BGH Urteil vom 24.07.2003, AZ: VII ZR 79 / 02)

E

Einbehalt

Siehe: → Sicherheitseinbehalt

Einheitspreis und Einheitspreisvertrag

Den Einheitspreisvertrag sieht die VOB/B als die regelmäßige Vertragsform vor. Dies ergibt sich daraus, dass in § 2 Nr. 2 VOB/B geregelt ist, dass die Vergütung des Auftragnehmers nach den vertraglichen Einheitspreisen und den tatsächlich ausgeführten Leistungen berechnet wird, sofern keine andere Berechnungsart (z. B. durch Pauschalsumme, nach Stundenlohnsätzen oder nach Selbstkosten) vereinbart ist.

Hieraus ergibt sich im Gegenschluss, dass dann, wenn etwa nach Stundenlohnsätzen abgerechnet werden soll, dies ausdrücklich vereinbart werden muss, siehe auch § 2 Nr. 10 VOB/B. Sofern im Bauvertrag ausdrücklich die Abrechnung nach Einheitspreisen vereinbart ist, liegt ein Einheitspreisvertrag vor und es ist nach Einheitspreisen und ausgeführter Menge abzurechnen. Ist keine Bestimmung über die Abrechnung getroffen worden, so kann zwar nicht nach vereinbarten Einheitspreisen abgerechnet werden, da ja gerade keine Vereinbarung über die Höhe der Einheitspreise vorliegt. Insoweit ist die Vorschrift in der VOB/B missglückt. In diesem Fall wird jedoch eine Abrechnung nach Einheitspreisen als vereinbart unterstellt. Die abzurechnenden Einheitspreise müssen bei Fehlen einer Vereinbarung üblich und angemessen sein, ein Leistungsverzeichnis mit vereinbarten Einheitspreisen liegt in diesem Fall regelmäßig nicht vor.

Beim Einheitspreisvertrag wird die Vergütung des Auftragnehmers nach Leistung bemessen und zwar in der Regel zu Einheitspreisen für technisch und wirtschaftlich einheitliche Teilleistungen, die unter Ordnungszahlen zusammengefasst werden. Diese sind festzulegen und nach Maß, Gewicht oder Stückzahl, den sog. „Vordersätzen", in die Leistungsbeschreibung aufzunehmen. Der Einheitspreis errechnet sich dann in der Weise, dass der Auftragnehmer nach vorheriger sorgfältiger Kalkulation den Einzelpreis nach der jeweils maßgeblichen Maß-, Gewichts- oder Stückeinheit bestimmt. Hiervon zu unterscheiden ist der so genannte Positionspreis. Dieser ergibt sich letztlich aus einer Multiplikation der Vordersätze mit dem Einheitspreis. Als Gesamtpreis bezeichnet man dann letztlich die Angebotsendsumme, die sich aus der Addition der Positionspreise zzgl. der Mehrwertsteuer ergibt.

Da sich die Vergütung beim Einheitspreisvertrag nach der tatsächlich ausgeführten Menge bemisst, ist es unschädlich, wenn im Leistungsverzeichnis vom Auftragnehmer zunächst eine geringere Menge angegeben wurde. Abgerechnet wird letztlich die tatsächlich ausgeführte Menge nach den angebotenen Einheitspreisen.

Siehe auch:　　→　Stundenlohnvereinbarung
　　　　　　　　→　Pauschalpreis / Pauschalpreisvertrag

Praxistipp:

Rechnet der Auftragnehmer die von ihm für den Auftraggeber erbrachten Leistungen nach Einheitspreisen und Aufmaß ab, so hat er im Streitfall zu beweisen, dass eine vom Auftraggeber behauptete und nach Ort, Zeit und Umständen im Einzelnen dargelegte niedrigere Pauschalvereinbarung in Wirklichkeit nicht getroffen wurde.

Der Auftragnehmer muss also zwar grundsätzlich seine Berechtigung zur Abrechnung nach Einheitspreisen und Aufmaß nachweisen und zugleich die vom Auftraggeber behauptete niedrigere Pauschalvereinbarung widerlegen. Dabei darf man jedoch den Auftragnehmer nicht in für ihn aussichtslose Beweisschwierigkeiten bringen. Der Auftraggeber muss daher zunächst detailliert die angebliche Pauschalvereinbarung nach Zeit, Ort und Höhe darlegen und beweisen. Gelingt ihm dies nicht, muss der Auftragnehmer sich gar nicht erst überlegen, wie er die behauptete Pauschalvereinbarung widerlegen kann. Er ist in diesem Fall berechtigt, nach Einheitspreisen und Aufmaß abzurechnen.

(OLG München, Urteil vom 29.03.2000, AZ: 27 U 668 / 99 sowie BGH, Urteil vom 26.03.1992, AZ: VII ZR 180 / 91)

Einrede der Vorausklage

Nach § 17 Nr. 1 VOB/B können Auftraggeber und Auftragnehmer im Bauvertrag eine Sicherheitsleistung vereinbaren, die dazu dient, die vertragsgemäße Ausführung der Arbeiten des Auftragnehmers oder die Mängelansprüche des Auftraggebers abzusichern. Soweit im Bauvertrag nichts anderes vorgesehen ist, kann die Sicherheit auch in Form einer Bankbürgschaft beigebracht werden.

Siehe hierzu: → Bürgschaft
→ Bürgschaft auf Erstes Anfordern

Bei der Sicherheitsleistung durch → Bürgschaft ist unter anderem Voraussetzung, dass die Bürgschaftserklärung schriftlich und unter dem Verzicht auf die Einrede der Vorausklage abgegeben wird.

„Einrede der Vorausklage" bedeutet in diesem Zusammenhang, dass der Bürge die Zahlung aus der Bürgschaft so lange nicht vorzunehmen braucht, so lange nicht der Gläubiger eine Zwangsvollstreckung gegen den Schuldner ohne Erfolg versucht hat. Erst dann also, wenn eine Zwangsvollstreckung gegen den Schuldner erfolglos geblieben ist, hat der Bürge bei einer Bürgschaft ohne Verzicht gegen die Einrede der Vorausklage für die Forderung des Gläubigers gegen den Schuldner einzustehen.

Die Bürgschaft, die unter dem Verzicht auf diese Einrede abgegeben wird, bezeichnet man als → selbstschuldnerische Bürgschaft.

Eine Bürgschaft, bei welcher der Auftraggeber die Einrede der Vorausklage erheben könnte, würde dem Zweck einer Sicherheitsleistung in der Baupraxis entgegenstehen, so dass die Vertragserfüllungs- und Gewährleistungsbürgschaften nach der VOB/B stets unter dem Verzicht der Einrede der Vorausklage abzugeben sind.

Der Verzicht bedeutet für den Auftraggeber, dass der Bürge grundsätzlich unmittelbar in Anspruch genommen werden kann, ohne dass er zuvor gerichtliche Schritte gegen den Auftragnehmer vornehmen müsste. Er bedeutet jedoch nicht zugleich, dass der Bürge nicht etwa auch Einwendungen oder die Einrede der Verjährung gegen die Forderung des Auftraggebers geltend machen könnte, vor allem dann, wenn das Vorliegen behaupteter Mängel bestritten wird und der Bürge aus einer Gewährleistungsbürgschaft in Anspruch genommen werden soll. Dieses Recht steht neben dem Auftragnehmer auch dem Bürgen zu, so lange keine → Bürgschaft auf Erstes Anfordern abgegeben wurde.

Der Bürge hat, wenn es sich um ein Kreditinstitut handelt, den Auftragnehmer von der Inanspruchnahme durch den Auftraggeber unverzüglich zu unterrichten, damit ihm vor Zahlung aus der Bürgschaft die Möglichkeit zur Stellungnahme gegeben wird. Dies ist deshalb von Bedeutung, da bei berechtigten Einwendungen eine Zahlung aus der Bürgschaft unterbleiben kann.

Siehe auch: → Bürgschaft auf Erstes Anfordern
→ Gewährleistungsbürgschaft
→ Vertragserfüllungsbürgschaft

Einzelfristen

Einzelfristen, die auch → Zwischenfristen genannt werden, sind Fristen, die dem Auftraggeber die Möglichkeit einräumen, den Baufortschritt zu kontrollieren. Mit Einzelfristen regeln die Vertragspartner nicht die Fertigstellung der vertraglich vereinbarten Gesamtleistung, sondern Termine, zu welchen einzelne Teile von Bauleistungen des Auftragnehmers fertig gestellt sein müssen. Werden die Einzel- oder Zwischenfristen vom Auftragnehmer eingehalten, so hat der Auftraggeber Anhaltspunkte dafür, dass die Arbeiten vereinbarungsgemäß vorangehen. Er verringert dadurch das Risiko, dass die Fertigstellung nicht innerhalb der verbindlichen → Vertragsfristen erfolgt, da er rechtzeitig bei Nichteinhaltung von Einzelfristen reagieren und entsprechende Vorkehrungen treffen kann, um die Fertigstellung der Arbeiten zum vereinbarten Fertigstellungstermin zu sichern.

Regelungen zu Einzelfristen finden sich für den Bereich der Vergabe in § 11 Nr. 2 VOB/A als auch für den Bereich des Bauvertrages in § 5 Nr. 1 Satz 2 VOB/B wieder.

Nach § 11 Nr. 2 Abs. 1 VOB/A sind Einzelfristen für in sich abgeschlossene Teile der Bauleistung des Auftragnehmers dann zu vereinbaren, wenn es ein erhebliches Interesse des Auftraggebers erfordert.

Nach § 11 Nr. 2 Abs. 2 VOB/A sollte sich ferner dann, wenn ein Bauzeitenplan aufgestellt wird, die Vereinbarung von Einzelfristen darauf beschränken, dass nur besonders wichtige, für den Fortgang der Gesamtarbeiten bedeutsame, Einzelfristen als vertraglich verbindlich festgelegt werden.

Da die Vorschriften der VOB/A nur für VOB/A-gebundene Auftraggeber, wie öffentliche Auftraggeber, verpflichtend sind, sind sie für sonstige Auftraggeber nicht zwingend. Sie sollten jedoch auch für diese als Empfehlung angesehen werden.

Nach § 5 Nr. 1 Satz 2 VOB/B gelten Einzelfristen, die in einem Bauzeitenplan vereinbart werden, nur dann als verbindlich, wenn dies ausdrücklich im Bauvertrag so festgelegt wurde. Einzelfristen stellen also grundsätzlich keine verbindlichen Vertragsfristen dar, sondern lediglich Kontrollfristen, die dem Auftraggeber die Möglichkeit der Überwachung des Baufortschrittes ermöglichen sollen. Will der Auftraggeber verbindliche Einzelfristen vereinbaren, so hat er die in einem Bauzeitenplan enthaltenen Fristen im Bauvertrag nochmals ausdrücklich als verbindliche Fristen zu kennzeichnen.

Es bietet sich vor allem bei Bauverträgen über größere Projekte, etwa bei der Erstellung einer Reihenhausanlage oder eines großen Wohnhauses durch einen Bauträger, an, verbindliche Vertragsfristen für einzelne Teilleistungen festzulegen. Beispielsweise ist es in einem solchen Falle möglich Einzelfristen bezüglich der Einbringung der Rohinstallation, der Fenster, Türen, etc. zu vereinbaren. Zudem bietet es sich an, bezüglich der Fertigstellung einzelner Häuser einer Reihenhausanlage Einzelfristen zu vereinbaren. Wichtig ist jedoch in jedem Falle, die Einzelfristen als verbindlich im Bauvertrag zu kennzeichnen, damit der Auftragnehmer gehalten ist, diese Fristen auch zu beachten.

Siehe auch: → Zwischenfristen
→ Vertragsfristen
→ Vertragsstrafe

Praxistipp:
Haben Auftragnehmer und Auftraggeber im Bauvertrag sowohl verbindliche Einzelfristen als auch eine verbindliche Fertigstellungsfrist inhaltlich, optisch und sprachlich voneinander getrennt vereinbart und wurden sowohl die Überschreitung von Einzelfristen als auch die Überschreitung der Fertigstellungsfrist unter Vertragsstrafe gestellt, so liegen getrennt voneinander zu beurteilende Vertragsstrafenregelungen vor. Ist in diesem Fall zwar die Vertragsstrafenregelung hinsichtlich der Einzelfristen unwirksam, da sie den Auftragnehmer unangemessen benachteiligt und daher gegen die Bestimmungen über Allgemeine Geschäftbedingungen verstößt, die Vertragsstrafenregelung hinsichtlich der Fertigstellungsfrist aber wirksam und überschreitet der Auftragnehmer sowohl Einzelfristen als auch die Fertigstellungsfrist, so kann der Auftraggeber Vertragsstrafenansprüche wegen Überschreitung der Fertigstellungsfrist vom Auftragnehmer verlangen. Die Ansprüche des Auftraggebers beruhen in diesem Fall auf der Überschreitung der Fertigstellungsfrist, weshalb es auf die Frage, ob die Vertragsstrafenregelungen bezüglich der Einzelfristen gegen die Bestimmungen über Allgemeine Geschäftsbedingungen verstößt, gar nicht ankommt.
Anders wäre der obige Fall jedoch zu beurteilen, wenn der Auftragnehmer zwar Einzelfristen überschreitet, die Gesamtarbeiten jedoch termingerecht fertig stellt und der Auftragnehmer aufgrund der Überschreitung der Einzelfristen Vertragsstrafenansprüche geltend machen will. Ihm stehen in diesem Fall keine Ansprüche gegen den Auftragnehmer zu.

> Letztlich sollte der Auftragnehmer also berücksichtigen, dass dann, wenn getrennte Vertragsstrafenregelungen hinsichtlich Einzel- und Fertigstellungsfristen vorliegen, bei Unwirksamkeit der Regelungen hinsichtlich der Einzelfristen nicht auch zugleich die Vertragsstrafenregelung hinsichtlich der Fertigstellungsfrist unwirksam ist.
> *(BGH Urteil vom 18.01.2001, AZ: VII ZR 238 / 00)*

Ersatzvornahme

Sofern sich herausstellt, dass die Arbeiten des Auftragnehmers mangelhaft erbracht wurden, steht dem Auftragnehmer das Recht zu, die Mängel selbst beseitigen zu dürfen, der Auftraggeber kann korrespondierend hierzu vom Auftragnehmer verlangen, dass dieser die Mängel beseitigt. Damit dem Interesse des Auftraggebers auf möglichst rasche Beseitigung der Mängel durch den Auftragnehmer Rechnung getragen wird und die Mangelbeseitigung durch den Auftragnehmer nicht unzumutbar lange hinausgeschoben wird, sieht die VOB/B, ebenso wie das BGB, die Möglichkeit vor, dass der Auftraggeber bei Vorliegen der entsprechenden Voraussetzungen die Mängel auf Kosten des Auftragnehmers beseitigen lassen kann.

Gemäß § 13 Nr. 5 Abs. 2 VOB/B kann demnach der Auftraggeber die Mängel auf Kosten des Auftragnehmers beseitigen lassen, wenn dieser einer Aufforderung des Auftraggebers zur Mangelbeseitigung innerhalb einer vom Auftraggeber gesetzten angemessenen Frist nicht nachkommt.

Das Recht, die Mängel auf Kosten des Auftragnehmers beseitigen zu lassen, wird als Ersatzvornahmerecht des Auftraggebers bezeichnet.

Die Voraussetzungen für die Durchführung der Ersatzvornahme sind folgende:

1. Es muss ein durchsetzbarer Anspruch des Auftraggebers gegen den Auftragnehmer auf Beseitigung von Mängeln vorliegen.
2. Der Auftraggeber muss den Auftragnehmer zur Mangelbeseitigung aufgefordert und zugleich eine angemessene Frist zur Beseitigung der Mängel gesetzt haben.
3. Die Frist muss abgelaufen sein, ohne dass der Auftragnehmer die Mängel beseitigt hat.
4. Die Beseitigung der Mängel darf nicht unzumutbar oder unmöglich sein. Sie darf ferner keinen unverhältnismäßig hohen Aufwand erfordern.

Anspruch auf Mangelbeseitigung
Der Anspruch des Auftraggebers gegen den Auftragnehmer, am Bauwerk vorhandene und auf Bauleistungen des Auftragnehmers zurückzuführende Mängel zu beseitigen, wird zu dem Zeitpunkt fällig, zu welchem die Aufforderung des Auftraggebers zur Mängelbeseitigung dem Auftragnehmer zugeht.

Der Anspruch des Auftraggebers muss durchsetzbar sein. Dies bedeutet, dass ihm keine Einreden des Auftragnehmers entgegenstehen dürfen. So darf der Anspruch etwa nicht bereits verjährt sein. Ferner muss sich der Auftraggeber die Geltendmachung von Mängelansprüchen gegenüber dem Auftragnehmer bei der Abnahme vorbehalten haben, sofern ihm die Mängel bereits bei der Abnahme bekannt waren. Hat er bei der Abnahme bezüglich dieser Mängel keinen Vorbehalt erklärt, so ist sein Anspruch auf Beseitigung der Mängel nicht durchsetzbar. Der Anspruch auf Mangelbeseitigung ist schließlich auch dann nicht durchsetzbar, wenn die Mangelbeseitigung dem Auftragnehmer nicht zugemutet werden kann. Der Auftraggeber ist dann auf die Geltendmachung von Minderung beschränkt.

Schließlich darf der Auftraggeber eine vom Auftragnehmer angebotene Mangelbeseitigung nicht zurückweisen oder die Mangelbeseitigung unmöglich machen, indem er zum Beispiel dem Auftragnehmer ein Hausverbot erteilt oder sich weigert, einem Terminvorschlag des Auftragnehmers zur Durchführung von Mangelbeseitigungsarbeiten zuzustimmen.

Aufforderung zur Mangelbeseitigung
Die Aufforderung zur Mangelbeseitigung bedarf eigentlich keiner bestimmten Form, sie ist also theoretisch auch mündlich möglich.

Dem Auftraggeber ist jedoch dringend anzuraten, aus Beweisgründen eine schriftliche Aufforderung an den Auftragnehmer zu richten, um nachweisen zu können, dass die Voraussetzung für die Ersatzvornahme und die Geltendmachung eines entsprechenden Kostenvorschusses vorliegen. Die Schriftform ist auch deshalb dringend anzuraten, da mit Zugang der schriftliche Mängelrüge beim Auftragnehmer die so genannte → Quasiunterbrechung der Verjährungsfrist für die gerügten Mängel beginnt. Nur dann, wenn nachgewiesen werden kann, dass und welche Mängel wann gegenüber dem Auftragnehmer gerügt wurden, ist es dem Auftraggeber möglich, nachzuweisen, dass die Verjährungsfrist hinsichtlich der gerügten Mängelansprüche zu einem bestimmten Zeitpunkt unterbrochen wurde.

Der Auftraggeber muss gemäß der → Symptomtheorie des BGH in seiner Mangelbeseitigungsaufforderung die Mängel anhand der vorliegenden Symptome ausreichend genau beschreiben. Er ist nicht verpflichtet, die Ursachen zu nennen und technische Ausführungen hierzu zu machen.

Es bedarf keiner Fristsetzung des Auftraggebers mehr, wenn der Auftragnehmer die Beseitigung der Mängel ernsthaft und endgültig verweigert hat. In diesem Falle wäre es pure Förmelei, wenn man auf einer Fristsetzung bestehen würde, da sich die Meinung des Auftragnehmers durch eine Fristsetzung kaum ändern lassen würde. Sie ist auch entbehrlich, wenn dem Auftraggeber eine Mängelbeseitigung durch den Auftragnehmer nicht mehr zugemutet werden kann. Dies dürfte in der Baupraxis jedoch nur in ganz wenigen Ausnahmefällen anzunehmen sein.

Sofern der Auftraggeber eine zu kurz bemessene Frist gesetzt hat, so ist diese in eine angemessen lange Frist umzudeuten. Die zu knapp bemessene Fristsetzung ist nicht unwirksam.

Fruchtloser Ablauf der Frist
Die Frist ist dann fruchtlos verstrichen, wenn der Auftragnehmer untätig geblieben ist. Hat er jedoch etwas unternommen und hat dies nicht zum gewünschten Erfolg geführt, so muss der Auftraggeber erst nochmals eine Frist

setzen, es sei denn eine weitere Fristsetzung ist dem Auftraggeber nicht mehr zumutbar.

Führt der Auftraggeber eine Ersatzvornahme durch, ohne
dass die vorbezeichneten Voraussetzungen vorgelegen
haben, so kann er keine Erstattung der Mangelbeseitigungskosten vom Auftragnehmer verlangen. Weitergehende
Schadensersatzansprüche, die auch bei einer ordnungsgemäßen Nachbesserung durch den Auftragnehmer nicht hätten vermieden werden können, bleiben jedoch bestehen,
wie etwa ein erlittener Verdienstausfall des Auftraggebers
während der Zeit der Mängelbeseitigungsarbeiten.

Siehe auch: → Kostenvorschuss
            → Mangelbeseitigung
            → Nacherfüllungsanspruch des Auftrag-
              gebers
            → Nacherfüllungsanspruch des Auftrag-
              nehmers
            → Quasiunterbrechung
            → Symptomtheorie

Praxistipp:
Der Auftraggeber ist bei der Beauftragung einer Fachfir-
ma für die Durchführung der Ersatzvornahme nicht verpflichtet, den billigsten Anbieter zu beauftragen. Zwar
muss er zunächst mehrere Angebote einholen, er ist
jedoch nicht verpflichtet, etwa eine Ausschreibung
durchzuführen, und danach den kostengünstigsten
Anbieter auszusuchen. In diesem Zusammenhang ist
auch die Entscheidung des OLG Celle vom 11.12.2003 zu
sehen. Hier hat der Auftraggeber vom Auftragnehmer

Ersatz seiner Kosten für die Durchführung einer (berechtigten) Ersatzvornahme geltend gemacht. Er ließ die Ersatzvornahme unter Hinzuziehung eines Architekten und eines Sachverständigen beseitigen, wobei Kosten in Höhe von € 35.500,00 entstanden sind. Der Auftragnehmer will nur € 23.800,00 zahlen, weil er der Ansicht ist, die Arbeiten hätten zu diesem Preis ausgeführt werden können. Das Gericht hat dem Auftraggeber den vollen Anspruch zuerkannt, mit der Begründung, dass dann, wenn Aufwendungen für die Beseitigung von Mängeln bereits angefallen sind, die der Auftragnehmer zu verantworten hat, der vom Auftragnehmer zu ersetzende Schaden in der tatsächlich erlittenen Geldeinbuße zu sehen ist. Etwas anderes würde nur dann gelten, wenn der Auftraggeber gegen seine Pflicht verstößt, grundsätzlich den Schaden gering zu halten. Sofern er aber Architekten und Sachverständige zu Rate zieht, so darf er auf deren Fachkenntnisse vertrauen.
(OLG Celle, Urteil vom 11.12.2003, AZ: 6 U 105/03)

Die Ersatzvornahme kann also für den Auftragnehmer teuer werden. Er sollte sich daher genau überlegen, ob er die geforderte Mangelbeseitigung wirklich verweigern oder nicht fristgemäß durchführen will.

Eventualleistungen

Siehe: → Bedarfspositionen

F

Fälligkeit der Schlusszahlung

Gemäß § 16 Nr. 3 Abs. 1 Satz 1 VOB/B ist die Zahlung der Schlussrechnung alsbald nach deren Prüfung und Feststellung fällig, spätestens jedoch innerhalb von zwei Monaten nach deren Zugang beim Auftraggeber. Sofern sich die Prüfung der Schlussrechnung verzögert, ist das unbestrittene Guthaben aus der Schlussrechnung sofort zur Zahlung fällig. Die Fälligkeit tritt grundsätzlich immer nur dann ein, wenn die Schlussrechnung dem Auftraggeber zugegangen ist und zwei Monate seit dem Zugang der Rechnung beim Auftraggeber verstrichen sind. Eine Fälligkeit vor Ablauf der Zweimonatsfrist ist nur dann anzunehmen, wenn der Auftraggeber die Prüfung schneller vornimmt und dem Auftragnehmer das Prüfungsergebnis bereits vor Ablauf der Frist mitteilt.

Es ist möglich, dass die Vertragspartner eine Vereinbarung dahingehend treffen, dass die Prüfungsfrist verlängert werden soll. Entsprechende Klauseln in einem Bauvertrag, die dahingehend lauten, dass die Prüfungsfrist anstatt zwei Monate etwa drei Monate lang sein soll, verstoßen gegen die Vorschriften zu Allgemeinen Geschäftsbedingungen und sind daher unwirksam, da sie den Auftragnehmer, der sein Geld dann erst entsprechend später erhält, unangemessen benachteiligen. Liegt eine solche Klausel in einem Bauvertrag vor, so ist sie unbeachtlich. Es gilt dann die Regelung in der VOB/B, wonach die Prüfungsfrist zwei Monate beträgt.

Die Schlussrechnung ist schließlich nur dann zur Zahlung fällig, wenn neben dem Ablauf der Zweimonatsfrist die Bauleistungen des Auftragnehmers zuvor abgenommen wurden. Dabei ist es unerheblich, welche Abnahmeform vorliegt, ob etwa ausdrücklich abgenommen wurde, eine fiktive Abnahme oder eine stillschweigende Abnahme vorliegt. Liegt keine → Abnahme vor, so liegt auch nach Ablauf der Prüfungsfrist noch keine Fälligkeit der Schlussrechnung vor. Wird der Bauvertrag gekündigt, so bedarf es hinsichtlich der Fälligkeit der Schlussrechnung jedoch ausnahmsweise keiner → Abnahme mehr. In diesem Fall wird die Schlussrechnung nach Ablauf der Zweimonatsfrist ab Zugang der Rechnung beim Auftraggeber zur Zahlung fällig, ohne dass zuvor noch eine → Abnahme hätte erfolgen müssen.

Daraus, dass der Auftraggeber das Recht hat, die Schlussrechnung zu prüfen, ergibt sich als weitere Fälligkeitsvoraussetzung, dass die vorgelegte Schlussrechnung prüffähig sein muss.

Siehe: → Abnahme
           → Schlussrechnung
           → Schlusszahlung
           → Verjährung von Vergütungsansprüchen

Fälligkeit von Abschlagszahlungen

Gemäß § 16 Nr. 1 Abs. 1 Satz 1 VOB/B sind auf Antrag des Auftragnehmers → Abschlagszahlungen in Höhe des Wertes der jeweils nachgewiesenen vertragsmäßigen Leistungen einschließlich des ausgewiesenen, darauf entfallenden

Umsatzsteuerbetrages in möglichst kurzen Zeitabständen zu gewähren. Die erbrachten Leistungen sind vom Auftragnehmer durch eine prüfbare Aufstellung nachzuweisen, die eine rasche und sichere Beurteilung der Leistungen durch den Auftraggeber ermöglichen muss. Nach § 16 Nr. 1 Abs. 3 VOB/B werden Ansprüche auf → Abschlagszahlungen nunmehr binnen 18 Werktagen nach Zugang dieser <u>Aufstellung</u> beim Auftraggeber zur Zahlung fällig.

Die Frist zur Vornahme der Zahlung der Abschlagsrechnung beginnt mit dem Zugang der Aufstellung beim Auftraggeber. Sie ist zwingend vom Auftraggeber einzuhalten. Auch dann, wenn der Auftraggeber die Aufstellung oder Rechnung erst durch einen damit beauftragten Architekten prüfen lässt, verlängert sich die Frist nicht. Es ist jedoch möglich, dass die Vertragspartner die Frist einvernehmlich und individuell verlängern. Auch hierbei ist wieder Schriftform anzuraten. Eine Klausel in einem Bauvertrag, wonach die Frist um mehr als zehn Werktage verlängert werden soll, ist unwirksam.

Die Aufstellung ist dem Auftraggeber zu übersenden und muss diesem zugehen. Möglich ist auch, dass die Aufstellung nicht dem Auftraggeber selbst, sondern einem von ihm bevollmächtigten Architekten oder Ingenieur übersandt wird. Maßgeblich für den Lauf der Prüfungsfrist und damit verbunden für die Fälligkeit der Abschlagszahlung ist dann der Zugang beim Architekten oder Ingenieur, nicht der Zeitpunkt der Aushändigung der Aufstellung an den Auftraggeber.

Sofern der Auftraggeber eine Abschlagsrechnung prüfen hat lassen, muss er den Auftragnehmer im Übrigen vom Ergebnis der Prüfung unterrichten, damit der Auftragnehmer in die Lage versetzt wird, die – gekürzte – Zahlung auch richtig zuzuordnen.

Für die Rechtzeitigkeit der Zahlung kommt es schließlich nicht darauf an, dass die Zahlung innerhalb von 18 Werktagen bereits beim Auftragnehmer eingegangen ist. Es ist jedoch erforderlich, dass die Überweisung innerhalb dieser Frist bereits vom Auftraggeber veranlasst wurde.

Sofern der Auftraggeber nicht bei Fälligkeit zahlt, hat der Auftragnehmer die folgenden Möglichkeiten:

1. Nach Ablauf der Prüfungsfrist kann er dem Auftraggeber eine Nachfrist zur Zahlung setzen. Zahlt der Auftraggeber auch innerhalb der Nachfrist nicht, so ist die Abschlagsforderung vom Zeitpunkt des Ablaufes der Frist mit dem gesetzlichen Zinssatz in Höhe von fünf bzw. acht Prozentpunkten über dem Basiszinssatz (derzeit 1,16 %; siehe www.bundesbank.de) zu verzinsen. Sind, etwa für die Inanspruchnahme eines Überziehungskredites, höhere Zinsen entstanden, so kann er diese in Ansatz bringen.

2. Er hat ferner die Möglichkeit, nach fruchtlosem Ablauf der Nachfrist die Arbeiten bis zur Zahlung vorübergehend einzustellen, wobei er sich sicher sein muss, dass ihm der geforderte Rechnungsbetrag auch wirklich zusteht, der Auftraggeber diesen auch tatsächlich zu zahlen hat und nicht etwa Einwendungen einer Zahlung entgegenstehen. Sofern der Auftragnehmer die Arbeiten zu Unrecht einstellt, können ihm erhebliche finanzielle Nachteile entstehen, weshalb von der Möglichkeit der

Baueinstellung auch trotz sorgfältigster Prüfung nur sehr zurückhaltend Gebrauch gemacht werden sollte.

3. Schließlich besteht die Möglichkeit nach ergebnislosem Ablauf der Nachfrist den Bauvertrag zu kündigen. Voraussetzung hierfür ist aber zwingend, dass der Auftragnehmer dem Auftraggeber vor Ausspruch der Kündigung eine Nachfrist gesetzt und zugleich angekündigt hat, dass er nach ergebnislosem Ablauf der Frist den Bauvertrag kündigen werde. Auch hierbei sollte der Auftragnehmer zunächst sorgfältig prüfen, ob die Abschlagsforderung gerechtfertigt ist und ihm die Zahlung auch tatsächlich zusteht.

Siehe auch: → Abschlagszahlung
→ Kündigung durch Auftragnehmer

Praxistipp:

Wenn der Auftraggeber auf eine korrekte Abschlagsrechnung des Auftragnehmers hin versehentlich zu viel bezahlt, weil er sich über den tatsächlich zu zahlenden Betrag irrt, so kann er den zu viel entrichteten Betrag nicht vor Erstellung der Schlussrechnung zurückverlangen. Ergibt die Schlussrechnung, dass aufgrund der Überzahlung durch den Auftraggeber diesem noch ein Guthaben zusteht, so muss der Auftragnehmer allerdings darauf achten, dass er dem Auftraggeber dieses Guthaben unverzüglich erstattet. Unterlässt er dies und zahlt ihm den zu viel entrichteten Betrag erst Wochen nach Übersendung der Schlussrechnung aus, so kommen für diesen Zeitraum Zinsansprüche des Auftraggebers gegenüber dem Auftragnehmer in Betracht.
(BGH Urteil vom 19.03.2002, AZ: X ZR 125 / 00)

Fälligkeit des Sicherheitseinbehaltes

Der Auftraggeber kann vom Auftragnehmer sowohl eine → Vertragserfüllungssicherheit als auch eine → Gewährleistungssicherheit fordern, wenn dies im Bauvertrag vereinbart ist. Die Sicherheit kann dabei entweder durch → Einbehalt, durch → Hinterlegung von Geld oder durch eine → Bürgschaft erfolgen.

Nach § 17 Nr. 7 VOB/B hat der Auftragnehmer, sofern im Bauvertrag nichts Abweichendes geregelt ist, was grundsätzlich möglich ist, die Sicherheitsleistung innerhalb von 18 Werktagen nach Vertragsabschluss zu leisten.

Umstritten ist, ob die 18-Tage-Frist sowohl für eine → Vertragserfüllungssicherheit als auch für eine → Gewährleistungssicherheit gilt. Gegen die Anwendbarkeit der Frist auf die → Gewährleistungssicherheit spricht in gemeiner Weise der Wortlaut von § 17 Nr. 7 VOB/B, da die Sicherheit 18 Tage nach Vertragsabschluss zu leisten ist und Mängelansprüche denknotwendig erst nach Erbringung gewisser Bauleistungen entstehen. Für die Anwendbarkeit spricht jedoch, dass die Sicherheit lediglich der Sicherung etwaiger Mängelansprüche dienen soll, so dass letztlich die Frist sowohl für die → Vertragserfüllungsbürgschaft als auch für die → Gewährleistungsbürgschaft gilt. Die 18-Tage-Frist gilt somit für alle Sicherheiten im Sinne des § 17 VOB/B.

Die Frist beginnt bei nachträglicher Vereinbarung von dem Zeitpunkt an zu laufen, zu welchem die nachträgliche Vereinbarung getroffen wurde. Dies bedeutet, dass die Sicher-

heitsleistung 18 Tage nach der Vereinbarung fällig und an den Auftraggeber auszureichen ist.
Abweichende Vereinbarungen über die Fälligkeit der Sicherheitsleistung sind möglich und können auch in besonderen oder zusätzlichen Vertragsbedingungen klausuliert werden.

Sofern die Parteien lediglich einen Sicherheitseinbehalt vereinbart haben, der nicht abgelöst werden kann, läuft die 18-Tage-Frist leer. Sie ist daher auf diese Form der Sicherheitsleistung nicht anwendbar. Der Auftraggeber kann vielmehr vom Rechnungsbetrag selbsttätig den vereinbarten Einbehalt vornehmen.

Wenn der Auftragnehmer seiner Verpflichtung zur Stellung einer Sicherheit innerhalb der 18-Tage-Frist nicht nachkommt, ist der Auftraggeber berechtigt, vom Guthaben des Auftragnehmers einen Betrag in Höhe der vereinbarten Sicherheit einzubehalten. Alternativ besteht für den Auftraggeber jedoch die Möglichkeit, anstatt des Einbehaltes den Auftragnehmer auf Stellung einer Sicherheit zu verklagen, wobei er bei seinem Klageantrag unbedingt beachten sollte, dass dem Auftragnehmer grundsätzlich ein Austauschrecht hinsichtlich der verschiedenen Arten von Sicherheiten zusteht. Eine Kündigung des Bauvertrages allein wegen Nichtstellung der Sicherheit bei Fälligkeit kommt jedoch für den Auftraggeber nicht in Betracht.

Siehe auch:　　→ Bürgschaft
　　　　　　　　→ Einbehalt
　　　　　　　　→ Gewährleistungssicherheit
　　　　　　　　→ Sicherheitseinbehalt
　　　　　　　　→ Vertragserfüllungsbürgschaft

Fertigstellung

Der Begriff „Fertigstellung" der Bauleistungen durch den Auftragnehmer ist insbesondere im Zusammenhang mit im Bauvertrag vereinbarten → Ausführungsfristen (Vertragsfristen) von Bedeutung. Nach § 5 Nr. 1 Satz 1 VOB/B hat der Auftragnehmer die Ausführung nach den → Vertragsfristen zu beginnen, angemessen zu fördern und zu vollenden. Sofern er die Vollendung der Ausführung (die Fertigstellung) verzögert und nicht innerhalb der verbindlichen → Vertragsfrist bewerkstelligt, stehen dem Auftraggeber unter anderem Schadensersatzansprüche gegenüber dem Auftragnehmer zu. Entscheidend ist somit, was unter der Fertigstellung von Bauleistungen exakt zu verstehen ist.

Maßgeblich für den Begriff Fertigstellung ist vor allem, was die Vertragspartner im Bauvertrag selbst hierzu bestimmt haben. Sie können beispielsweise vereinbaren, dass die Leistungen erst dann fertig gestellt sind, wenn neben der Erfüllung der eigentlichen Bauleistungen auch die Baustelle geräumt ist, wenn sämtliches Baugerät abtransportiert ist oder wenn Bestands- und Revisionspläne vorgelegt worden sind.

Fehlt im Bauvertrag eine solche Festlegung, so liegt eine Fertigstellung immer dann vor, wenn die Bauleistungen des Auftragnehmers abnahmereif sind. Dies bedeutet, dass die vertraglich geschuldeten Arbeiten vollständig erbracht sind, wobei es nicht schadet, wenn geringfügige Mängel vorliegen oder noch kleinere Restarbeiten auszuführen sind, da auch in diesem Falle eine Abnahme zu erfolgen hat und somit Abnahmereife gegeben ist. Nicht Voraussetzung für die Fertigstellung der Bauleistungen ist jedoch, dass der Auftraggeber die Arbeiten des Auftragnehmers auch tatsächlich abgenommen hat. Die Abnahme ist von der Abnahmereife zu unterscheiden.

Als Faustregel kann gelten, dass die Arbeiten grundsätzlich dann fertig gestellt sind, wenn der Auftraggeber die Möglichkeit hat, die Leistungen des Auftragnehmers auch tatsächlich zu nutzen. Fehlen also beispielsweise konkrete Vereinbarungen im Bauvertrag über die Erfordernisse der Fertigstellung und kann der Auftraggeber die Bauleistungen des Auftragnehmers nicht nutzen, etwa weil noch ein Baugerüst vorgehalten wird, das den Auftraggeber an der Nutzung hindert, so liegt keine Fertigstellung vor.

Bei der schlüsselfertigen Erstellung eines Hauses kommt es ebenfalls darauf an, ob der Auftraggeber das Haus insgesamt uneingeschränkt nutzen kann. Ist dies nicht möglich, liegt keine Fertigstellung vor.

Siehe auch: → Vertragsfristen

Praxistipp:
Aus dem Umstand, dass die Bauleistungen des Auftragnehmers erst dann als fertig gestellt gelten können, wenn sie auch abnahmereif sind, ergeben sich für den Auftragnehmer finanzielle Risiken, derer er sich unbedingt bewusst sein sollte. Sind beispielsweise die Leistungen des Auftragnehmers aufgrund von umfangreichen Baumängeln nicht abnahmereif und stellt sich dies erst lange Zeit nach Abschluss der Arbeiten, etwa in einem selbst-

ständigen Beweisverfahren heraus, so hat dies zur Folge, dass eine vom Auftragnehmer bereits vor langer Zeit nach vermeintlicher Fertigstellung gestellte Schlussrechnung nicht zur Zahlung fällig ist, obwohl der Auftraggeber die Bauleistungen längst in Benutzung genommen hat. Zwar kann in der Inbenutzungnahme der Bauleistungen durch den Auftraggeber eine schlüssige Abnahme zu sehen sein. Dies ist aber nur dann der Fall, wenn die Leistungen des Auftraggebers fertig gestellt und abnahmereif sind. Sind sie das nicht, ist die Schlussrechnung trotz bereits mehrjähriger Inbenutzungnahme der Bauleistungen durch den Auftraggeber nicht zur Zahlung fällig. Eine Klage des Auftragnehmers auf Zahlung der Schlussrechnungssumme würde bei Gericht abgewiesen werden. Der Auftragnehmer hat die Fälligkeit der Schlussrechnung erst durch Mangelbeseitigung herbeizuführen.
(Siehe hierzu auch: BGH, Urteil vom 08.01.2004, AZ: VII ZR 198 / 02)

Fertigstellungsbescheinigung

Eine Form der → fiktiven Abnahme ist die Abnahme durch Vorlage einer Fertigstellungsbescheinigung. Diese Abnahmeform ist in § 641a BGB geregelt, sie ist jedoch, weil eine diesbezüglich abschließende Regelung in der VOB/B fehlt, auch auf den VOB-Vertrag anwendbar.

Der Sachverständige, der mit der Ausstellung der Fertigstellungsbescheinigung beauftragt ist, hat dem Auftragnehmer eine Bescheinigung darüber vorzulegen, dass

- das versprochene Werk oder bei einer Teilabnahme, Teile davon, hergestellt sind und
- die Arbeiten des Auftragnehmers frei von Mängeln sind, die der Auftraggeber gegenüber dem Sachverständigen behauptet hat oder die für den Sachverständigen bei einer Besichtigung feststellbar sind.

Liegen diese Voraussetzungen vor, so erstellt der Sachverständige die Fertigstellungsbescheinigung. Es ist nicht gesetzlich geregelt, anhand welcher Unterlagen der Sachverständige zu überprüfen hat, ob die Leistungen mangelfrei erstellt wurden. Grundsätzlich gilt, dass der Sachverständige zunächst zu klären hat, was der Auftragnehmer überhaupt nach dem Vertrag schuldet, bevor er beurteilen kann, ob die Leistungen vom Auftragnehmer auch tatsächlich vertragsgerecht erbracht wurden. Soweit der Bauvertrag hierzu keine (ausreichenden) Angaben enthält, beurteilt sich die Mangelfreiheit danach, ob die maßgeblichen → Regeln der Technik eingehalten wurden.

Die Fertigstellungsbescheinigung hat die nachfolgenden Angaben zu enthalten:
- die Beschreibung des Bauvorhabens,
- die zu Grunde liegenden Vertragsgrundlagen,
- die Beschreibung der gegebenenfalls vom Auftraggeber behaupteten Mängel anhand deren Symptome,
- die sachverständige Begründung der Mangelfreiheit,
- die Angabe der maßgeblichen Regeln der Technik, die der Beurteilung des Sachverständigen zu Grunde liegen.

Sofern geringfügige Mängel vorliegen, die den Auftraggeber eigentlich nicht zur → Abnahmeverweigerung berechtigen, kann der Sachverständige keine Bescheinigung ausstellen, da er feststellen muss, dass die Arbeiten des Auftragnehmers mangelfrei sind und nicht lediglich abnahmereif.

Die Bestellung des Sachverständigen kann auf zwei Arten erfolgen:

1. Die Parteien einigen sich auf einen bestimmten Sachverständigen.
2. Der Auftragnehmer stellt einen Antrag bei der Handwerkskammer, der Industrie- und Handelskammer, der Architektenkammer oder der Ingenieurkammer auf Bestellung des Sachverständigen.

Die Kosten des Sachverständigen sind vom Auftragnehmer zu tragen, da der Sachverständige vom Auftragnehmer zu beauftragen ist.

Wenn der Sachverständige eine fehlerhafte oder falsche Bescheinigung ausstellt und aufgrund der fehlerhaften oder falschen Bescheinigung in einem gerichtlichen Verfahren ein fehlerhaftes Urteil ergangen ist, hat der Sachverständige die Verfahrenskosten zu erstatten, sofern ihm die Fehlerhaftigkeit seiner Bescheinigung und die Ursächlichkeit der Bescheinigung für das fehlerhafte Urteil nachgewiesen werden kann.

Siehe auch: → Fiktive Abnahme
→ Fertigstellung

Praxistipp 1:
Das Werkzeug der Fertigstellungsbescheinigung war vom Gesetzgeber zwar gut gemeint, ist für die Baupraxis aber eigentlich unbrauchbar. Es finden sich so gut wie keine Sachverständige, die sich die Erstellung der Bescheinigung zutrauen. Dies ist verständlich. Zum einen kann der Sachverständige als Nichtjurist kaum beurteilen, ob Stundenlohnabrechnungen vertragsgemäß sind oder ob die ausgeführten Leistungen tatsächlich den Vertragsvereinbarungen entsprechen. Der Sachverständige setzt sich mit der Bescheinigung einem unvorhersehbar hohen Risiko aus. Auch für den Auftragnehmer ist die Fertigstellungsbescheinigung wohl kaum interessant, zumal er für die Kosten des Sachverständigen aufzukommen hat. Auch eine Zeitersparnis ist mit der Bescheinigung letztlich nicht verbunden, so dass andere Abnahmeformen vorzuziehen sind und eine Zahlungsklage möglicherweise ebenso schnell durchgeführt werden kann.

Fertigstellungsfrist

Siehe: → Vertragsfristen

Fertigstellungsmitteilung

Die → Abnahme der Arbeiten des Auftragnehmers kann auf verschiedene Arten und Weisen erfolgen. Eine Abnahmeform stellt dabei die → fiktive Abnahme dar. Bei der fiktiven Abnahme kommt es nicht darauf an, ob der Auftraggeber auch tatsächlich abnehmen will, die Abnahme wird vielmehr unterstellt (fingiert), wenn bestimmte Voraussetzungen vorliegen. Eine Form der fiktiven Abnahme ist gemäß § 12 Nr. 5 Abs. 1 VOB/B, dass der Auftragnehmer dem Auftraggeber schriftlich mitteilt, seine Leistungen fertig gestellt zu haben. Zwölf Werktage nach Zugang der Fertigstellungsmitteilung gelten die Arbeiten des Auftragnehmers als abgenommen, wenn zuvor keine Abnahme vom Auftraggeber verlangt wurde oder gar eine Abnahme durchgeführt worden ist.

Die Fertigstellungsmitteilung des Auftragnehmers muss schriftlich erfolgen und dem Auftraggeber zugehen. Für den Zugang der Mitteilung ist der Auftragnehmer im Streitfalle beweispflichtig. Erst nach Zugang der Mitteilung beim Auftraggeber beginnt die 12-Werktagefrist zu laufen. Sie kann nicht mündlich erfolgen. Als solche löst sie keine → Abnahmewirkungen aus.

Sofern die Frist abgelaufen ist, ohne dass der Auftraggeber ausdrücklich gegenüber dem Auftragnehmer erklärt hat, er verweigere zu Recht die Abnahme und ohne dass der Auftraggeber Vorbehalte gegen die Abnahme vorgebracht hat, gelten die Leistungen als abgenommen. Sie gelten auch dann als abgenommen, wenn der Auftraggeber gar nicht abnehmen wollte. Auf den tatsächlichen Abnahmewillen des Auftraggebers kommt es insoweit nicht an.

Die Fertigstellungsmitteilung muss nicht unbedingt auch als solche ausdrücklich bezeichnet werden. Es reicht vielmehr aus, dass sich aus der Mitteilung ergibt, dass der Auftragnehmer seine Arbeiten fertig gestellt hat. Es reicht im Übrigen auch aus, wenn der Auftragnehmer anstatt einer ausdrücklichen Fertigstellungsmitteilung dem Auftraggeber die Schlussrechnung übersendet, da sich hieraus eindeutig ergibt, dass die Leistungen fertig gestellt sind. Hier noch zusätzlich eine Fertigstellungsmitteilung zu fordern, wäre Förmelei.

Der Auftragnehmer hat zu beachten, dass er die Mitteilung unmittelbar an den Auftraggeber richtet. Richtet er sie an den bauleitenden Architekten, so muss er sich vergewissern, ob dieser eine entsprechende Vollmacht zur Entgegennahme der Mitteilung besitzt, da es ansonsten am wirksamen Zugang fehlt und keine → Abnahmewirkungen eintreten.

Siehe auch:　　→ Abnahme
　　　　　　　　→ Abnahmewirkungen
　　　　　　　　→ Fiktive Abnahme

Festpreisvertrag

Der Festpreisvertrag ist nicht zu verwechseln mit dem → Pauschalpreisvertrag. Beide Begriffe bezeichnen zwei unterschiedliche Vertragsarten und haben voneinander abweichende Rechtsfolgen.

Bei einem Festpreisvertrag garantiert der Auftragnehmer einen fixen Betrag, zu welchem er seine Leistungen erbringen will. Wenn der Vertrag ausdrücklich als Festpreisvertrag bezeichnet ist, kann der Auftragnehmer während der Vertragslaufzeit vom Auftraggeber grundsätzlich nicht verlangen, dass bei Preisänderungen, etwa aufgrund während der Vertragslaufzeit eingetretener Materialpreiserhöhungen, der Festpreis heraufgesetzt wird, sofern die vertraglich vereinbarte Leistung gleich geblieben ist und keine zusätzlichen Arbeiten ausgeführt werden sollen. Dies gilt auch dann, wenn die Preissteigerungen für den Auftragnehmer in keiner Weise bei Vertragsabschluss vorhersehbar waren. Der Auftragnehmer übernimmt somit das volle Risiko von während der Bauzeit eintretenden Preissteigerungen. Es ist deshalb anzuraten, wenn ein Festpreis angeboten wird, zuvor eine absolut gründliche Kostenermittlung vorzunehmen und gegebenenfalls mögliche Preissteigerungen bereits in die Kostenkalkulation bei der Angebotsabgabe mit einzubeziehen.

Dem Auftragnehmer ist zudem bei Abschluss eines Festpreisvertrages dringend anzuraten, darauf zu achten, dass eine Preisanpassungsklausel in den Vertrag mit aufgenommen wird, wonach der Auftragnehmer berechtigt wird, bei während der Bauzeit auftretenden Preiserhöhungen im Hinblick auf Personal- und Materialkosten, entsprechende Preisanpassungen vorzunehmen.

Wenn im Bauvertrag der Begriff „Festpreis" auftaucht, aber ersichtlich nach dem Vertragsinhalt beide Vertragspartner von einem Pauschalpreisvertrag ausgingen, so kommt eine Auslegung dahingehend in Betracht, dass ein Pauschal-

preisvertrag vorliegt. Hierzu bedarf es jedoch einer einge-
henden Prüfung eines jeden Einzelfalles.

Siehe auch: → Globalpauschalpreisvertrag
              → Pauschalpreis
              → Pauschalpreisvertrag

Praxistipp:
Dem Auftragnehmer ist grundsätzlich anzuraten, keinen
Festpreisvertrag abzuschließen. Die Tatsache, dass bei
fehlender Preisanpassungsklausel grundsätzlich keine
Anpassung des vereinbarten Festpreises an gestiegene
Personal- oder Materialkosten möglich ist, kann zu erheblichen finanziellen Einbußen führen, die auch die Existenz
des Auftragnehmers ernsthaft gefährden können. Der
Auftragnehmer muss penibel genau zwischen den Begriffen „Festpreis" und „Pauschalpreis" unterscheiden. Bei
einem vereinbarten Pauschalpreis sind Preisanpassungen grundsätzlich nach den Bestimmungen der VOB/B
möglich, so dass stets, wenn kein → Einheitspreisvertrag
in Betracht kommt, zumindest anstatt eines Festpreisvertrages ein Pauschalpreisvertrag geschlossen werden sollte.

Freie Kündigung

Nach § 8 Nr. 1 VOB/B kann der Auftraggeber den Bauvertrag
jederzeit bis zur Vollendung der Leistungen durch den Auftragnehmer kündigen (freie Kündigung). Nach § 8 Nr. 2
VOB/B steht dem Auftragnehmer für den Fall, dass der Auf-

traggeber von seinem Recht auf freie Kündigung Gebrauch macht, die vereinbarte Vergütung zu. Er muss sich jedoch das anrechnen lassen, was er sich aufgrund der Kündigung an Kosten erspart hat oder durch eine anderweitige Verwendung seiner Arbeitskraft und seines Betriebes nach der Kündigung erwirbt oder zu erwerben „böswillig" unterlässt.

Der Auftraggeber kann also jederzeit und ohne Vorliegen oder ohne Angabe eines Grundes den Bauvertrag beenden. Dem Auftragnehmer steht dieses Recht auf freie Kündigung nicht zu. Er kann den Bauvertrag nur unter bestimmten Voraussetzungen bei Vorliegen von Gründen kündigen. Siehe insoweit → Kündigung durch den Auftragnehmer

Auftraggeber und Auftragnehmer können einvernehmlich und individuell im Bauvertrag vereinbaren, dass dieses Kündigungsrecht des Auftraggebers ausgeschlossen sein soll. Es ist jedoch nicht möglich, dass das Kündigungsrecht einseitig durch eine Vertragsklausel ausgeschlossen wird. Eine solche Klausel wäre unwirksam, mit der Folge dass dem Auftraggeber trotz Verwendung der Klausel das freie Kündigungsrecht nach wie vor zusteht. Gleiches gilt für den Fall, dass die Vertragspartner die Rechtsfolgen einer freien Kündigung im Hinblick auf die dem Auftragnehmer im Falle der Kündigung zustehende Vergütung abändern wollen.

Die Kündigung sollte schriftlich erklärt werden. Dies bietet sich aus Beweis- und Dokumentationsgründen an. Sie muss, auch wenn sie schlüssig oder mündlich erklärt wurde, dem Auftragnehmer nachweislich zugehen. Geht sie ihm nicht zu oder kann ein entsprechender Nachweis im Streitfall nicht erbracht werden, so ist die Kündigung unwirksam und entfaltet keine Wirkungen. Der Bauvertrag besteht fort.

Die Kündigung ist an den Auftragnehmer oder an eine nachweislich für den Empfang der Kündigung bevollmächtigte Person zu richten. Wird sie an eine zur Entgegennahme nicht bevollmächtigte Person gerichtet, so ist sie ebenfalls unwirksam und entfaltet keine Wirkungen.

In der Kündigung hat der Auftraggeber eindeutig zu erklären, dass er den Bauvertrag beenden möchte. Er darf sie nicht unter eine Bedingung stellen. Auch dies führt zur Unwirksamkeit der Kündigungserklärung. Der Auftragnehmer sollte beachten, dass nach einer freien Kündigung keine Abnahme mehr erforderlich ist, um die Fälligkeit einer von ihm zu stellenden Schlussrechnung herbeizuführen, sofern die weiteren Fälligkeitsvoraussetzungen ebenfalls vorliegen.

Die Abrechnung nach einer freien Kündigung gestaltet sich je nach Vorliegen eines → Einheitspreisvertrages, eines → Pauschalpreisvertrages oder eines → Stundenlohnvertrages unterschiedlich.

Siehe: → Abrechnung nach freier Kündigung
             → Einheitspreisvertrag
             → Pauschalpreisvertrag
             → Stundenlohnvereinbarung
             → Kündigung durch den Auftragnehmer

Praxistipp:

Der Auftraggeber sollte peinlichst genau überprüfen, ob bei einer von ihm beabsichtigten Kündigung aus wichtigem Grund nach § 8 VOB/B alle formellen Voraussetzungen auch tatsächlich erfüllt sind. Liegen diese nämlich nicht vor und hat der Auftraggeber eine solche Kündigung gegenüber dem Auftragnehmer ausgesprochen, so hat dies für den Auftragnehmer durchaus erhebliche finanzielle Vorteile.

Hält nämlich der Auftraggeber bei der Kündigung aus wichtigem Grund die formellen Voraussetzungen nicht ein, so ist die Kündigung in eine freie Kündigung umzudeuten. Dies hat zur Konsequenz, dass der Auftraggeber gegenüber dem Auftragnehmer weder Erstattung von ihm durch die Kündigung wegen Durchführung einer Ersatzvornahme entstandener Mehrkosten verlangen kann noch Schadensersatz. Der Auftragnehmer hingegen kann in diesem Fall die vereinbarte Vergütung abzüglich ersparter Aufwendungen verlangen.

Beispiel:

Wie vorteilhaft sich dies in der Praxis für den Auftragnehmer auswirken kann, zeigt der vom LG Bonn entschiedene Fall, bei welchem der „Schürmannbau" gegenständlich war. Durch die Überflutung der Schürmann-Baustelle konnte ein Heizungsbauer seine Heizung nicht mehr einbauen, weil der bereits errichtete Gebäudeteil schwer beschädigt wurde. Die Bauausführung wurde daher für mehrere Monate unterbrochen. Daraufhin kündigte der Bund dem Heizungsbauer den Bauvertrag, weil er der fehlerhaften Ansicht war, aufgrund der Unterbrechung eine Kündigung aus wichtigem Grund aussprechen zu dürfen. Eine solche Kündigung setzt jedoch voraus, dass der Auftragnehmer die Unterbrechung zu verantworten hat, was vorliegend ersichtlich nicht der Fall war. Die Kündigung war also in eine freie Kündigung umzudeuten, mit dem Ergebnis, dass der Heizungsbauer nicht nur lediglich die erbrachten Bauleistungen in Höhe von damals DM 300.000,00 bezahlt bekommen hatte, sondern, als Folge der freien Kündigung auch den entgangenen Gewinn. Und der belief sich auf insgesamt DM 2,9 Mio.

Freistellungsbescheinigung

Seit dem 01.01.2002 haben unternehmerisch tätige Auftraggeber von Bauleistungen des ebenfalls unternehmerisch tätigen Auftragnehmers einen Steuerabzug in Höhe von 15 % der Schlussrechnungssumme an das Finanzamt des Auftragnehmers abzuführen, sofern dieser keine Freistellungsbescheinigung vorlegt.

Siehe: → Bauabzugssteuer

Die Freistellungsbescheinigung wird vom zuständigen Finanzamt des Auftragnehmers ausgestellt, wenn aus Sicht des Finanzamtes der zu sichernde Steuerabzug des Auftragnehmers nicht gefährdet ist.

Der Auftraggeber ist verpflichtet, den von der Schlussrechnungssumme abgezogenen Betrag innerhalb von zehn

Tagen nach Ablauf des Monates, in dem die weitergehende Zahlung der Rechnung erfolgt ist, an das für den Auftragnehmer zuständige Finanzamt abzuführen. Aus diesem Grund ist es dem Auftragnehmer nicht möglich, anstatt einer Freistellungsbescheinigung eine Sicherheit zu stellen. Hierdurch kann das Recht des Auftraggebers zum Einbehalt der Bauabzugssteuer nicht abgelöst werden.

Fristverlängerung

Sofern sich der Auftragnehmer in der ordnungsgemäßen Ausführung seiner Arbeiten behindert sieht, muss er dies unverzüglich dem Auftraggeber anzeigen (Siehe: → Behinderung der Ausführung). Im Bauvertrag verbindlich vereinbarte → Vertragsfristen (Ausführungsfristen) werden im Falle des Vorliegens von Behinderungen verlängert, wenn sie verursacht sind

- durch einen Umstand aus dem Risikobereich des Auftraggebers,
- durch Streik oder eine von der Berufsvertretung der Arbeitgeber angeordnete Aussperrung im Betrieb des Auftragnehmers oder in einem unmittelbar für ihn arbeitenden Betrieb,
- durch höhere Gewalt oder andere für den Auftraggeber unabwendbare Umwelteinflüsse.

Fristverlängerung bei Umständen aus dem Risikobereich des Auftraggebers
Zum Risikobereich des Auftraggebers zählen zunächst alle Verletzungen von Vertragspflichten, die dem Auftraggeber auferlegt wurden.

So ist es beispielsweise Aufgabe des Auftraggebers, dafür zu sorgen, dass ein bebaubares Grundstück zur Verfügung gestellt wird, dass Baugenehmigungen eingeholt worden sind, dass Pläne vorgelegt worden sind, erforderliche Genehmigungen vorliegen, Lager- und Arbeitsstätten vorhanden sind, die dem Auftragnehmer unentgeltlich zur Verfügung zu stellen sind oder aber alle Mitwirkungshandlungen vom Auftraggeber vorgenommen werden, damit ein reibungsloser Bauablauf gesichert ist, etwa Baugerät und vom Auftraggeber bereitzustellendes Material bereitgestellt sind.

Es zählt zudem zum Risikobereich des Auftraggebers, dass er fällige Zahlungen pünktlich leistet. Stellt etwa der Auftragnehmer nach entsprechender Fristsetzung seine Arbeiten ein, weil der Auftraggeber eine fällige Zahlung nicht leistet, so hat er unter anderem Anspruch auf entsprechende Verlängerung der Vertragsfristen.

Fristverlängerung bei Streik und Aussperrung
Es ist unerheblich, ob der Streik im Betrieb des Auftragnehmers oder eines unmittelbar für den Betrieb des Auftragnehmers arbeitenden Betriebes rechtmäßig ist oder nicht. In jedem Falle hat der Auftragnehmer einen Anspruch auf Verlängerung der Fristen, wenn er durch einen Streik in der Ausführung seiner Arbeiten behindert wird.

Fristverlängerung bei höherer Gewalt und unabwendbaren Umständen
Unter höherer Gewalt sind etwa Krieg, und sonstige militärische Auseinandersetzungen zu verstehen. Auch der Begriff „Aufruhr", wie er in § 7 Nr. 1 VOB/B verwendet wird, fällt hierunter.

Witterungseinflüsse sind hierunter ebenfalls zu verstehen, also etwa Überschwemmungen und sonstige Naturkatastrophen, die es dem Auftragnehmer nicht ermöglichen, weiter zu arbeiten. Zu beachten ist jedoch, dass Witterungseinflüsse, die der Auftragnehmer bereits bei Vertragsschluss vorhersehen konnte, nicht zu einer Verlängerung von Fristen führen. Die Witterungseinflüsse dürfen also nicht bereits für den Auftragnehmer vorhersehbar gewesen sein, da er sie in diesem Fall bereits bei Angebotsabgabe hätte berücksichtigen und die Vertragsfristen entsprechend großzügig hätten ausgestaltet werden müssen. So muss der Auftragnehmer beispielsweise damit rechnen, dass im Herbst durchaus Herbststürme auftreten können. Zu unabwendbaren Witterungseinflüssen zählen hingegen wolkenbruchartige Regenfälle mit erheblichen Niederschlagsmengen und ungewöhnlich lange Kälteperioden im Winter.

Berechnung der Fristverlängerung
Zunächst hat der Auftragnehmer die Pflicht, bei hindernden Umständen neben der unverzüglichen Anzeige, alles ihm Zumutbare zu unternehmen, um die Weiterführung der Arbeiten zu ermöglichen. Sobald die hindernden Umstände wegfallen, hat er die Arbeiten unverzüglich wieder aufzunehmen und den Auftraggeber hiervon zu benachrichtigen.

Die Verlängerung der → Vertragsfristen tritt automatisch ein, ohne dass es etwa eines Antrages beim Auftraggeber oder Ähnlichem bedürfte.

Die Fristverlängerung wird nach der Dauer der Behinderung mit einem Zuschlag für die Wiederaufnahme der Arbeiten und einer etwaigen Verschiebung in eine ungünstigere Jahreszeit berechnet. Die Dauer bemisst sich regelmäßig danach, wie lange der Betrieb des Auftragnehmers von den jeweiligen hindernden Umständen betroffen ist. Sobald die Behinderungen sich nicht mehr auf die Arbeiten des Auftragnehmers auswirken können, endet der Zeitraum, um den die Vertragsfristen verlängert werden.

Bei der Bemessung des Zuschlages für die Wiederaufnahme der Arbeiten kommt es auf den jeweiligen Einzelfall an. Zu berücksichtigen ist jedenfalls die Zeit, die der Auftragnehmer braucht, um etwa abtransportiertes Gerät oder Material wieder anzutransportieren.

Siehe auch: → Behinderung der Ausführung
→ Behinderungsanzeige
→ Behinderungsschaden
→ Vertragsfristen

Praxistipp:
Der Auftragnehmer kann dann, wenn im Bauvertrag unter Zugrundelegung eines Bauzeitenplanes eine verbindliche Ausführungsfrist vereinbart worden ist und erhebliche Bauverzögerungen (im unten zitierten Fall vier Monate) eintreten, die in den Risikobereich des Auftraggebers fallen (zum Beispiel eine vom Auftraggeber veranlasste Umplanung), vom Auftraggeber eine entsprechende Verlängerung der Ausführungsfrist um diese vier Monate zuzüglich des Zuschlages für die Wiederaufnahme der Arbeiten und die Verlagerung in eine günstigere Jahreszeit verlangen.

Wird die Ausführungsfrist daraufhin verlängert und kann
der Auftragnehmer diese verlängerte Frist aufgrund von
Umständen, die nun er und nicht der Auftraggeber zu
vertreten hat, nicht einhalten, so kann der Auftraggeber
vom Auftragnehmer nicht mehr die Zahlung einer
ursprünglich vereinbarten Vertragsstrafe verlangen,
obwohl die Überschreitung der verlängerten Ausführungsfrist vom Auftragnehmer verursacht ist.
*(OLG Frankfurt/Main, Urteil vom 29.05.1996, AZ: 25 U 154
/ 95)*

Fund

Nach § 4 Nr. 9 VOB/B hat der Auftragnehmer, wenn bei der
Ausführung von Bauarbeiten auf einem Grundstück Gegen-
stände von Altertums-, Kunst- oder wissenschaftlichem
Wert entdeckt werden, vor jedem weiteren Aufdecken oder
Ändern dem Auftraggeber den Fund anzuzeigen und ihm die
Gegenstände abzuliefern. Entstehen dem Auftragnehmer
dabei → Mehrkosten, so hat der Auftraggeber diese dem
Auftragnehmer zu ersetzen. Die Vergütung der Mehrkosten
bestimmt sich nach den Grundlagen der Preisermittlung für
die auszuführenden vertraglichen Arbeiten und den im
Zusammenhang mit dem Fund entstandenen besonderen
Kosten.
An den Fundsachen erwirbt der Auftragnehmer Eigentum
zur Hälfte. Die andere Hälfte erhält der Eigentümer der
Sache, in der der entdeckte Gegenstand verborgen war, in
aller Regel also der Grundstückseigentümer.

G

Gefahrtragung

Hinter dem Begriff „Gefahr", verbirgt sich die Frage, wer etwa bei Beschädigung oder Zerstörung einer vom Auftragnehmer bereits fertig gestellten Bauleistung das Risiko der Neuherstellung sowie der Zahlung der Vergütung trägt.

Dementsprechend wird unterschieden
- die Leistungsgefahr und
- die Vergütungsgefahr.

Die Regelungen über die Gefahrtragung sind strikt von den Regelungen über die → Haftung der Bauvertragsparteien in § 10 VOB/B zu unterscheiden. Die Gefahrtragung spielt schon dann eine Rolle, wenn es um die Beschädigung oder Zerstörung der Bauleistungen geht und keine der Vertragsparteien, also weder Auftragnehmer noch Auftraggeber diese zu verschulden haben. Die Haftung der Vertragsparteien spielt hingegen erst dann eine Rolle, wenn die Beschädigung oder die Zerstörung entweder vom Auftraggeber oder vom Auftragnehmer oder aber auch von einem Dritten, der nicht Bauvertragspartei ist, verursacht wurden.

Gefahrtragung – Leistungsgefahr
Bei der Leistungsgefahr wird danach gefragt, ob der Auftragnehmer zur Neuherstellung bzw. zur nochmaligen Erbringung seiner bisher erbrachten Bauleistungen ver-

pflichtet bleibt, wenn diese zufällig beschädigt oder zerstört werden.

Grundsätzlich trägt der Auftragnehmer vom Vertragsschluss bis zur Abnahme die Gefahr dafür, dass die vertraglichen Leistungen erbracht werden, auch wenn diese ganz oder teilweise während der Bauausführung zerstört oder beschädigt werden, es sei denn der Auftraggeber hat die Zerstörung oder Beschädigung verschuldet. Die Abnahme spielt hierbei also eine Schlüsselrolle. Nach der Abnahme trägt nicht mehr der Auftragnehmer die Leistungsgefahr. Der Auftragnehmer ist also nach der Abnahme nicht mehr verpflichtet, bei zufälliger Zerstörung oder Beschädigung der Leistungen diese nochmals zu erbringen.

Gefahrtragung – Vergütungsgefahr

Bei der Vergütungsgefahr wird danach gefragt, ob der Auftraggeber die vereinbarte Vergütung bei zufälligem vorzeitigem Untergang oder einer vorzeitigen zufälligen Beschädigung oder Zerstörung der Bauleistungen an den Auftragnehmer zu zahlen hat oder nicht.

Der Auftragnehmer trägt bis zur Abnahme die Vergütungsgefahr. Dies bedeutet, dass er die vereinbarte Vergütung nicht erhält, wenn vor der Abnahme die Werkleistungen zufällig zerstört oder beschädigt werden. Erst mit der Abnahme endet das Vorleistungsstadium des Auftragnehmers. Das bedeutet, dass er erst mit der Abnahme seine Vergütung beanspruchen kann. Wenn nunmehr die Werkleistungen des Auftragnehmers nach der Abnahme zerstört oder beschädigt werden, schuldet der Auftraggeber grundsätzlich die volle Vergütung.

Von diesen Grundsätzen gibt es in der VOB/B und im BGB eine Reihe von Ausnahmen, die die Vergütungs- und Leistungsgefahr vorverlagern.

1. Sofern die Arbeiten vom Auftragnehmer nicht erbracht werden können, etwa weil das Grundstück nicht bebaubar ist, so hat er die Arbeiten nicht zu erbringen und der Auftraggeber muss die vereinbarte Vergütung nicht bezahlen. Ist der Untergang vom Auftraggeber zu verantworten, so schuldet er dem Auftragnehmer die Bezahlung der bis dahin erbrachten Leistungen und darüber hinaus den Ersatz eines gegebenenfalls deswegen entstandenen Schadens.

2. Die Vergütungs- und Leistungsgefahr geht bereits vor der → Abnahme auf den Auftraggeber über, wenn dieser sich in Annahmeverzug befindet, das heißt wenn der Auftragnehmer seine Arbeiten erbracht hat und der Auftraggeber beispielsweise die → Abnahme zu Unrecht verweigert.

3. Schließlich geht die Leistungsgefahr ebenfalls bereits vor der Abnahme auf den Auftraggeber über, wenn die Ausführung der Arbeiten des Auftragnehmers nicht mehr möglich sind oder die bereits erbrachten Leistungen des Auftragnehmers beschädigt oder zerstört werden, sofern dies seinen Grund darin hat, dass der Auftraggeber mangelhafte Baustoffe zur Verfügung gestellt hat oder eine Ausführungsanordnung des Auftraggebers die Ursache hierfür war. Für die Vergütungsgefahr gilt indes, dass der Auftragnehmer in diesem Fall vom Auftraggeber eine Teilvergütung für die bis zur Zerstörung oder Beschädigung erbrachten Leistungen verlangen kann sowie zusätzlich die nicht in der Vergütung enthaltenen Auslagen.

Siehe auch: → Abnahme
                → Abnahmewirkungen
                → Leistungsgefahr
                → Vergütungsgefahr

Praxistipp:

Interessant für den Auftragnehmer dürfte in diesem Zusammenhang eine Entscheidung des BGH zum Schürmannbau in Bonn sein. Ende Dezember 1993 überflutete der Rhein die Baugrube des Schürmannbaues. Dabei wurden unter anderem auch Starkstrominstallationen, die bereits von einem Auftragnehmer des Bundes ausgeführt worden waren, völlig zerstört. Zur Überflutung war es gekommen, weil der vom Bund beauftragte Rohbauunternehmer eine Abdichtung zwischen Schlitzwand und Baukörper entfernt hatte. Dadurch konnte das damals herrschende Rheinhochwasser eindringen und es kam zu einem Auftrieb des bis dahin bereits eingebrachten Bauwerkes. Als Folge hiervon rissen die Wände und die Starkstrominstallationen wurden zerstört. Der Auftragnehmer forderte seine Vergütung ein. Der Bund weigerte sich, weil er meinte, er sei für die Zerstörung der Installationen nicht verantwortlich gewesen und trage daher nicht die Vergütungsgefahr. Dies sah der BGH jedoch anders. Er sprach dem Auftragnehmer die Vergütung zu, weil der Bund als Auftraggeber für den Hochwasserschutz während der Bauzeit verantwortlich war. Es kommt in diesem Fall nicht darauf an, ob ein weiterer Auftragnehmer die Ursache für den Schaden gesetzt hat.
(BGH Urteil vom 21.08.1997, AZ: VII ZR 17 / 96)

Generalübernehmer

Der Generalübernehmer schließt mit dem Bauherrn einen Generalübernehmervertrag. In diesem Vertrag verpflichtet er sich gegenüber dem Bauherrn zur Planung und meistens schlüsselfertigen Errichtung des Bauvorhabens. Mit der Bauausführung beauftragt er wiederum dritte Unternehmer. Der Generalübernehmer ist vom Generalunternehmer zu unterscheiden.

Generalübernehmer sind meistens Architekten oder Bauträger, die neben den von ihnen zu erbringenden Planungsleistungen auch die Koordinierung und das Management des Bauvorhabens übernehmen. Bauleistungen führt der Generalübernehmer jedoch nicht selbst aus.

Zur Realisierung der Bauleistungen beauftragt der Generalübernehmer einen → Generalunternehmer, der dann dem Generalübernehmer die Ausführung der Bauleistungen schuldet. Maßgeblich für die vom → Generalunternehmer oder Subunternehmer zu erbringenden Leistungen ist dann der zwischen → Generalunternehmer oder sonstigen zu beteiligenden Unternehmern (Subunternehmern) und Generalübernehmer geschlossene → Vertrag. Der Generalübernehmer ist also im Verhältnis zum Bauherrn Auftragnehmer und im Verhältnis zum Generalunternehmer bzw. sonstigen zu beteiligenden Unternehmern Auftraggeber.

Dem Generalübernehmervertrag kann nicht die VOB/B als Ganzes zu Grunde gelegt werden, da Inhalt des Vertrages nicht nur Bauleistungen sind, sondern vielmehr auch Planungs-, Projektsteuerungs- und Managementleistungen.

Beim Generalunternehmervertrag ist dies jedoch möglich, da sich der Generalunternehmer nicht zur Ausführung von Planungs- und Managementleistungen verpflichtet, sondern ausschließlich zur Ausführung der Bauleistungen.

Praxistipp:
Der Generalübernehmer schließt die einzelnen Verträge mit den Auftragnehmern nicht in Vertretung des Bauherren ab, so dass nicht etwa der Bauherr gegenüber dem Auftragnehmer verpflichtet wird, sondern ausschließlich der Generalübernehmer.
Dem Auftragnehmer stehen daher Vergütungsansprüche nur gegenüber dem Generalübernehmer, nicht aber auch gegenüber dem Bauherrn zu.
Legt der Generalübernehmer dem Bauherrn einen vorformulierten Vertragstext vor, der mit „Werkvertrag" überschrieben ist und enthält dieser vorformulierte Vertragstext eine Klausel, wonach der Bauherr den Generalübernehmer beauftragt und bevollmächtigt, in seinem Namen alle Handwerker zu beauftragen, die zur Fertigstellung des Bauwerkes gemäß dem Generalübernehmervertrag erforderlich sind, so ist diese Klausel <u>unwirksam</u>. Sie ist für den Bauherrn überraschend, weil sich der Auftraggeber bei einem Generalübernehmervertrag regelmäßig nur gegenüber dem Generalübernehmer verpflichtet, nicht aber auch noch gegenüber dem einzelnen Handwerker.

Würde man eine solche Klausel als wirksam ansehen, so hätte dies letztlich zur Folge, dass der Bauherr sowohl gegenüber dem Generalübernehmer zur Zahlung verpflichtet ist, als auch gegenüber dem einzelnen Hand-

werker. Hierin ist eine unangemessene Benachteiligung des Bauherren zu sehen, die zur Unwirksamkeit der Vertragsklausel führt.
(BGH Urteil vom 27.06.2002, AZ:: VII ZR 272 / 01)

Generalunternehmer

Der Generalunternehmer wird vom Auftraggeber, dem Bauherrn, in der Regel mit der schlüsselfertigen Errichtung des Bauvorhabens beauftragt. Hierfür schließt der Bauherr als Auftraggeber mit dem Generalunternehmer als Auftragnehmer einen → Generalunternehmervertrag. Der Generalunternehmer seinerseits bedient sich zur Erfüllung seiner vertraglichen Verpflichtungen gegenüber dem Bauherrn zu einem Teil wiederum → Subunternehmern, mit welchen er seinerseits Bauverträge mit ausdrücklicher Erlaubnis des Bauherrn abschließt. Der Generalunternehmer ist im Verhältnis zum Bauherrn Alleinunternehmer. Die von ihm beauftragten Subunternehmer sind im Verhältnis zum Bauherren Erfüllungsgehilfen des Generalunternehmers.

Der Generalunternehmer unterscheidet sich somit also vom Bauunternehmer dadurch, dass er nicht sämtliche Bauleistungen selbst erbringt, sondern lediglich wesentliche Teile hiervon.

Wie hoch der Anteil der vom Generalunternehmer selbst zu erbringenden Bauleistungen bei einer Vergabe der Bauleistungen durch öffentliche Auftraggeber zu sein hat, ist in der Rechtsprechung umstritten. Jedenfalls hat der Generalunternehmer zumindest 1/3 der Bauleistungen selbst zu erbringen, damit die Vergabe von Aufträgen an einen Generalunternehmer zulässig ist. Manche Vergabekammern halten Eigenleistungen des Generalunternehmers in Höhe von 50 % für erforderlich.

Dies resultiert daraus, dass es ein berechtigtes Interesse des öffentlichen Auftraggebers ist, Bauleistungen nur an Auftragnehmer zu vergeben, die ihre Leistungen auch im eigenen Betrieb ausführen.

Der Generalunternehmer ist aus dem Generalunternehmervertrag mit dem Bauherrn heraus verpflichtet, bei der Auswahl der → Subunternehmer besondere Sorgfalt an den Tag zu legen. Er ist ferner verpflichtet, genau zu prüfen, ob Forderungen der Nachunternehmer berechtigt sind, die er seinerseits gegenüber dem Bauherrn geltend macht.

Praxistipp:
Beauftragt der Generalunternehmer einen Subunternehmer mit der Ausführung von Teilleistungen am Bauvorhaben des Bauherren und erbringt der Subunternehmer mangelhafte Bauleistungen, die eine Abnahme durch den Generalunternehmer nicht rechtfertigt, so kann er vom Generalunternehmer auch dann nicht die Zahlung seiner Vergütung verlangen, wenn der Bauherr den Generalunternehmer bereits vollständig bezahlt hat. Zwar bestimmt der auf den VOB-Vertrag ebenfalls anwendbare § 641 Abs. 2 BGB, dass die Vergütung des Subunternehmers spätestens dann fällig wird, wenn und soweit der Generalunternehmer vom Bauherrn „für das

versprochene Werk wegen dessen Herstellung seine Vergütung erhalten hat". Die Tatsache, dass der Vergütungsanspruch des Subunternehmers fällig ist, besagt jedoch
nicht, dass dem Generalunternehmer nicht noch ein Leistungsverweigerungsrecht wegen Mängeln zusteht.
*(OLG Nürnberg, Urteil vom 10.07.2003, AZ: 13 U 1322 /
03)*

Hierauf sollte der Subunternehmer achten. Solange also
seine Leistungen noch mangelhaft sind, sollte er dringend davon absehen, seine Vergütung einzuklagen. Eine
solche Klage hätte keine Aussicht auf Erfolg. Er würde
nur zusätzlich mit den Kosten des Gerichtsverfahrens
belastet werden.

Gesamtschuldner

Bei der Realisierung eines Bauvorhabens sind regelmäßig
mehrere Beteiligte für einen Mangel verantwortlich.

Sind mehrere Beteiligte für einen Mangel verantwortlich, so
haften sie dem Auftraggeber gegenüber in vielen Fällen als
Gesamtschuldner. Dies bedeutet, dass der Auftraggeber
seine Mängelansprüche gegenüber einem Verantwortlichen
seiner Wahl uneingeschränkt geltend machen kann. Der in
Anspruch Genommene muss in voller Höhe einstehen, hat
aber seinerseits wiederum Regressansprüche gegenüber
weiteren Mitverantwortlichen.

In der Baupraxis spielen vor allem die nachfolgenden Fallkonstellationen eine Rolle:

- Mitglieder einer ARGE (Arbeitsgemeinschaft) haften im Zweifel als Gesamtschuldner, soweit keine anderweitige Vereinbarung getroffen wurde, so dass also ein Mitglied auch für Mängel des anderen haftet.
- Wird ein Bauvorhaben von mehreren Auftragnehmern, Bauunternehmern, Architekten sowie Sonderfachleuten errichtet, so haften diese grundsätzlich als Gesamtschuldner, wenn sie für denselben Mangel oder Schaden verantwortlich sind.
- Bauleitender Architekt und Bauunternehmer haften dann als Gesamtschuldner, wenn der Bauunternehmer seine Herstellungspflicht und der Bauunternehmer seine Aufsichtspflicht verletzt haben.
  (BGH, Urteil vom 01.12.1965, AZ: GSZ 1/64 sowie neuerdings auch: Urteil vom 21.12.2000, AZ: VII ZR 192/98)
- Planender Architekt und bauleitender Architekt haften ebenfalls als Gesamtschuldner, wenn beide für den Mangel verantwortlich sind.
  (BGH, Urteil vom 29.09.1988, AZ: VII ZR 182/87)
- Zwischen dem Bauunternehmer und dem planenden Architekten oder anderen Sonderfachleuten besteht ein Gesamtschuldverhältnis, wenn sie gemeinsam für einen Mangel verantwortlich sind. Der Bauunternehmer allerdings haftet in diesem Fall nur für seinen Verursachungsanteil, da der planende Architekt im Verhältnis zum Bauunternehmer als Erfüllungsgehilfe anzusehen ist.

Praxistipp:
Sind ein Bauhandwerker sowie ein bauleitender Architekt im Zuge der Realisierung eines Bauvorhabens für einen Mangel gemeinsam verantwortlich, weil der Handwerker

---

seine Herstellungspflicht und der bauleitende Architekt seine Aufsichtspflicht verletzt hat, so können sie als Gesamtschuldner in Anspruch genommen werden. Das heißt, dass der Auftraggeber sowohl vom Architekten als auch vom Handwerker Schadensersatz verlangen kann. Entscheidet sich der Auftraggeber in diesem Fall dafür, den Architekten in voller Höhe in Anspruch zu nehmen, so kann der Architekt nicht einwenden, der Auftraggeber habe es unterlassen, dem Handwerker erst eine Frist zur Nachbesserung zu setzen. Auch ohne den Handwerker zur Mangelbeseitigung aufgefordert zu haben kann der Auftraggeber den Architekten voll in die Verantwortung nehmen. Der Architekt hat den verbliebenen Schaden zu ersetzen.
(BGH, Urteil vom 21.12.2000, AZ: VII ZR 192/98)

Gewährleistung nach der Abnahme

Für die Anwendung von Gewährleistungsvorschriften ist die → Abnahme grundsätzlich zwingende Voraussetzung. § 13 VOB/B regelt die Gewährleistungsrechte, die zeitlich nach der → Abnahme Anwendung finden. Die Vorschrift enthält eine weitestgehend abschließende Regelung über die dem Auftragnehmer beim VOB-Vertrag zustehenden Gewährleistungsrechte nach der Abnahme. Diese sind im Überblick:
• Mangelbeseitigung (Nacherfüllung)
• Ersatzvornahme
• Vorschusszahlung für Ersatzvornahmekosten
• Minderung
• Schadensersatz

Nach § 13 Nr.1 VOB/B hat der Auftragnehmer dem Auftraggeber seine Leistung zum Zeitpunkt der → Abnahme frei von Mängeln zu verschaffen. Zur Definition des Begriffes „Mangel"

siehe: → Mangelbegriff

Mängelbeseitigung (Nacherfüllung)
§ 13 Nr. 5 Abs. 1 Satz 1 VOB/B gibt dem Auftraggeber das Recht, vom Auftragnehmer die Beseitigung eines Mangels zu verlangen, wenn die Arbeiten des Auftragnehmers diesen Mangel aufweisen. Der Auftragnehmer ist verpflichtet, alle während der → Verjährungsfrist auftretenden Mängel, die auf eine vertragswidrige Leistung zurückzuführen sind, auf seine Kosten zu beseitigen, wenn es der Auftraggeber vor Ablauf der Frist schriftlich verlangt. Dabei hat nicht nur der Auftraggeber das Recht, die → Mängelbeseitigung (Nacherfüllung) vom Auftragnehmer zu verlangen, es hat auch der Auftragnehmer einen Anspruch gegen den Auftraggeber, die → Mängelbeseitigung (Nacherfüllung) vorzunehmen.

Der Auftraggeber hat folglich dem Auftragnehmer zunächst eine Frist zur → Mangelbeseitigung (Nacherfüllung) zu setzen, bevor er eine → Ersatzvornahme durchführen lässt. Erst dann, wenn die Frist erfolglos verstrichen ist, steht dem Auftraggeber das Recht zu, die Mängel auf Kosten des Auftragnehmers beseitigen zu lassen. Unterlässt der Auftraggeber diese Fristsetzung, so kann er vom Auftragnehmer grundsätzlich keine Erstattung der Ersatzvornahmekosten verlangen, es sei denn der Auftragnehmer hat dem Auftraggeber hinreichend deutlich zum Ausdruck gebracht, dass er sich weigere, eine → Mängelbeseitigung (Nacherfüllung) vorzunehmen. Hier bedarf es dann ausnahmsweise keiner Fristsetzung.

Wie und auf welche Art und Weise der Auftragnehmer die → Mängelbeseitigung (Nacherfüllung) durchführt, bleibt ihm überlassen. Sie muss lediglich erfolgreich sein. Der Auftraggeber kann jedenfalls keine bestimmte Art der → Mängelbeseitigung (Nacherfüllung) fordern.

Siehe: → Mangelbeseitigung

Praxistipp:
Der Auftragnehmer sollte penibel genau darauf achten, dass er mit seiner Verpflichtung zur Nacherfüllung nicht in Verzug gerät, da dies hohe finanzielle Nachteile mit sich bringen könnte.
Ist der Auftragnehmer nämlich beispielsweise als Nachunternehmer für den Hauptunternehmer tätig und gerät er diesem gegenüber mit der Nacherfüllung in Verzug, so kann der Hauptunternehmer gegenüber dem Nachunternehmer Ansprüche geltend machen, die er aufgrund der verspäteten Nacherfüllung des Nachunternehmers nicht mehr gegenüber dem Bauherrn, also dem Auftraggeber des Hauptunternehmers durchsetzen kann.
(Siehe hierzu auch:
OLG München, Urteil vom 12.05.1999, AZ: 27 U 673/98)

Um den Auftragnehmer zu veranlassen, zeitnah die Mängelbeseitigung durchzuführen, hat der Auftraggeber das Recht, nach erfolgloser Fristsetzung zur Mängelbeseitigung diese durch eine Drittfirma auf Kosten des Auftragnehmers durchführen zu lassen. Dieses Recht nennt man „Ersatzvornahmerecht".

Siehe: → Ersatzvornahme

Praxistipp:

Der Auftragnehmer sollte sich dessen bewusst sein, dass er über die Art und Weise der Mangelbeseitigung entscheidet. Wenn also etwa die Bauleistungen des Auftragnehmers mangelhaft sind und der Auftraggeber den Auftragnehmer unter Fristsetzung zur Mangelbeseitigung auffordert, der Auftragnehmer sich wiederum bereit erklärt, die Mangelbeseitigung fachgerecht durchzuführen, so kann der Auftraggeber die Mangelbeseitigung nicht zurückweisen, weil der Auftragnehmer diese nicht nach einem von ihm vorgegebenen Sanierungskonzept vorgeht. Der Auftragnehmer ist frei in seiner Entscheidung darüber, in welcher Form er die Mangelbeseitigung durchführt. Nur dann, wenn sie ersichtlich nicht geeignet ist, die Mängel zu beseitigen, kann der Auftraggeber die Mangelbeseitigung durch den Auftragnehmer zurückweisen.

Lässt der Auftraggeber eine Ersatzvornahme durchführen, nachdem er unberechtigt die Mangelbeseitigung durch den Auftragnehmer verweigert hat, so kann er nicht Erstattung der Ersatzvornahmekosten verlangen. Der Auftragnehmer muss also in einem solchen Fall trotz Aufforderung durch den Auftraggeber nicht zahlen.

(BGH, Urteil vom 27.11.2003, AZ: VII ZR 93/01)

Im VOB-Vertrag ist der Auftraggeber in den folgenden drei Ausnahmefällen zur Minderung berechtigt.

- Die Mängelbeseitigung ist dem Auftraggeber nicht zumutbar.
- Die Mängelbeseitigung ist nicht möglich oder
- die Mängelbeseitigung würde einen unverhältnismäßig hohen Aufwand für den Auftragnehmer bedeuten.

Siehe: → Minderung

Praxistipp:
Der Auftragnehmer sollte nicht allein hohe Kosten der Nachbesserung zum Anlass nehmen, sich auf die Unzumutbarkeit der Mangelbeseitigung zu berufen, um damit zu einem, für ihn gegebenenfalls günstigeren Minderungsanspruch des Auftraggebers zu gelangen. An die Unzumutbarkeit hat der BGH nämlich hohe Anforderungen gestellt.
Demnach kann sich der Auftragnehmer nicht allein deshalb, da die Nachbesserung zu teuer oder für ihn zu unwirtschaftlich sei, bereits auf die Unzumutbarkeit berufen. Der Auftraggeber hat ein berechtigtes Interesse daran, dass der Auftragnehmer mangelfreie Bauleistungen erbringt. Aus diesem Grund kann die Mängelbeseitigung nicht allein wegen hoher Kosten verweigert werden. Es ist auch ohne Bedeutung in welchem Verhältnis der Mangelbeseitigungsaufwand zu den Vertragspreisen steht. Der Auftragnehmer trägt nämlich stets das volle Risiko dafür, dass er den Bauvertrag korrekt erfüllt, also mangelfreie Leistungen abliefert. Dabei ist keine Rücksicht auf die Höhe des Mangelbeseitigungsaufwandes zu

nehmen, auch wenn dieser höher ist, als der vereinbarte Preis. Ausnahmsweise dann, wenn der Auftraggeber objektiv lediglich ein geringes Interesse an der Mangelbeseitigung hat und die Kosten der Mangelbeseitigung äußerst hoch sind, kann man von einer Unverhältnismäßigkeit der Mangelbeseitigung ausgehen, die den Auftragnehmer zur Verweigerung derselben berechtigt.
(Siehe hierzu auch: BGH, Urteil vom 04.07.1996, AZ: VII ZR 24/95)

Schadenersatz
Nach § 13 Nr. 7 Abs. 1 VOB/B haftet der Auftragnehmer bei schuldhaft verursachten Mängeln für sämtliche Schäden bei der Verletzung oder der Tötung von Personen. Auf die Schwere des Verschuldens kommt es hierbei nicht an.

Nach § 13 Nr. 7 Abs. 2 VOB/B haftet er zudem für alle sonstigen, von ihm verursachten Schäden, sofern er diese vorsätzlich oder grob fahrlässig herbeigeführt hat.

Im Übrigen ist dem Auftraggeber der Schaden an der baulichen Anlage zu ersetzen, zu deren Herstellung, Instandhaltung oder Änderung die Leistung dient, wenn ein wesentlicher Mangel vorliegt, der die Gebrauchsfähigkeit erheblich beeinträchtigt und auf ein Verschulden des Auftragnehmers zurückzuführen ist. Einen darüber hinausgehenden Schaden hat der Auftragnehmer nur dann zu ersetzen,
a) wenn der Mangel auf einem Verstoß gegen die anerkannten Regeln der Technik beruht,
b) wenn der Mangel in dem Fehlen einer vertraglich vereinbarten Beschaffenheit besteht oder

c) soweit der Auftragnehmer den Schaden durch Versicherung seiner gesetzlichen Haftpflicht gedeckt hat oder eine solche zu tarifmäßigen, nicht auf außergewöhnliche Verhältnisse abgestellten Prämien und Prämienzuschlägen bei einen im Inland zum Geschäftsbetrieb zugelassenen Versicherer hätte decken können.

Eine Einschränkung oder Erweiterung der Haftung kann in begründeten Sonderfällen vereinbart werden.

Gewährleistung vor der Abnahme

Mängelbeseitigung

Sofern sich die Arbeiten des Auftragnehmers noch vor der Abnahme als mangelhaft erweisen sollten, kann der Auftraggeber auch bereits vor der Abnahme die Beseitigung der Mängel vom Auftragnehmer verlangen. Dies ist nachvollziehbar, da man den Auftraggeber nicht darauf verweisen kann, das mangelhafte Bauwerk zunächst abzunehmen und danach die Mangelbeseitigung zu fordern. Am Ende soll ja auch eine vertragskonforme und im Wesentlichen mangelfreie Leistung vorliegen, die nur dann vorliegen kann, wenn die im Bauverlauf bereits auftretenden Mängel beseitigt sind.

Der Auftraggeber kann vom Auftragnehmer auch grundsätzlich den Abriss der bisherigen Leistungen und Neuherstellung verlangen, sofern dies erforderlich und dem Auftraggeber nicht unzumutbar ist.

Dem Auftraggeber steht hinsichtlich der während der Bauausführung gerügten Mängel ein Zurückbehaltungsrecht in

mindestens der dreifachen Höhe der zu erwartenden Mängelbeseitigungskosten zu. Dieses Zurückbehaltungsrecht
hat Bedeutung für bereits gestellte und fällige Abschlagsrechnungen.

Schadenersatz
Neben der Mangelbeseitigung kann der Auftraggeber vom
Auftragnehmer auch Schadenersatz verlangen, wenn der
Auftragnehmer den Mangel oder die Vertragswidrigkeit zu
vertreten hat, § 4 Nr. 7 Satz 2 VOB/B. Zu vertreten hat der
Auftragnehmer die Mängel oder die Vertragswidrigkeit
dann, wenn er oder sein Erfüllungsgehilfe vorsätzlich oder
fahrlässig gehandelt hat. Dem Auftraggeber sind diejenigen
Schäden zu ersetzen, die bei Weiterbestehen des Bauvertra-
ges trotz der Mangelbeseitigung verbleiben.

Siehe auch: → Gewährleistung nach der Abnahme
              → Mangelbeseitigung
              → Schadensersatz

Praxistipp:
Hat der Auftraggeber dem Auftragnehmer angekündigt,
er werde nach Ablauf der von ihm gesetzten Frist zur
Beseitigung von Mängeln, „den Bauvertrag anfechten",
so ist darin durchaus eine Fristsetzung mit Ablehnungs-
androhung zu sehen, so dass der Auftraggeber vom Auftragnehmer nicht mehr die Beseitigung von Mängeln fordern kann, sondern auf Schadensersatzansprüche zu
verweisen ist. Eine Klage auf Zahlung von Vorschuss für
die zu erwartenden Kosten einer Ersatzvornahme gegen
den Auftragnehmer ist in diesem Falle also unbegründet.

Gewährleistungsfristen

Siehe: → Verjährung von Mängelansprüchen

Gewährleistungssicherheit

In der Fassung der VOB/B 2002 wurde der Begriff „Gewährleistungssicherheit" an das neue Vokabular angepasst und heißt seither „Sicherheit für Mängelansprüche".

Nach § 17 Nr. 1 ist eine Sicherheit für Mängelansprüche ausdrücklich zu vereinbaren. Dabei soll die Sicherheit, sofern von Auftraggeber und Auftragnehmer keine anderweitigen Regelungen getroffen worden sind, dazu dienen, die Mängelansprüche zu sichern.

Die Sicherheit für Mängelansprüche nach § 17 Nr. 1 Abs. 2 VOB/B beinhaltet die folgenden Rechte des Auftraggebers:
1. Sie deckt die Haftung des Auftragnehmers für sämtliche während der Verjährungsfrist auftretenden Mängel ab, gleich, ob sie vor oder bei der Abnahme als solche erkannt wurden.
2. Damit verbunden deckt sie alle Ansprüche des Auftraggebers gegen den Auftragnehmer auf Zahlung eines Kostenvorschusses für die zu erwartenden Kosten einer Mängelbeseitigung.
3. Sie deckt die Ansprüche des Auftraggebers auf Restfertigstellung der Bauleistungen.
4. Mängelansprüche des Auftraggebers gegen den Auftragnehmer aus Nachtragsleistungen.

Nicht gedeckt sind hingegen von der Gewährleistungssicherheit:

1. Ansprüche des Auftraggebers gemäß § 4 Nr. 7 VOB/B auf Mängelbeseitigung für Mängel, die bereits vor der Abnahme entstanden sind, und
2. Vertragsstrafenansprüche des Auftraggebers, auch wenn er sich diese bei der Abnahme vorbehalten hat.

Höhe der Sicherheit

Die Höhe der zu leistenden Sicherheit muss klar und unmissverständlich vereinbart sein. Unklarheiten gehen zulasten des Auftraggebers und können dazu führen, dass die gesamte Vereinbarung über die Stellung einer Sicherheit unwirksam ist.

Die Höhe der Sicherheitsleistung wird in aller Regel durch einen bestimmten Prozentsatz angegeben. Dieser Prozentsatz bezieht sich zumeist auf die vom Auftraggeber an den Auftragnehmer zu leistende Bruttoschlussrechnungssumme.

Formularmäßige Klauseln über Gewährleistungssicherheiten in Bauverträgen sind unwirksam, wenn dort zum Beispiel geregelt wird, dass

- die Sicherheit für einen Zeitraum von mehr als fünf Jahren geleistet werden muss,
- ein Gewährleistungseinbehalt von 10 % auf fünf Jahre vereinbart ist, der nicht verzinst wird und vom Auftraggeber nicht auf ein → Sperrkonto eingezahlt zu werden braucht oder
- ein Bareinbehalt in Höhe von 5 % der Bruttoschlussrechnungssumme „bis zur Behebung aller Mängel" vorgenommen werden kann.

Arten der Sicherheit

Grundsätzlich können die Vertragspartner individuell vereinbaren, wie eine Sicherheit geleistet zu werden hat. Sie sind dabei nicht auf die in § 17 VOB/B bezeichneten Möglichkeiten begrenzt. Bei einer fehlenden speziellen Vereinbarung der Vertragspartner kommen als Sicherheiten vor allem in Betracht:

- → Einbehalt von Geld
- → Hinterlegung von Geld und
- → Bürgschaften

Siehe auch: → Bürgschaft
→ Bürgschaft auf Erstes Anfordern
→ Einbehalt
→ Hinterlegung von Geld

Praxistipp:

Verwendet der Auftraggeber in seinem Bauvertrag eine für eine Vielzahl von Fällen vorformulierte Klausel, die den Auftragnehmer verpflichtet, zur Sicherung der Gewährleistungsansprüche des Auftraggebers ausschließlich eine unbefristete, unwiderrufliche und selbstschuldnerische Bürgschaft zu stellen, so ist diese Klausel nicht unwirksam. Wird der Auftragnehmer in einer solchen Klausel verpflichtet, die Bürgschaft gemäß „Muster des Auftraggebers" zu stellen, ist damit zum Ausdruck gebracht, dass die Bürgschaft nach Vorschrift des Auftraggebers auszustellen ist. Der Auftraggeber ist dabei aber nicht berechtigt, die Sicherungsabrede durch das Muster abzuändern.

Siehe hierzu auch: BGH, Urteil vom 26.02.2004, AZ: VII ZR 247/02)

Globalpauschalpreisvertrag

Siehe: → Pauschalpreis
            → Pauschalpreisvertrag

H

Haftung

Es ist strikt zwischen den Begriffen „Haftung" und „Gefahr-tragung" zu unterscheiden.

Von Gefahrtragung spricht man dann, wenn weder der Auf-traggeber noch der Auftragnehmer die Beschädigung oder die Zerstörung von Bauleistungen zu vertreten haben, wenn also beispielsweise die Bauleistungen aufgrund von unab-wendbaren Witterungseinflüssen zerstört werden, die keine der Vertragsparteien vorhersehen konnte. Maßgeblich ist dabei der Zeitraum von Beginn der Ausführung bis zur Abnahme.

Von Haftung spricht man hingegen dann, wenn entweder der Auftraggeber, der Auftragnehmer oder ein Dritter eine Beschädigung oder Zerstörung der Bauleistungen verschul-det hat. Die Haftung der Vertragsparteien regelt § 10 VOB/B. § 10 Nr.1 VOB/B regelt die Haftung von Auftraggeber und Auftragnehmer zueinander, während § 10 Nr. 2 bis 6 VOB/B die Haftung der Vertragsparteien im Innenverhältnis betrifft, wenn ein Dritter durch beide geschädigt wird.

§ 10 Nr. 1 VOB/B: Haftung untereinander
Auftragnehmer und Auftraggeber haften einander für eige-nes Verschulden und für das Verschulden von Vertretern und Bevollmächtigten sowie Erfüllungsgehilfen bei der Beschä-digung oder Zerstörung von Bauleistungen. Wenn also etwa

der bevollmächtigte Architekt aufgrund von Unachtsamkeit vom Auftragnehmer bereits erbrachte Bauleistungen beschädigt, so haftet der Auftraggeber dem Auftragnehmer auf Ersatz des hieraus entstandenen Schadens. Der Auftragnehmer hingegen ist gegenüber dem Auftraggeber verantwortlich für schuldhafte Zerstörungen oder Beschädigungen, die von einem von ihm beauftragten Subunternehmer verursacht werden und muss gegebenenfalls die beschädigten Bauleistungen nochmals herstellen, ohne dabei eine zusätzliche Vergütung vom Auftraggeber beanspruchen zu können. Selbstverständlich kann er hinsichtlich des entstandenen Schadens beim Subunternehmer Regress nehmen.

§ 10 Nr. 2 bis 6 VOB/B: Haftung im Innenverhältnis

Haftung des Auftraggebers
Der Auftraggeber trägt im Innenverhältnis die Verantwortung alleine, wenn er eine verbindliche → Anordnung getroffen hat, ihn der Auftragnehmer auf die mit dieser → Anordnung verbundenen Risiken hingewiesen hat und aufgrund der vom Auftragnehmer auf Veranlassung des Auftraggebers ausgeführten → Anordnung einem Dritten ein Schaden entsteht. Dies gilt im Übrigen auch dann, wenn ein hierzu Bevollmächtigter des Auftraggebers die → Anordnung getroffen hat.

Haftung des Auftragnehmers
Der Auftragnehmer trägt den Schaden alleine, wenn er ihn durch eine Betriebshaftpflichtversicherung gedeckt hat oder durch eine solche zu tarifmäßigen Prämien bei einem im Inland zum Geschäftsbetrieb zugelassenen Versicherer hätte decken können.

Wenn einem Dritten, etwa dem Nachbarn des Baugrund-stückes, dadurch ein Schaden entsteht, weil der Auftragneh-mer

- angrenzende Grundstücke unbefugt betritt oder beschä-digt,
- Boden oder andere Gegenstände außerhalb der vom Auftraggeber angewiesenen Flächen entnimmt oder ablagert oder
- Wege oder Wasserläufe versperrt.

So trägt der Auftragnehmer im Verhältnis zum Auftraggeber die Haftung allein, er kann also keinen Regress beim Auf-traggeber nehmen, wenn er vom Nachbarn (Dritten) in Anspruch genommen wird.

Wenn der Auftragnehmer gewerbliche Schutzrechte verletzt, so haftet er im Verhältnis zum Auftraggeber alleine, wenn der Auftraggeber die Verwendung zwar vorgeschrieben, aber zugleich den Auftragnehmer darauf hingewiesen hat, dass diesbezüglich ein solches Schutzrecht besteht, oder wenn er selbst die Verwendung geschützter Gegenstände oder das geschützte Verfahren angeboten hat.

Ist eine Vertragspartei gegenüber der anderen von der Aus-gleichspflicht befreit, so gilt die Befreiung auch zu Gunsten ihrer gesetzlichen Vertreter und Erfüllungsgehilfen, wenn sie nicht vorsätzlich oder grob fahrlässig gehandelt haben.

Schließlich regelt § 10 Nr. 6 VOB/B dass dann, wenn ein geschädigter Dritter sowohl den Auftraggeber als auch den Auftragnehmer wegen eines Schadens in Anspruch nehmen kann, und dieser etwa nur den Auftragnehmer in voller Höhe in Anspruch nimmt, obwohl im Verhältnis zwischen Auftraggeber und Auftragnehmer nur der Auftraggeber haftet, der Auftragnehmer vom Auftraggeber verlangen kann, dass dieser ihn gegenüber dem Dritten von der geltend gemachten Forderung befreit. Zahlt der Auftragnehmer, so muss er in diesem Fall zuvor dem Auftraggeber Gelegenheit zur Äußerung gegeben haben, da mit der Zahlung regelmäßig ein Anerkenntnis der Forderung verbunden ist und dem Auftraggeber die Möglichkeit gegeben werden muss, etwaige Einwendungen gegen die Forderung geltend zu machen, da er ja letztlich vom Auftragnehmer in Regress genommen werden wird.

Siehe auch:
→ Gefahrtragung
→ Gesamtschuldner
→ Leistungsgefahr
→ Vergütungsgefahr

Hauptunternehmer

Der Hauptunternehmer ist ein Auftragnehmer, der vom Auftraggeber mit der Erbringung der gesamten Bauleistungen beauftragt wird. Der Hauptunternehmer bedient sich hierzu jedoch weiterer Unternehmer, so genannter → Subunternehmer oder → Nachunternehmer.

Siehe:
→ Generalunternehmer

Hinterlegung von Geld

Sofern die Vertragsparteien im Bauvertrag eine → Sicherheitsleistung vereinbart haben, kann diese nach § 17 Nr. 2 VOB/B entweder durch → Einbehalt, durch Hinterlegung von Geld oder durch → Bürgschaft geleistet werden, es sei denn es wurde im Vertrag etwas anderes vereinbart. Wird die Sicherheit durch Hinterlegung von Geld geleistet, so hat der Auftragnehmer den Betrag bei einem zu vereinbarenden Geldinstitut auf ein → Sperrkonto einzuzahlen, über das der Auftragnehmer und der Auftraggeber nur gemeinsam verfügen können. Anfallende Zinsen stehen in diesem Falle dem Auftragnehmer zu.

Beim VOB-Vertrag ist, sofern nichts anderes im Vertrag vereinbart wurde, die Hinterlegungsordnung nicht anzuwenden. Die Hinterlegung ist lediglich auf ein gemeinsames Sperrkonto einzuzahlen.

Siehe auch: → Bürgschaft
              → Einbehalt
              → Gewährleistungssicherheit
              → Sperrkonto

Praxistipp:
Es kommt nur äußerst selten vor, dass bereits im Bauvertrag zwischen den Parteien ein bestimmtes Geldinstitut vereinbart ist, bei welchem der Geldbetrag zu hinterlegen ist. Auftraggeber und Auftragnehmer müssen in diesem Falle nachträglich eine Vereinbarung über ein bestimmtes Geldinstitut treffen. Sollte dabei der Auftrag-

---

geber seine Zustimmung zu einem vom Auftragnehmer vorgeschlagenen Geldinstitut verweigern, obwohl hierfür keine sachlichen Gründe vorliegen, so kann der Auftragnehmer auf Zustimmung klagen. Das Gericht ersetzt dann die nicht erteilte Zustimmung des Auftraggebers durch Urteil oder Beschluss.

Sollte der Auftraggeber sich weigern, seine Zustimmung über die Verfügung des gemeinsamen Sperrkontos zu erteilen, obwohl ihm auch hierzu kein Recht zusteht, so kann auch in diesem Falle die Verfügung über das gemeinsame Konto klageweise durchgesetzt werden.

I

Inbenutzungnahme

Beim VOB-Vertrag kommen insgesamt vier Formen der fiktiven Abnahme in Betracht. Eine hiervon ist die fiktive Abnahme nach § 12 Nr. 5 Abs. 2 VOB/B.

Demnach wird eine Abnahme dann unterstellt (fingiert), wenn keine der Vertragsparteien eine Abnahme verlangt hat und der Auftraggeber die Leistung oder einen Teil der Leistung in Benutzung genommen hat, mit Ablauf von sechs Werktagen nach Beginn der Nutzung.

Siehe: → Fiktive Abnahme

Keine Inbenutzungnahme liegt vor, wenn die Arbeiten des Auftragnehmers, etwa der fertig gestellte Rohbau, benutzt werden, um weitere Gewerke auszuführen. Der Rohbau muss hier zwangsläufig weiter genutzt werden, damit etwaige → Vertragsfristen eingehalten werden können.

Die Arbeiten des → Subunternehmers gelten dann als durch den → Hauptunternehmer bzw. Generalunternehmer abgenommen, wenn der → Haupt- oder → Generalunternehmer dem Bauherrn die Nutzung überlässt. Im Vertragsverhältnis → Subunternehmer zu General- oder → Hauptunternehmer liegt dann nach Ablauf von sechs Werktagen ab Nutzungsüberlassung an den Bauherrn eine → Abnahme vor, sofern die weiteren Abnahmevoraussetzungen der → fiktiven Abnahme vorliegen.

Wenn der Auftraggeber die Leistungen des Auftragnehmers lediglich erproben will, die Benutzung also nicht darauf ausgerichtet ist, die Leistungen endgültig in Gebrauch zu nehmen, liegt keine Ingebrauchnahme vor. In diesem Fall scheidet folgerichtig auch eine → fiktive Abnahme aus.

Nicht nur eine → fiktive Abnahme durch Inbenutzungnahme ist möglich, sondern auch eine → stillschweigende Abnahme. Der Unterschied zwischen fiktiver Abnahme und stillschweigender Abnahme liegt darin, dass es bei der fiktiven Abnahme nicht auf den Willen des Auftraggebers ankommt, die Bauleistungen auch tatsächlich abnehmen zu wollen, bei der stillschweigenden Abnahme hingegen der Wille des Auftraggebers zur Abnahme gegeben sein muss. Bei der stillschweigenden Abnahme ersetzt der Auftraggeber die ausdrückliche Abnahmeerklärung lediglich durch gewisse Handlungen, wie etwa die Inbenutzungnahme der Bauleistungen, wobei er sich bewusst ist, dass er hiermit die Bauleistungen abnimmt und den entsprechenden Willen zur Abnahme besitzt. Beide Abnahmeformen haben unterschiedliche Voraussetzungen und dürfen daher nicht, wie so oft, miteinander verwechselt werden.

Praxistipp:
Für den Auftragnehmer ist die Frage, ob der Auftraggeber die fertig gestellten Werkleistungen in Benutzung genommen hat, deshalb so bedeutsam, da in der Inbenutzungnahme und dem Ablauf einer angemessenen

Prüfungsfrist der Bauleistungen durch den Auftraggeber nach Inbenutzungnahme eine stillschweigende Abnahme liegen kann bzw. sechs Werktage nach Inbenutzungnahme eine Abnahme fingiert wird, wenn nicht zuvor eine Abnahme ausdrücklich verlangt wurde. Die Abnahme ist unter anderem Fälligkeitsvoraussetzung für seinen Vergütungsanspruch. Dabei sollte sich der Auftragnehmer vor Augen führen, dass der Auftraggeber, will er den Eintritt der → Abnahmewirkungen verhindern, unmittelbar nach der Inbenutzungnahme ausdrücklich die Abnahme verweigern muss. Verweigert der Auftraggeber nicht ausdrücklich die Abnahme, sondern rügt er gegenüber dem Auftragnehmer lediglich das Vorliegen von Mängeln, so stellt dies nur dann eine Abnahmeverweigerung dar, wenn es sich um grobe Mängel handelt. Ansonsten treten die Abnahmewirkungen ein. Eine Mängelrüge ist grundsätzlich keiner Abnahmeverweigerung gleichzusetzen.
(Siehe hierzu auch: OLG Hamm, Urteil vom 07.01.1992, AZ: 26 U 54/91)

Individualvereinbarung

In einem Bauvertrag ist zwischen Vertragsklauseln und Individualvereinbarungen zu unterscheiden.

Sofern der Bauvertrag eine für eine Vielzahl von Verträgen vorformulierte Klausel enthält, unterliegt sie regelmäßig der Überprüfung nach den Bestimmungen über → Allgemeine Geschäftbedingungen. Klauseln eines Verwenders, die den

Vertragspartner unangemessen benachteiligen, sind unwirksam. Unwirksame Klauseln haben grundsätzlich keine Geltung und werden durch die gesetzlichen Regelungen ersetzt, was im Einzelfall erhebliche Auswirkungen für den Auftragnehmer wie den Auftraggeber haben kann.

Siehe auch:　　　→ Allgemeine Geschäftsbedingungen

Die Vertragsparteien können jedoch in einem Bauvertrag individuelle Vereinbarungen treffen, die nicht einer Inhaltskontrolle anhand der Bestimmungen über Allgemeine Geschäftsbedingungen unterliegen.

Eine Individualvereinbarung liegt vor, wenn der Verwender zu Verhandlungen über den Vertragsinhalt bereit ist und seine Verhandlungsbereitschaft unzweifelhaft gegenüber dem anderen Vertragspartner zum Ausdruck bringt. Derjenige, der sich zwar grundsätzlich immer verhandlungsbereit erklärt, aber jedes Mal den Vertragsinhalt nicht abändert, kann sich grundsätzlich nicht darauf berufen, dass eine Vertragsbestimmung individuell vereinbart wurde. Es liegt dann eine Klausel vor, die einer Inhaltskontrolle nach den Bestimmungen über → Allgemeine Geschäftbedingungen zu unterziehen ist.

Ferner müssen die Vertragsbedingungen wirklich ausgehandelt worden sein. Reines Verhandeln genügt dabei nicht. Sofern Allgemeine Geschäftsbedingungen verwendet werden, muss der Kernbereich der betreffenden Klausel ernsthaft zur Disposition gestellt werden und dem Vertragspartner die ernsthafte Möglichkeit eingeräumt werden, die Klausel auch abzuändern. Eine so veränderte Klausel unterliegt dann als Individualvereinbarung keiner Inhaltskontrolle nach den Bestimmungen über Allgemeine Geschäftsbedingungen mehr.

Individualvereinbarungen dürfen jedoch nicht gegen ein gesetzliches Verbot verstoßen oder sittenwidrig sein, ansonsten sind auch sie unwirksam.

Praxistipp:
Enthält der Bauvertrag eine Klausel, wonach der Auftragnehmer einen Sicherheitseinbehalt nur durch Aushändigung einer → Bürgschaft auf Erstes Anfordern ablösen kann, so ist diese Klausel unwirksam und der Auftraggeber hat die Bürgschaft an den Auftragnehmer herauszugeben. Hiervon ist jedoch die folgende Fallkonstellation zu unterscheiden: Enthält der Bauvertrag eine Klausel, welche die Ablösung eines Sicherheitseinbehaltes durch Aushändigung einer einfachen Bürgschaft zulässt, so ist diese Klausel wirksam. Treffen die Bauvertragsparteien jedoch eine zusätzliche individuell ausgehandelte Vereinbarung, wonach der Auftragnehmer sich verpflichtet, anstatt der einfachen Bürgschaft eine Bürgschaft auf Erstes Anfordern zu stellen, so hat der Auftraggeber Anspruch auf Aushändigung einer Bürgschaft auf Erstes Anfordern. Es steht den Parteien frei, eine solche Vereinbarung individuell zu treffen. Nur Klauseln, die den Auftragnehmer verpflichten eine Ablösung nur durch eine Bürgschaft auf Erstes Anfordern vornehmen zu dürfen, sind unwirksam.
Dem Auftragnehmer ist also dringend anzuraten, keine individuelle Vereinbarung über die Ablösung eines

Sicherheitseinbehaltes nur durch die Bürgschaft auf Erstes Anfordern zu treffen.
(Siehe hierzu auch: LG Rostock, Urteil vom 25.06.2003, AZ: 6 O 8/03)

Inhaltskontrolle

Siehe: → Allgemeine Geschäftsbedingungen

K

Kooperationspflicht

Nach der Rechtsprechung des Bundesgerichtshofes sind die Vertragsparteien eines VOB-Bauvertrages während der Vertragsdurchführung zur gegenseitigen Kooperation verpflichtet. Aus dem Kooperationsverhältnis ergeben sich Obliegenheiten und Pflichten zur Mitwirkung und gegenseitigen Information. Die Kooperationspflichten sollen unter anderem gewährleisten, dass in Fällen, in denen nach der Vorstellung einer oder beider Parteien die vertraglich vorgesehene Vertragsdurchführung oder der Inhalt des Vertrages an die geänderten tatsächlichen Umstände angepasst werden muss, entstandene Meinungsverschiedenheiten oder Konflikte nach Möglichkeit einvernehmlich beigelegt werden.

Die Verpflichtung zur Kooperation beider Vertragspartner hat in der VOB/B vor allem seinen Ausdruck in den Vorschriften des § 2 Nr. 5 VOB/B und des § 2 Nr. 6 VOB/B gefunden. Demnach soll über eine Vergütung für geänderte oder zusätzliche Leistungen eine Einigung vor der Ausführung der Arbeiten getroffen werden. Diese Regelungen sollen die Parteien dazu anhalten, die kritischen Vergütungsfragen frühzeitig und einvernehmlich zu lösen und dadurch spätere Konflikte zu vermeiden.

Entstehen während der Vertragsdurchführung Meinungsverschiedenheiten über die Notwendigkeit oder die Art und Weise einer Anpassung, so sind Auftragnehmer und Auftraggeber grundsätzlich gehalten, durch entsprechende Verhandlung eine Klärung und eine einvernehmliche Lösung zu versuchen. Diese Verpflichtung obliegt einer Partei ausnahmsweise dann nicht, wenn die jeweils andere Vertragspartei in der konkreten Konfliktlage ihre Bereitschaft, eine einvernehmliche Lösung herbeizuführen, nachhaltig und endgültig verweigert.

Siehe auch: → Anordnungen des Auftraggebers
→ Änderung des Bauentwurfes
→ Zusätzliche Leistungen

Praxistipp:
Ist der Auftraggeber gezwungen, den für die Arbeitsaufnahme vereinbarten Termin zu verschieben, weil etwa vorgelagerte Arbeiten anderer Unternehmer nicht termingerecht fertig gestellt worden sind, so stellt die Änderung des Arbeitsbeginns eine Anordnung des Auftraggebers dar, § 2 Nr. 5 VOB/B. Der Auftragnehmer hat die Anordnungen grundsätzlich zu akzeptieren, kann jedoch die ihm entstehenden Mehrkosten ersetzt verlangen. Die Vertragsparteien sind dann verpflichtet, entsprechend ihrer Kooperationspflicht einen neuen Preis zu vereinbaren. Wenn sich der Auftraggeber endgültig und ernsthaft weigert, etwaige Nachtragsforderungen des Auftragnehmers nicht zu übernehmen, so kann der Auftragnehmer den Bauvertrag aus wichtigem Grund kündigen. Dies gilt allerdings dann nicht, wenn der Auftraggeber lediglich in einem ersten Schreiben auf die Nachtragsforderung des Auftragnehmers äußert, er lehne die Forderung der Höhe nach ab. Der Auftragnehmer muss sich aufgrund seiner

Kooperationsverpflichtung in diesem Fall nochmals um eine einvernehmliche Lösung bemühen und gegebenenfalls die Forderung nochmals näher erläutern.

Der Auftragnehmer sollte also generell auch dann, wenn der Auftraggeber eine Nachtragsforderung aufgrund vom Auftraggeber angeordneter Änderungen erst einmal ablehnt, nachhaken und seine Forderung nochmals detailliert erläutern. Erst dann, wenn der Auftraggeber schriftlich zu erkennen gibt, dass er definitiv jedes weitere Gespräch über die Vereinbarung eines neuen Preises kategorisch ablehnt, sollte der Auftragnehmer über eine Kündigung des Bauvertrages nachdenken.

Koordinationspflicht

Der Auftraggeber hat dafür zu sorgen, dass ein reibungsloses Zusammenwirken aller an der Bauausführung beteiligten Unternehmen gewährleistet wird. Welche Maßnahmen der Auftraggeber im Rahmen seiner Koordinierungspflicht im Einzelnen vornimmt, steht dabei in seinem eigenen Ermessen. Insbesondere bei größeren Bauvorhaben ist es für ihn jedoch ratsam, hierfür einen Bauzeitenplan aufzustellen. Dieser enthält dann den Beginn, den Fortschritt sowie die Fertigstellung eines jeden Gewerkes. Zusätzlich kann der Auftraggeber für die Koordinierung der einzelnen Unternehmen auch Baustellenordnungspläne erstellen, die etwa Festlegungen von Lagerplätzen, Zufahrtswegen, usw. enthalten.

Sofern der Auftraggeber seiner Verpflichtung zur Koordinierung der einzelnen am Bau beteiligten Unternehmen nicht nachkommt und ein Auftragnehmer dadurch vorübergehend seine Arbeiten nicht oder nicht mehr weiter ausführen kann, liegt eine → Behinderung vor.

Siehe auch: → Ausführung
              → Behinderung der Ausführung
              → Behinderungsschaden

Praxistipp:
Nach § 4 Nr. 1 Abs. 1VOB/B hat der Auftraggeber für die Aufrechterhaltung der allgemeinen Ordnung auf der Baustelle zu sorgen und im Rahmen seiner Koordinationspflicht das Zusammenwirken der verschiedenen Unternehmer zu regeln. Darüber hinaus braucht er den Erfolg dieser Koordinierungsmaßnahmen jedoch nicht zu garantieren. Er schuldet vielmehr nur die sinnvolle Regelung des Zusammenwirkens, nicht dagegen auch deren Befolgung durch die Adressaten seiner regelnden und koordinierenden Anordnungen. Diese sind deshalb auch nicht seine Erfüllungsgehilfen.

Sofern der Auftragnehmer Schadensersatzansprüche gegen den Auftraggeber geltend machen will, weil dieser seine Koordinationspflicht verletzt hat und es deshalb zu Bauverzögerungen gekommen ist, so muss er hinreichend genau danach differenzieren, ob der Auftraggeber das Zusammenwirken tatsächlich mangelhaft geregelt hat (Anspruch ja) oder ob er seiner Koordinationspflicht ausreichend nachgekommen ist und lediglich seine

---

> Anweisungen im Rahmen der Koordinierung der Abläufe
> auf der Baustelle nicht befolgt wurden (Anspruch nein).
> *(Siehe hierzu auch:*
> *OLG Ffm., Teilurteil vom 26.09.1979, AZ: 17 U 179/78)*

Kostenvorschuss

Der Auftraggeber kann, wenn der Auftragnehmer seiner Verpflichtung zur Beseitigung von Mängeln innerhalb einer vom Auftraggeber gesetzten angemessenen Frist nicht nachkommt, diese auf Kosten des Auftragnehmers beseitigen lassen (→ Ersatzvornahme), § 13 Nr. 5 Abs. 2 VOB/B.

Siehe: → Ersatzvornahme

Dabei muss der Auftraggeber nicht unbedingt in Vorlage treten und sich auf Erstattungsansprüche gegen den Auftragnehmer verweisen lassen. Ihm steht vielmehr schon vor Durchführung der Ersatzvornahme gegen den Auftragnehmer ein Anspruch auf Zahlung eines Kostenvorschusses in Höhe der zu erwartenden Mangelbeseitigungskosten zu.

Voraussetzungen für die Geltendmachung des Kostenvorschussanspruches durch den Auftraggeber sind dabei im Einzelnen:
• Der Auftraggeber muss eine angemessene Frist zur Durchführung der Mängelbeseitigung durch den Auftragnehmer gesetzt haben.
• Die Frist muss fruchtlos verstrichen sein.

- Der Auftraggeber muss die Mängel auch tatsächlich beseitigen, da nach Durchführung der Ersatzvornahme über den Vorschuss abzurechnen ist.

Der Auftraggeber kann vom Auftragnehmer dann keinen Kostenvorschuss verlangen, wenn die Vertragsparteien im Bauvertrag eine Sicherheit vereinbart haben, die Sicherheit geleistet wurde und sie zur Deckung der zu erwartenden Ersatzvornahmekosten ausreicht.

Hinsichtlich der Bezifferung der zu erwartenden Ersatzvornahmekosten kann sich der Auftraggeber auf von ihm eingeholte Kostenvoranschläge berufen. Er ist nicht verpflichtet, hierzu ein Sachverständigengutachten einzuholen. Anzuraten ist jedoch, wenn zu erwarten ist, dass der Auftragnehmer die Höhe der Kosten bestreitet, zunächst ein selbstständiges Beweisverfahren durchzuführen und damit die Ursachen der Mängel, die Verantwortlichkeit und die Höhe der zu erwartenden Kosten verbindlich feststellen zu lassen. Dadurch kann u. U. ein langwieriges Klageverfahren vermieden werden.

Reicht der ursprünglich geltend gemachte Vorschuss nicht aus, um die Kosten der Ersatzvornahme zu decken, so steht dem Auftraggeber ein weiterer Kostenvorschussanspruch gegen den Auftragnehmer zu.

Geltend zu machen ist der Kostenvorschussanspruch im Streitfall durch Klage, in welcher der Geldbetrag für die zu erwartenden Mängelbeseitigungskosten zu beziffern und zu fordern ist. Sofern sich nach einem zusprechenden Urteil, Zahlung des Vorschusses durch den Auftragnehmer und

Durchführung der Mängelbeseitigung herausstellen sollte, dass der Auftraggeber zu viel verlangt hat, hat er dem Auftragnehmer den zu viel verlangten Betrag unverzüglich wieder zurückzuzahlen.

Siehe auch: → Gewährleistung nach der Abnahme

Kündigung durch den Auftraggeber

Im Gegensatz zum Auftragnehmer kann der Auftraggeber den Bauvertrag jederzeit ohne Vorliegen eines wichtigen Grundes kündigen, § 8 Nr. 1 VOB/B. In diesem Falle steht dem Auftraggeber die vereinbarte Vergütung zu, wobei er sich jedoch das anrechnen lassen muss, was er infolge der Aufhebung des Vertrages an Kosten erspart oder durch anderweitige Verwendung seiner Arbeitskraft und seines Betriebes erwirbt oder zu erwerben böswillig unterlässt.

Siehe: → Freie Kündigung

Zudem hat der Auftraggeber das Recht, wie der Auftragnehmer auch, den Bauvertrag aus wichtigem Grund zu kündigen. Der Grund für eine Differenzierung zwischen der freien Kündigung ohne Vorliegen eines wichtigen Grundes und der Kündigung aus wichtigem Grund besteht vor allem in den unterschiedlichen Kündigungsfolgen.

Ein wichtiger Grund zur Kündigung durch den Auftraggeber liegt in den folgenden Fällen vor:
1. Der Auftragnehmer stellt seine Zahlungen ein oder es wird ein Insolvenzverfahren beziehungsweise ein vergleichbares gesetzliches Verfahren beantragt oder es

wird ein solches Verfahren eröffnet oder es wird mangels Masse abgelehnt (§ 8 Nr. 2 VOB/B).

2. Der Auftragnehmer kommt seiner Verpflichtung zur Beseitigung eines Mangels nicht nach, der schon während der Bauausführung aufgetreten ist, und der Auftraggeber hat ihm hierzu eine angemessene Nachfrist gesetzt, verbunden mit der Ankündigung, ihm den Auftrag zu entziehen, wenn diese Nachfrist fruchlos verstrichen ist (§ 8 Nr. 3, 1. Alt. VOB/B).

3. Der Auftragnehmer verzögert den Beginn der Ausführung der Arbeiten, er gerät mit der Fertigstellung der Arbeiten in Verzug oder er schafft keine entsprechende Abhilfe, wenn Arbeitskräfte, Geräte, Gerüste oder Bauteile so unzureichend sind, dass Ausführungsfristen offenbar nicht eingehalten werden können und der Auftraggeber hat ihm eine angemessene Nachfrist zur Erfüllung dieser Verpflichtungen gesetzt, verbunden mit der Ankündigung, ihm den Auftrag zu entziehen, sofern die Nachfrist fruchtlos verstreicht (§ 8 Nr. 3, 2. Alt. VOB/B).

4. Der Auftragnehmer hat aus Anlass der Vergabe eine Abrede getroffen, die eine unzulässige Wettbewerbsbeschränkung darstellt (§ 8 Nr. 4 VOB/B).

Kündigungsfolgen

1. Kündigung wegen Insolvenz des Auftragnehmers

Dem Auftragnehmer (Insolvenzverwalter) steht nach erfolgter Kündigung gegenüber dem Auftraggeber die Vergütung für die bis zur Kündigung erbrachten Leistungen zu. Der Auftraggeber kann seinerseits jedoch Schadensersatz wegen Nichterfüllung im Hinblick auf die nicht mehr ausgeführten Leistungen vom Auftragnehmer verlangen.

Er kann mit seinem Schadensersatzanspruch gegen den Vergütungsanspruch des Auftragnehmers aufrechnen.

2. Kündigung wegen nicht eingehaltener Fristen

Nach der Kündigung (Entziehung des Auftrages) kann der Auftraggeber den noch nicht vollendeten Teil der Leistungen zulasten des Auftragnehmers durch einen anderen Unternehmer ausführen lassen. Dabei bleiben dem Auftraggeber seine Ansprüche auf Schadensersatz gegen den säumigen Auftragnehmer aufgrund weiterer Schadens erhalten. Der Auftragnehmer hat dem Auftraggeber insoweit vor allem diejenigen → Mehrkosten zu erstatten, die ihm aufgrund der → Ersatzvornahme entstehen. Der Auftraggeber hat jedoch seine Schadensminderungspflicht bei der Beauftragung eines anderen Unternehmens mit der Fertigstellung der Leistungen zu beachten. Er muss den Schaden so gering wie möglich halten.

Hinsichtlich der zu erwartenden Mehrkosten kann der Auftraggeber vom Auftragnehmer einen Kostenvorschuss auf Basis eines Kostenvoranschlages des Unternehmens, das mit der Fertigstellung der Leistungen beauftragt werden soll, fordern.

Es ist dem Auftraggeber alternativ möglich, auf die weitere Ausführung der Bauleistungen ganz zu verzichten und stattdessen umfassenden Schadensersatz wegen Nichterfüllung zu verlangen, wenn die Ausführung der weiteren Leistungen aufgrund der Fristversäumnis des Auftragnehmers für den Auftraggeber nicht mehr von Interesse ist.

Schließlich kann der Auftraggeber vom Auftragnehmer verlangen, dass er ihm die auf der Baustelle bereits oder noch vorhandenen Geräte, Gerüste, Einrichtungen und angelieferte Baustoffe und Bauteile gegen eine angemessene Vergütung für die Weiterführung der Arbeiten zur Verfügung stellt.

Entscheidet sich der Auftraggeber dafür, die Restarbeiten durch einen dritten Unternehmer zu Ende führen zu lassen und sind die Arbeiten beendet, so hat er, sobald der Unternehmer schlussgerechnet hat, die möglicherweise entstandenen Mehrkosten und etwaige sonstige Schadenspositionen dem Auftragnehmer innerhalb von zwölf Werktagen nach der Abrechnung bekannt zu geben und ihm eine entsprechende Aufstellung zu übersenden. Unterlässt der Auftraggeber dies, so hat dies jedoch nicht zur Folge, dass der Auftraggeber seinen Anspruch auf Erstattung der Mehrkosten und des darüber hinausgehenden Schadens verliert.

3. Kündigung wegen wettbewerbswidriger Absprachen

Die Kündigungsfolgen sind mit denen der Kündigung wegen nicht eingehaltener Fristen grundsätzlich identisch. Insoweit wird auf die obigen Ausführungen verwiesen.

Nach Ausspruch der Kündigung kann im Übrigen der Auftragnehmer Aufmaß und Abnahme der von ihm ausgeführten Arbeiten verlangen. Er hat dem Auftraggeber unverzüglich eine prüfbare Rechnung über die ausgeführten Leistungen vorzulegen.

Kündigung durch den Auftragnehmer

Nach § 9 VOB/B kann der Auftragnehmer den Bauvertrag in folgenden Fällen kündigen:

1. Wenn der Auftraggeber eine ihm obliegende Handlung unterlässt und dadurch den Auftragnehmer außerstande setzt, seine Leistungen auszuführen (§ 9 Nr. 1a VOB/B).
2. Wenn der Auftraggeber eine fällige Zahlung nicht leistet oder sonst in Schuldnerverzug gerät → § 9 Nr. 1b VOB/B).
3. Wenn ein sonstiger wichtiger Grund vorliegt, der eine vollständige Vertragsdurchführung für den Auftragnehmer unzumutbar macht.

Der <u>Auftraggeber</u> kann den Bauvertrag jederzeit kündigen, dem Auftragnehmer steht dieses freie Kündigungsrecht hingegen nicht zu.

Siehe: → Freie Kündigung

1. Kündigung nach § 9 Nr. 1a VOB/B

Der Auftraggeber muss eine ihm obliegende Mitwirkungshandlung nicht vornehmen, die den Auftragnehmer wiederum in die Lage versetzen muss, dass er seine vertraglich geschuldeten Arbeiten nicht oder nicht weiter ausführen kann. Die VOB/B enthält eine Reihe von Mitwirkungshandlungen des Auftraggebers. Die wichtigsten seien nachfolgend aufgeführt:

- Er muss dem Auftragnehmer die nötigen Ausführungsunterlagen rechtzeitig, vollständig und unentgeltlich aushändigen (§ 3 Nr. 1 VOB/B).
- Er muss die Hauptachsen der baulichen Anlagen sowie die Grenzen des Geländes abstecken sowie die notwendigen Hilfspunkte in unmittelbarer Nähe des Bauvorhabens schaffen (§ 3 Nr. 2 VOB/B).

- Er muss mit dem Auftragnehmer vor Beginn der Arbeiten soweit erforderlich eine Zustandsfeststellung durchführen (§ 3 Nr. 4 VOB/B).
- Er hat während der Bauausführung dafür zu sorgen, dass die allgemeine Ordnung auf der Baustelle eingehalten wird und das Zusammenwirken der verschiedenen Unternehmer zu regeln, ferner hat er die erforderlichen öffentlich-rechtlichen Genehmigungen und Erlaubnisse herbeizuführen (§ 4 Nr. 1 Abs. 1 VOB/B).
- Er hat die erforderlichen Anordnungen zu treffen, die zur vertragsgemäßen Ausführung der Arbeiten notwendig sind (§ 4 Nr. 1 Abs. 3 VOB/B).
- Er hat, wenn nichts anderes vereinbart ist, dem Auftragnehmer unentgeltlich die notwendigen Lager- und Arbeitsplätze auf der Baustelle, vorhandene Zufahrtswege und Anschlussgleise sowie Anschlüsse für Wasser und Energie zu überlassen (§ 4 Nr. 4 VOB/B).
- Er hat, sofern für den Beginn der Arbeiten keine Frist vereinbart ist, dem Auftragnehmer auf Verlangen Auskunft über den voraussichtlichen Baubeginn zu erteilen (§ 5 Nr. 2 VOB/B).

Der Auftraggeber muss sich mit den Mitwirkungshandlungen in Verzug befinden. Das heißt:
- Der Auftragnehmer muss berechtigt sein, die Arbeiten überhaupt schon auszuführen.
- Er muss die Absicht haben, die Arbeiten auszuführen und darf sie nicht von sich aus verweigern und
- er muss gegenüber dem Auftraggeber hinreichend deutlich gemacht haben, dass er die Arbeiten ausführen will.

Liegen diese Voraussetzungen vor, und ist der Auftragnehmer dadurch nicht (mehr) in der Lage, seine Leistungen auszuführen, so hat der Auftragnehmer vor Ausspruch der Kündigung

- dem Auftraggeber eine angemessene Frist zu setzen und ihm dabei anzudrohen, dass er nach fruchtlosem Ablauf der Frist den Bauvertrag kündigen werde.

Nach der Kündigungsandrohung muss er den Bauvertrag kündigen. Die Androhung der Kündigung alleine reicht nicht aus. Die Kündigung ist schriftlich zu erklären. Dabei genügt eine Übersendung per Telefax oder Email. Sie bedarf keiner Begründung. Dies bedeutet nicht, dass die Kündigungsgründe nicht vorliegen müssten, sie sind lediglich nicht zwingend im Kündigungsschreiben anzugeben.

2. Kündigung nach § 9 Nr. 1b VOB/B

Der Auftragnehmer kann ferner den Bauvertrag kündigen, wenn sich der Auftraggeber in Zahlungsverzug befindet, oder sonst in Schuldnerverzug gerät.

Für die Baupraxis der bedeutendste Kündigungsgrund ist der Zahlungsverzug des Auftraggebers. Möglich ist dabei, dass sich der Auftraggeber mit der Zahlung von

- Vorauszahlungen,
- Abschlagszahlungen oder
- Teilschlusszahlungen

in Verzug befindet. Der Verzug mit der Zahlung der Schlussrechnung führt nicht zu einem Recht auf Kündigung des Bauvertrages, da eine Kündigung nur bis zur Fertigstellung und Abnahme der Bauleistungen des Auftragnehmers möglich ist.

Ein Verzug des Auftraggebers mit einer Zahlung setzt zudem notwendig voraus, dass die Zahlung fällig ist, die vom Auftragnehmer erbrachten Leistungen vollständig und vertragsgerecht erbracht sind und eine Mahnung ausgesprochen wurde. Einer Mahnung bedarf es lediglich nur dann nicht, wenn ein Zeitpunkt, zu welchem der Auftraggeber seine Zahlung hat leisten müssen, hinreichend genau bestimmt war. Liegen diese Voraussetzungen nicht vor, so befindet sich der Auftraggeber nicht in Verzug und es liegt kein Kündigungsgrund wegen Zahlungsverzuges vor.

Siehe: → Fälligkeit von Abschlagszahlungen

Hinsichtlich der Formerfordernisse wird auf die obigen Ausführungen verwiesen. Sie gelten hier ebenso.

3. Sonstige wichtige Gründe
Will der Auftragnehmer kündigen, ohne dass einer der beiden vorgenannten Gründe vorliegt, so müssen andere schwer wiegende Gründe vorliegen, die es unzumutbar erscheinen lassen, dass der Auftragnehmer seine Arbeiten weiter ausführt. Als solche Gründe kommen beispielsweise in Betracht:
- Strafrechtlich relevante Handlungen des Auftraggebers, wie etwa Diebstahl, Unterschlagung, Betrug oder Beleidigungen oder
- Verstöße gegen das Gesetz zur Bekämpfung illegaler Beschäftigung.

Auch hier sind im Übrigen die weiteren Kündigungsvoraussetzungen identisch mit den oben beschriebenen, weshalb auf diese Ausführungen verwiesen wird.

L

Leistungsänderung

Der Auftragnehmer ist verpflichtet, diejenigen Arbeiten auszuführen, die er nach dem Bauvertrag schuldet. Liegt ein
BGB-Bauvertrag vor, so kann die vertraglich vereinbarte
Leistung nur dadurch abgeändert werden, dass die Parteien
dies übereinstimmend vereinbaren. Beim VOB-Vertrag hingegen steht dem Auftraggeber in Grenzen das Recht zu,
Anordnungen zu treffen und damit die vereinbarte Leistung
abzuändern. Hierzu gehört vor allem die Möglichkeit, den
Bauentwurf zu ändern, § 1 Nr. 3 VOB/B. Der Auftragnehmer
ist grundsätzlich verpflichtet, den angeordneten Leistungsänderungen nachzukommen und die Bauleistung entsprechend den angeordneten Leistungsänderungen auszuführen, es sei denn die Anordnungen verstoßen gegen
behördliche oder gesetzliche Bestimmungen oder sie sind
dem Auftragnehmer aus sonstigen Gründen nicht zumutbar.
Überschreitet der Auftraggeber sein Anordnungsrecht, so
kann der Auftragnehmer die Ausführung der Änderungen
verweigern. Halten sich die Anordnungen des Auftraggebers jedoch im Bereich des Zulässigen, so hat der Auftragnehmer nicht das Recht, die Ausführungen zu verweigern
oder gar den Bauvertrag zu kündigen, sofern nicht andere
gewichtige Gründe vorliegen, die den Auftragnehmer zur
Kündigung berechtigen würden.

Sofern durch eine oder mehrere Änderungen des Bauentwurfes oder andere Anordnungen des Auftraggebers die

Grundlagen des Preises für eine im Vertrag vorgesehene Leistung geändert werden, so ist ein neuer Preis für diese Leistung unter Berücksichtigung der Mehr- oder Minderkosten zu vereinbaren, § 2 Nr. 5 VOB/B.

Sofern der Auftraggeber im Rahmen seiner Befugnisse die Ausführung einer → zusätzlichen Leistung anordnet, die im Bauvertrag ursprünglich nicht vorgesehen war, so hat der Auftragnehmer einen Anspruch auf Zahlung einer zusätzlichen Vergütung, § 2 Nr. 6 VOB/B.

Siehe auch: → Anordnungen des Auftraggebers
              → Änderung des Bauentwurfes
              → Zusätzliche Leistungen

Praxistipp:
Der Auftragnehmer sollte bei Leistungsänderungen durch den Auftraggeber, auch umfangreichen Änderungen des Bauentwurfes, unbedingt berücksichtigen, dass ihm dies kein Recht gibt, den Bauvertrag aus wichtigem Grund außerordentlich zu kündigen. Ordnet der Auftraggeber umfangreiche Bauentwurfsänderungen an, die keine völlige Neuplanung bedeuten, so hat der Auftragnehmer die geänderten Leistungen auszuführen. Dies gilt auch, wenn mit der Änderung des Bauentwurfes zugleich die Ausführung zusätzlicher Arbeiten angeordnet wird.

Das Recht zur einseitigen Anordnung von Bauentwurfsänderungen sowie → zusätzlichen Leistungen ist eine Besonderheit des VOB-Bauvertrages, die das Werkvertragsrecht des BGB nicht kennt. Haben die Parteien also

---

keinen VOB-Bauvertrag geschlossen, so steht dem Auftraggeber das Recht zur einseitigen → Änderung des Bauentwurfes oder zur Anordnung zusätzlicher Leistungen
nicht zu. Hierzu ist im BGB-Bauvertrag in jedem Falle eine
einvernehmliche Vertragsänderung erforderlich. Ordnet
daher der Auftraggeber beim BGB-Bauvertrag einseitig
Änderungen oder → zusätzliche Leistungen an, hat diese
der Auftragnehmer nicht zu befolgen.
*(Siehe hierzu auch: BGH Urteil vom 21.11.1996, AZ: VII
ZR 101/95)*

Leistungsbeschreibung

Bei der Ausschreibung von Bauleistungen gemäß der
VOB/A muss der Umfang der vom Auftragnehmer zu erbringenden Bauleistungen, das so genannte „Bausoll" hinreichend genau beschrieben werden. Diese Beschreibung wird
in der VOB als Leistungsbeschreibung definiert.

Die Leistungsbeschreibung mit Leistungsverzeichnis bildet
die Regel. Neben der Leistungsbeschreibung mit Leistungsverzeichnis können die vom Auftragnehmer zu erbringenden Leistungen auch mittels einer Leistungsbeschreibung
mit Leistungsprogramm beschrieben werden. Die zweite
Form der Leistungsbeschreibung bildet jedoch die Ausnah-
me.

Leistungsbeschreibung mit Leistungsverzeichnis
Nach § 9 Nr. 6 VOB/A soll die vom Auftragnehmer zu erbringende Bauleistung durch eine allgemeine Darstellung der

Bauaufgabe (der Baubeschreibung) und ein in Teilleistungen gegliedertes Leistungsverzeichnis beschrieben werden. Erforderlichenfalls ist die Leistung auch zeichnerisch oder durch Probestücke darzustellen oder anders zu erklären, etwa durch Hinweise auf ähnliche Leistungen, durch Mengen- oder statische Berechnungen. Das Leistungsverzeichnis ist eine Liste, welche die Leistungsanforderungen im Einzelnen enthält. Sie hat eine eindeutige und abschließende Beschreibung der Bauleistung zu enthalten und eine unzweifelhafte Preisermittlung zu ermöglichen.

Im Leistungsverzeichnis ist die zu erbringende Bauleistung so aufzugliedern, dass unter einer Ordnungszahl (Position) nur solche Leistungen aufgenommen werden, die nach ihrer technischen Beschaffenheit und für die Preisbildung als gleichartig anzusehen sind. Ungleichartige Leistungen sollen unter einer Ordnungszahl nur dann zusammengefasst werden, wenn eine Teilleistung gegenüber einer anderen für die Bildung eines Durchschnittspreises ohne nennenswerten Einfluss ist, § 9 Nr. 9 VOB/A. Der Auftraggeber hat folglich im Leistungsverzeichnis eine strikte Trennung der von ihm ausgeschriebenen Leistungen vorzunehmen, die dahingehend erfolgt, dass nach der Art des verwendeten Materials bzw. nach dem eigentlichen Verwendungszweck unterschieden wird.

Es ist oftmals jedoch nicht möglich, bereits im Leistungsverzeichnis die letztlich tatsächlich anfallenden einzelnen Bauleistungen abschließend zu beschreiben. Aus diesem Grunde ist es möglich, dass Bestimmungen über mögliche spätere Änderungen in das Leistungsverzeichnis aufgenommen werden.

In das Leistungsverzeichnis können daher sowohl
* Wahlpositionen als auch
* Bedarfspositionen (Eventualpositionen)
aufgenommen werden.

Wahlpositionen liegen vor, wenn der Auftraggeber sich bei der Vergabe seiner Leistungen noch nicht ganz im Klaren darüber ist, ob er die Leistung so ausführt, wie er sie im Leistungsverzeichnis beschrieben hat oder ob an deren Stelle eine gleichwertige oder ähnliche Leistung treten soll. Enthält das Leistungsverzeichnis eine Wahlposition, so kann er die ursprünglich im Leistungsverzeichnis vorgesehene Position gegen eine Wahlposition austauschen. Die Preise für die Wahlpositionen werden dabei bereits im Leistungsverzeichnis festgelegt.

Von den Eventualpositionen werden diejenigen Bauleistungen erfasst, von denen sich zu Beginn der Vertragsverhandlungen noch nicht abschließend beurteilen lässt, ob sie noch zusätzlich zu den Hauptpositionen erbracht werden sollen oder nicht. Der Auftraggeber kann den Auftragnehmer mit Leistungen aus Eventualpositionen beauftragen, wenn er einen entsprechenden diesbezüglichen Vorbehalt erklärt hat.

Leistungsbeschreibung mit Leistungsprogramm
Die Leistungsbeschreibung mit Leistungsprogramm stellt den Ausnahmefall dar und spielt in der Baupraxis nur eine untergeordnete Rolle.
Bei dieser Form der Leistungsbeschreibung wird nur der Rahmen oder das Programm der vom Auftragnehmer zu erbringenden Bauleistung vorgegeben. Der Auftragnehmer (Bieter) füllt dieses Leistungsprogramm dann eigenständig

aus und beschreibt darin die von ihm angebotenen Planungs-, Architektur- und Konstruktionsleistungen. Er erhält für seine Aufwendungen einen angemessenen Ausgleich, zumal diese weitaus höher sind als bei der Leistungsbeschreibung mit Leistungsverzeichnis.

Leistungsgefahr

Siehe:　　　　　→ Gefahrtragung

Leistungsverweigerungsrecht

Unter einem Leistungsverweigerungsrecht versteht man das Recht des Auftraggebers oder Auftragnehmers, die Leistung, zu der er verpflichtet ist, so lange zurückbehalten zu dürfen, bis die Gegenseite die Leistung die sie zu erbringen hat, auch erbracht hat. Zu unterscheiden sind das Leistungsverweigerungsrecht des Auftraggebers und das Leistungsverweigerungsrecht des Auftragnehmers.

Leistungsverweigerungsrecht des Auftragnehmers
Der Auftragnehmer hat die vorrangige Pflicht, die vertraglich vereinbarten Leistungen mangelfrei zu erbringen. Im Gegenzug erhält er hierfür vom Auftraggeber die vereinbarte Vergütung.
Nach § 16 Nr. 5 Abs. 5 VOB/B steht dem Auftragnehmer etwa dann ein Leistungsverweigerungsrecht zu, wenn der Auftraggeber eine Abschlagszahlung oder eine Teilschlusszahlung nicht leistet, auf die der Auftragnehmer einen Anspruch

hat und er dem Auftraggeber zuvor eine angemessene Nachfrist zur Zahlung gesetzt hat, die fruchtlos verstrichen ist. Er kann dann die Arbeiten bis zur Zahlung einstellen. Sofern der Auftraggeber auf eine fällige Schlussrechnung hin nicht zahlt, greift dieses Leistungsverweigerungsrecht des Auftragnehmers nicht mehr, da die Fälligkeit der Schlussrechnung zur Voraussetzung hat, dass der Auftragnehmer seine Arbeiten bereits fertig gestellt hat.

Dem Auftragnehmer wird damit ein Druckmittel in die Hand gegeben, um den Auftraggeber zur Zahlung fälliger Abschlags- und Teilschlussrechnungen zu veranlassen. Der Auftraggeber hat regelmäßig ein starkes Interesse daran, dass die Arbeiten rasch weiter geführt werden, damit kein Bauverzug eintritt und er damit verbunden möglicherweise erhebliche finanzielle Nachteile erleidet.

Der Auftragnehmer hat vor einer Baueinstellung peinlich genau zu prüfen, ob er berechtigt ist, die Arbeiten auch tatsächlich einzustellen, damit nicht der Auftraggeber den Bauvertrag kündigt und ihm gegenüber Schadensersatzansprüche geltend macht. Er muss daher prüfen,

- ob eine fällige Rechnung vorliegt und nicht dem Auftraggeber wegen Mängeln ein eigenes Leistungsverweigerungsrecht zusteht,
- dem Auftraggeber nicht etwa Gegenansprüche zustehen, mit denen er gegen die Forderung des Auftragnehmers aufrechnen kann und
- ob eine angemessene Nachfrist gesetzt wurde, die fruchtlos verstrichen ist und dem Auftraggeber die Arbeitseinstellung angekündigt wurde.

Das Recht, die Arbeiten einzustellen, steht dem Auftragnehmer nicht zu, wenn der Auftraggeber lediglich mit kleineren Beträgen in Zahlungsverzug geraten ist. Er hat in diesem Fall dennoch die Arbeiten weiter auszuführen. Dies hat seinen Ursprung darin, dass beide Vertragsparteien eines VOB-Vertrages die Pflicht haben, miteinander zu kooperieren und darauf bedacht sein müssen, einen zügigen Baufortschritt zu gewährleisten. Die Baueinstellung würde in keinem Verhältnis zu geringfügigen Zahlungsrückständen stehen.

Ein Zurückbehaltungsrecht, also das Recht die Arbeiten vorübergehend nicht weiter auszuführen, steht dem Auftragnehmer auch dann zu, wenn er sich in der ordnungsgemäßen Ausführung seiner Arbeiten behindert glaubt und dies dem Auftraggeber angezeigt hat. Er hat die Arbeiten in diesem Fall unverzüglich wieder aufzunehmen, wenn die hindernden Umstände weggefallen sind und dem Auftraggeber die Wiederaufnahme der Arbeiten anzuzeigen.

Siehe: → Behinderung der Ausführung
        → Behinderungsanzeige

Stellt der Auftragnehmer die Arbeiten ein, so hat dies zur Konsequenz, dass

- er im Falle des Zahlungsverzuges durch den Auftraggeber bis zur Zahlung nicht verpflichtet ist, die Arbeiten weiter auszuführen,
- er den Bauvertrag kündigen kann, wenn er bei Zahlungsverzug dem Auftraggeber eine angemessene Frist zur Zahlung gesetzt und ihm dabei angekündigt hat, dass er nach Ablauf der Frist den Bauvertrag kündigen werde und diese Frist fruchtlos verstrichen ist und

- er, sofern die Arbeitseinstellung auf einer vom Auftraggeber verursachten → Behinderung beruht, verlangen kann, dass die ursprünglich vereinbarten → Vertragsfristen verlängert werden.

Leistungsverweigerungsrecht des Auftraggebers

Kann der Auftraggeber vom Auftragnehmer die Beseitigung von Mängeln verlangen, so steht ihm bis zur endgültigen → Mängelbeseitigung durch den Auftragnehmer auch noch nach der → Abnahme ein Zurückbehaltungsrecht gegenüber dem Vergütungsanspruch des Auftragnehmers zu.

Der Auftraggeber ist seinerseits verpflichtet, dem Auftragnehmer die seiner Ansicht nach vorliegenden Mängel gemäß der → Symptomtheorie zu beschreiben. Er muss jedoch nichts dahingehend vortragen, wie hoch die Mängelbeseitigungskosten sind.

Das Zurückbehaltungsrecht des Auftraggebers erstreckt sich grundsätzlich auf die gesamte Vergütung des Auftragnehmers. Aus dem Grundsatz von Treu und Glauben heraus ist das Zurückbehaltungsrecht jedoch dahingehend einzuschränken, dass dann, wenn die Mängelbeseitigungskosten geringer sind als die vom Auftraggeber geschuldete Vergütung, dem Auftraggeber lediglich das Recht auf ein teilweises Zurückbehaltungsrecht, grundsätzlich in Höhe der zwei- bis fünffachen Mängelbeseitigungskosten, zusteht.

Sobald der Auftragnehmer die Mängelbeseitigung vorgenommen hat, entfällt auch das Zurückbehaltungsrecht des Auftraggebers.

Siehe auch: → Abnahme
              → Behinderung der Ausführung
              → Druckzuschlag
              → Mängelbeseitigung
              → Symptomtheorie
              → Vertragsfristen

Praxistipp 1:
Hat der Auftraggeber ein Zurückbehaltungsrecht wegen des Vorliegens von Mängeln, so gerät er mangels Fälligkeit einer Abschlagsrechnung nicht in Zahlungsverzug. Dies ist wichtig für den Auftragnehmer. Denn der Auftragnehmer hat in diesem Fall kein Recht, den Bauvertrag etwa wegen Zahlungsverzuges des Auftraggebers zu kündigen oder die Arbeiten einzustellen. Stellt er die Arbeiten in diesem Fall ein oder kündigt er gar den Bauvertrag, so kann der Auftraggeber seinerseits den Bauvertrag berechtigt kündigen und den Auftragnehmer unter Umständen mit erheblichen Schadensersatzansprüchen konfrontieren.

Zu beachten ist für den Auftragnehmer zudem, dass der Auftraggeber bereits dann, wenn der Auftragnehmer dem Auftraggeber die Kündigung des Bauvertrages in Aussicht stellt oder die Baueinstellung androht, den Bauvertrag seinerseits kündigen kann und Schadensersatzansprüche geltend machen kann. Aus diesem Grunde ist dem Auftragnehmer dringend anzuraten, vor Androhung der Baueinstellung oder der Vertragskündigung eingehend zu prüfen, ob dem Auftraggeber ein berechtigtes Zurückbehaltungsrecht wegen des Vorliegens von Mängeln zusteht.

Praxistipp 2:
Hat der Auftragnehmer dem Auftraggeber, der sich mit der Bezahlung einer Abschlags- oder Teilschlussrechnung in Verzug befindet, eine angemessene Zahlungsfrist gesetzt und ihm angekündigt, dass er nach Ablauf dieser Frist in jedem Falle seine Arbeiten einstellen werde, so ist er hieran nicht gebunden. Vielmehr kann er auch nach dieser Ankündigung, soweit er es sich letztlich doch noch anders überlegt, davon absehen, von seinem Leistungsverweigerungsrecht Gebrauch zu machen und die Arbeiten fortführen. Ihm steht es nach Ablauf der Frist grundsätzlich frei, ob er nun die Arbeiten weiter ausführt oder einstellt.

Leistungsverzeichnis

Siehe: → Leistungsbeschreibung

M

Mangelbegriff

Der Mangelbegriff der VOB/B ist mit dem des BGB weitgehend identisch. Nach § 13 Nr. 1 VOB/B erbringt der Auftragnehmer seine Leistung frei von Sachmängeln, wenn sie die vereinbarte Beschaffenheit hat und den anerkannten → Regeln der Technik entspricht.

Haben die Bauvertragsparteien keine besondere Beschaffenheit der zu erbringenden Bauleistungen vereinbart, so ist die Leistung des Auftragnehmers dann mangelfrei, wenn sie sich für die nach dem Vertrag vorausgesetzte, sonst für die gewöhnliche Verwendung eignet und eine Beschaffenheit aufweist, die bei Werken der gleichen Art üblich ist und die der Auftraggeber nach der Art der Leistung erwarten kann.

Die Definition des Mangelbegriffes wurde mit Einführung der VOB/B 2002 geändert. Bis dahin war für das Vorliegen eines Mangels zusätzlich noch erforderlich, dass die vom Auftragnehmer erbrachten Leistungen eine Wert- oder Tauglichkeitsminderung mit sich brachten. Dies ist nunmehr für die Annahme eines Mangels nicht mehr erforderlich. Vielmehr reicht es jetzt aus, dass bereits jede Abweichung von der vereinbarten oder vorausgesetzten Beschaffenheit einen Mangel darstellt, ohne dass es darauf ankäme, dass diese Abweichung auch noch zusätzlich eine Wert- oder Tauglichkeitsminderung mit sich bringt. Im Endeffekt bedeutet dies eine Verschärfung zulasten des Auftragnehmers.

Von der Beschaffenheit ist die Funktionsfähigkeit der Werkleistungen zu unterscheiden. Der Auftragnehmer hat dem Auftraggeber nicht lediglich ein Werk abzuliefern, das alle vereinbarten oder gewöhnlichen Beschaffenheitsmerkmale aufweist, sondern darüber hinaus auch die Pflicht, die Arbeiten so zu erbringen, dass das geschuldete Werk funktionsfähig ist. Die Funktionsfähigkeit des Werkes ist also ebenfalls bei der Beurteilung der Frage, ob die Leistungen mangelhaft sind oder nicht als maßgebliches Kriterium heranzuziehen.

Siehe auch: → Gewährleistung nach der Abnahme
               → Gewährleistung vor der Abnahme
               → Mangelbeseitigung

Beispiel:
Im Zusammenhang mit der Änderung des Mangelbegriffes ist insbesondere die so genannte „B25-B35"-Entscheidung des BGH vom 09.01.2003 interessant und aufschlussreich. Ein Rohbauunternehmer wurde beauftragt, eine Betondecke in einer Parkhaustiefgarage aufzubringen. In der Leistungsbeschreibung, die dem Bauvertrag zu Grunde lag, war bestimmt, dass die Betondecke in der Güteklasse B 35 ausgeführt werden sollte. Ausgeführt hat sie der Rohbauunternehmer hingegen lediglich in der Güteklasse B 25, wobei jedoch die Nutzung der Tiefgarage an sich nicht beeinträchtigt wurde. Der Auftraggeber machte jedoch Ansprüche geltend, da die Betondecke eine geringere Nutzlast und damit ein minderwertiges Langzeitverhalten hatte.
Der BGH hatte den Fall noch nach altem Recht zu entscheiden und hatte bei seiner Entscheidung noch den

alten Mangelbegriff zu Grunde zu legen. Für die Annahme eines Mangels war daher neben der Abweichung der Istbeschaffenheit von der Sollbeschaffenheit auch erforderlich, dass eine Wert- oder Tauglichkeitsminderung gegeben war. Dem Auftraggeber wurde der Anspruch mit der Begründung letztlich zuerkannt, eine Tauglichkeits- und Wertminderung sei darin zu sehen, dass die Betondecke eine geringere Haltbarkeit aufweise und dadurch höhere Betriebs- und Instandhaltungskosten erforderlich werden. Darauf, dass die konkrete Nutzung der Garage nicht beeinträchtigt war, kam es nicht an. Auch nach dem heutigen Mangelbegriff käme man zu demselben Ergebnis, da es ausreicht, dass die Werkleistungen von der vereinbarten Beschaffenheit abweichen. Es wurde vereinbart, dass Beton der Güteklasse B 35 verwendet werden soll, verwendet wurde aber Beton der Güteklasse B 25. Einer weiteren Begründung für die Rechtfertigung eines Mangels bedarf es nach dem neuen Mangelbegriff nicht. *(Siehe hierzu: BGH Urteil vom 09.01.2003, AZ: VII ZR 181/00)*

Mangelbeseitigung

Siehe:

→ Gewährleistung nach der Abnahme
→ Gewährleistung vor der Abnahme
→ Nacherfüllungsanspruch des Auftraggebers
→ Nacherfüllungsanspruch des Auftragnehmers

Mehrkosten

Gemäß § 4 Nr. 1 Abs. 4 VOB/B hat der Auftragnehmer, sofern er → Anordnungen des Auftraggebers für unberechtigt oder unzweckmäßig hält, seine diesbezüglichen → Bedenken gegenüber dem Auftraggeber anzuzeigen und geltend zu machen. Er ist jedoch verpflichtet, die Anordnungen des Auftraggebers, auch wenn er sie für unberechtigt und unzweckmäßig hält, auf Verlangen des Auftraggebers aus-zuführen, es sei denn die Ausführung seiner Arbeiten würde gegen gesetzliche oder behördliche Bestimmungen versto-ßen.

Siehe auch: → Anordnungen des Auftraggebers
 → Bedenken
 → Bedenkenmitteilung

Wenn aufgrund der → Anordnungen des Auftraggebers eine ungerechtfertigte Erschwerung seiner Arbeiten verursacht wird, hat der Auftraggeber dem Auftragnehmer die dadurch entstehenden Mehrkosten zu ersetzen.

Mit der Erstattung der Mehrkosten durch den Auftraggeber soll dem Auftragnehmer praktisch ein Ausgleich für unnöti-ge Mehrarbeiten gewährt werden, zumal er zuvor den Auf-traggeber ja ausdrücklich auf die Unzweckmäßigkeit hinge-wiesen hat.

Zu beachten ist, dass dem Auftragnehmer nur dann eine Erstattung der Mehrkosten zusteht, wenn der Auftraggeber Anordnungen trifft, mit denen er sich innerhalb der vertrag-lich geschuldeten Leistung bewegt. Sofern der Auftraggeber hingegen → zusätzliche Leistungen verlangt oder mit seinen Anordnungen eine → Änderung des Bauentwurfes einhergeht, so stehen dem Auftragnehmer die Rechte aus § 2 Nr. 6 und Nr. 5 VOB/B zu.

Der Auftragnehmer kann die ihm entstandenen Mehrkosten nur dann geltend machen, wenn die nachfolgenden Voraussetzungen erfüllt sind:
1. Der Auftraggeber muss eine Anordnung gegenüber dem Auftragnehmer getroffen haben.
2. Der Auftragnehmer muss gegen diese Anordnungen Bedenken angemeldet haben, weil er sie für unberechtigt oder unzweckmäßig hält.
3. Der Auftraggeber muss dennoch auf der Ausführung der Anordnungen durch den Auftragnehmer bestanden haben.
4. Die Ausführung der Arbeiten des Auftragnehmers müssen durch diese Anordnungen erschwert worden sein.
5. Es müssen dem Auftragnehmer dadurch tatsächlich Mehrkosten entstanden sein.

Der Auftraggeber hat dem Auftragnehmer bei Vorliegen der Voraussetzungen die tatsächlich entstandenen Mehrkosten zu erstatten. Das heißt, dass die tatsächlich angefallenen Mehrkosten zunächst zu ermitteln und dann gegenüber dem Auftraggeber geltend zu machen sind. Weigert sich der Auftraggeber zu zahlen, so kann der Auftragnehmer die Mehrkosten auch gerichtlich durchsetzen.

Der Begriff der Mehrkosten spielt unter anderem auch in folgenden Fällen eine Rolle:

1. Wenn die ausgeführte Menge die unter einem Einheitspreis erfasste Leistung um mehr als 10 % übersteigt, so ist ein neuer Preis unter Berücksichtigung der Mehr- oder Minderkosten zu vereinbaren. Sind von der unter einem Einheitspreis erfassten Leistung oder Teilleistung andere Leistungen abhängig, für die eine Pauschalsumme vereinbart ist, so kann mit der Änderung des Einheitspreises auch eine angemessene Änderung der Pauschalsumme gefordert werden (§ 2 Nr. 3 VOB/B).

2. Wenn als Vergütung der Bauleistungen des Auftragnehmers ein → Pauschalpreis vereinbart wurde, so bleibt dieser zwar bei Abweichungen der ausgeführten Leistung von der vertraglich vereinbarten Leistung grundsätzlich unverändert. Ist die Abweichung jedoch so erheblich, dass dem Auftragnehmer ein Festhalten an der Pauschalsumme nicht mehr zugemutet werden kann, so ist auf Verlangen ein Ausgleich unter Berücksichtigung der Mehr- oder Minderkosten zu gewähren (§ 2 Nr. 7 Abs. 1 VOB/B).

3. Werden durch eine → Änderung des Bauentwurfes oder andere → Anordnungen des Auftraggebers die Grundlagen des Preises für eine im Vertrag vorgesehene Leistung geändert, so ist ein neuer Preis unter Berücksichtigung der Mehr- oder Minderkosten zu vereinbaren.

4. Hat der Auftragnehmer Mängel zu beseitigen und benötigt er hierfür noch die vom Auftraggeber während der Bauausführung zur Verfügung zu stellenden Wasseranschlüsse, so hat er hierauf zwar einen Anspruch, er muss dem Auftraggeber aber dabei entstehende Mehrkosten erstatten.

5. Werden vom Auftragnehmer im Verlauf der Bauausführung Wertgegenstände entdeckt, so hat der Auftragneh-

mer vor jedem weiteren Aufdecken oder Ändern dem Auftraggeber den → Fund anzuzeigen und ihm die Gegenstände abzuliefern. Entstehen ihm dabei Mehrkosten, so hat diese der Auftraggeber zu übernehmen.

Siehe auch: → Fund
              → Kündigung durch den Auftraggeber
              → Kündigung durch den Auftragnehmer
              → Mehrvergütung
              → Minderkosten

Mehrvergütung

Erteilt der Auftraggeber beispielsweise → Anordnungen, gegen die der Auftragnehmer Bedenken wegen deren Unzweckmäßigkeit oder Berechtigung hat und besteht der Auftraggeber trotz entsprechender → Bedenkenmitteilung durch den Auftragnehmer auf deren Ausführung, so kann der Auftragnehmer → Mehrkosten erstattet verlangen, die ihm aufgrund der unzweckmäßigen oder unberechtigten Anordnung entstehen.

Siehe: → Mehrkosten

Anders verhält es sich dann, wenn der Auftraggeber die Ausführung von → zusätzlichen Leistungen vom Auftragnehmer verlangt, die ursprünglich nicht im Bauvertrag vereinbart wurden oder wenn der Auftraggeber den Bauentwurf ändert bzw. andere Anordnungen trifft und dadurch die Grundlagen des Preises für im Bauvertrag vorgesehene Leistungen des Auftragnehmers geändert werden. In diesen

Fällen erhält der Auftragnehmer nicht lediglich ihm entstehende Mehrkosten erstattet.

Änderung des Bauentwurfes oder andere Anordnungen, womit die Grundlagen der Vertragspreise geändert werden (§ 2 Nr. 5 VOB/B)
Aufgrund der Anordnungen des Auftraggebers haben Auftraggeber und Auftragnehmer die Pflicht, einen neuen Preis unter Berücksichtigung entstandener Mehr- oder Minderkosten zu vereinbaren. Dabei ist es nicht zwingende Voraussetzung, dass ein neuer Preis unter Berücksichtigung der Mehr- oder Minderkosten bereits vor der Ausführung der Arbeiten vereinbart wird. Dies ergibt sich bereits aus der Formulierung in § 2 Nr. 5 VOB/B, wonach ein neuer Preis lediglich vor Ausführung der Arbeiten vereinbarten werden soll. Wird also keine Vereinbarung vor Ausführung der Arbeiten getroffen, so verliert der Auftragnehmer nicht sein Recht auf Vergütung der von ihm erbrachten Leistungen.

Aufgrund der → Kooperationspflicht der beiden Vertragsparteien haben aber sowohl der Auftragnehmer als auch der Auftraggeber die Verpflichtung, sofern es eine der Vertragsparteien ausdrücklich verlangt, noch vor der Ausführung der Arbeiten einen neuen Preis zu vereinbaren.

Weigert sich etwa der Auftragnehmer einen neuen Preis zu vereinbaren, obwohl ihn der Auftraggeber hierzu aufgefordert hat, so steht dem Auftraggeber, sofern hierfür die weiteren Voraussetzungen gegeben sind, das Recht zur Kündigung des Bauvertrages aus wichtigem Grund zu.

Siehe auch: → Kündigung durch den Auftraggeber

256

Verweigert der Auftraggeber hingegen trotz Aufforderung durch den Auftragnehmer die Vereinbarung eines neuen Preises, kann der Auftragnehmer die Fortführung der Arbeiten verweigern und bei Vorliegen der weiteren Voraussetzungen unter Umständen ebenfalls den Bauvertrag kündigen.

Anordnung zusätzlicher Leistungen
Sofern der Auftraggeber die Ausführung → zusätzlicher Leistungen vom Auftragnehmer fordert, die im Bauvertrag überhaupt noch nicht vorgesehen waren, so hat der Auftragnehmer einen Anspruch auf eine gesonderte zusätzliche Vergütung. Solche zusätzlichen Leistungen liegen etwa auch dann vor, wenn diese zwar im ursprünglichen Bauvertrag erwähnt sind, aber zunächst vom Leistungsinhalt ausgenommen, etwa ausgeklammert, wurden.

Ankündigung des Vergütungsanspruches
In der Baupraxis wird dabei oft übersehen, dass der Auftragnehmer, bevor er mit der Ausführung der Arbeiten beginnt, dem Auftraggeber anzuzeigen hat, dass er eine zusätzliche Vergütung beansprucht. Hierbei handelt es sich um eine Anspruchsvoraussetzung, was bedeutet, dass der Auftragnehmer grundsätzlich keine zusätzliche Vergütung verlangen kann, wenn er mit den Arbeiten begonnen hat ohne den zusätzlichen Vergütungsanspruch zuvor dem Auftraggeber anzukündigen. Da diese Voraussetzung dem Schutz des Auftraggebers vor überraschenden Forderungen des Auftragnehmers, mit denen er nicht zu rechnen brauchte, dient, ist der Auftragnehmer folgerichtig nicht stets mit einem zusätzlichen Vergütungsanspruch ausgeschlossen, wenn er die Ankündigung unterlassen hat. Dann nämlich,

wenn der Auftraggeber erst gar nicht mit einer zusätzlichen Vergütung überrascht werden kann, etwa weil er, wie jeder vernünftig Denkende, davon ausgehen kann, dass die zusätzlichen Arbeiten nicht ohne zusätzliche Vergütung erbracht werden, steht dem Auftragnehmer dennoch der zusätzliche Vergütungsanspruch zu. Hierbei kommt es auf den Einzelfall an. Wenn der Auftragnehmer etwa nur geringfügige zusätzliche Arbeiten zu erledigen hat, ist nicht von vornherein klar, dass er dies nur gegen zusätzliche Vergütung ausführt. Wenn er jedoch zusätzliche Arbeiten größeren Umfanges ausführt, so leuchtet jedem ein, dass er dies nur gegen zusätzliche Vergütung macht. In letzterem Fall verliert er also seinen zusätzlichen Vergütungsanspruch nicht, wenn er die Ankündigung desselben gegenüber dem Auftraggeber unterlassen hat.

Für die Ankündigung des zusätzlichen Vergütungsanspruches reicht es im Übrigen aus, wenn der Auftragnehmer dem Auftraggeber diesen lediglich mitteilt, ohne ihn der Höhe nach zu beziffern.

Selbstverständlich reicht es aus, wenn die Ankündigung gegenüber einem vom Auftraggeber Bevollmächtigten abgegeben wird. Die Bevollmächtigung sollte jedoch stets penibel geprüft werden.

Vereinbarung über die zusätzliche Vergütung

Verlangt der Auftraggeber vom Auftragnehmer eine zusätzliche Leistung, so soll nicht lediglich vor Ausführung der Arbeiten die zusätzliche Vergütung vereinbart werden, sondern es ist möglichst vor Beginn der Ausführung die zusätzliche Vergütung zu vereinbaren. Auch hierin unterscheidet sich § 2 Nr. 5 VOB/B (Änderung des Bauentwurfes und andere Anordnungen) von § 2 Nr. 6 VOB/B (zusätzliche Leistungen).

Durch das Wort „möglichst" sollte die Verpflichtung auf Vereinbarung der zusätzlichen Vergütung noch vor Ausführung der zusätzlichen Arbeiten allerdings eine Einschränkung erfahren. So ist es beispielsweise dann nicht erforderlich bereits vor der Ausführung eine Vereinbarung herbeizuführen, wenn die Arbeiten unverzüglich ausgeführt werden müssen und Gefahr im Verzug ist.

Generell dann, wenn objektiv keine Zeit verbleibt, die Vereinbarung noch vor der Ausführung der zusätzlichen Arbeiten zu treffen, sind die Vertragsparteien nicht verpflichtet, dies zu tun. Der Auftragnehmer verliert in diesem Fall seinen Vergütungsanspruch nicht.

Berechnung der zusätzlichen Vergütung
Die zu vereinbarende Vergütung bestimmt sich, sofern die Bauvertragsparteien nichts Abweichendes vereinbart haben, nach den Grundlagen der Preisermittlung für die vertragliche Leistung und den besonderen Kosten der geforderten zusätzlichen Leistung. Dies bedeutet, dass die Vergütung für die zusätzlichen Leistungen auf der Basis der im Bauvertrag enthaltenen Preise kalkuliert werden muss, sofern dies überhaupt möglich ist. Die im Bauvertrag bereits enthaltenen Preise für die von Beginn an zu erbringenden Bauleistungen bleiben unverändert. Zur Preisermittlungsgrundlage zählen dabei auch etwa bereits im Bauvertrag gewährte Nachlässe. Sie sind somit auch bei der Vereinbarung der zusätzlichen Vergütung zu berücksichtigen und in Ansatz zu bringen.

Mengenmehrung

Weicht die ausgeführte Menge der unter einem Einheitspreis erfassten Leistung oder Teilleistung um <u>nicht mehr als 10 %</u> von dem im Bauvertrag vorgesehenen Umfang ab, so gilt der vertraglich vereinbarte Einheitspreis. Anders ist dies jedoch dann, wenn die ausgeführte Menge diese 10 % überschreitet.

Für die über 10 % hinausgehende Überschreitung des Mengenansatzes ist auf Verlangen der jeweils begünstigten Vertragspartei ein neuer Preis unter Berücksichtigung der Mehr- und Minderkosten zu vereinbaren (§ 2 Nr. 3 Abs. 2 VOB/B).

Aus dem Wortlaut der Bestimmung ergibt sich bereits hinreichend deutlich, dass dies nur bei Einheitspreisverträgen gilt, da auf den Einheitspreis als Bezugsgröße abgestellt wird. Sind jedoch von der unter einem Einheitspreis erfassten Leistung oder Teilleistung andere Leistungen abhängig, für die eine Pauschalsumme vereinbart ist, so kann mit der Änderung des Einheitspreises auch eine angemessene Änderung der Pauschalsumme gefordert werden.

Die Bestimmung findet ferner nur in den Fällen Anwendung, in denen das Bausoll gleich bleibt, also der Umfang des Vertrages nicht etwa durch Anordnungen des Auftraggebers erweitert wird. In diesen Fällen liegen → zusätzliche Leistungen vor, bei welchen der Auftragnehmer grundsätzlich einen Anspruch auf zusätzliche Vergütung hat. Ebenso gilt die Regelung nicht in den Fällen, bei denen der Auftraggeber den Bauentwurf geändert oder anderweitige Anordnungen getroffen hat.

Siehe hierzu: → Mehrvergütung

Maßgeblich dafür, ob eine Überschreitung von 10 % der im Einheitspreisvertrag vorgesehenen Menge vorliegt, ist der im Leistungsverzeichnis angegebene so genannte „Vordersatz". Der Vordersatz gibt an, welche auszuführende Menge der Auftragnehmer sich hinsichtlich einer bestimmten Ordnungszahl (Position) im Verlauf der Bauausführung erwartet. Überschreitet also die tatsächlich ausgeführte Menge 10 % des Vordersatzes, so ist auf Verlangen ein neuer Preis bezüglich des über die 10 % hinausgehenden Teiles zu vereinbaren.

Es gibt bei Mengenmehrungen von mehr als 10 % des Vordersatzes somit zwei unterschiedliche Einheitspreise:
- Bis zu 110 % der ausgeführten Menge verbleibt es beim ursprünglich vereinbarten Einheitspreis.
- Für die Mengen, die 110 % der ursprünglich vorgesehen Menge überschreiten, wird ein in der Regel reduzierter Einheitspreis zu vereinbaren sein.

Da der Auftragnehmer bei der Ausführung größerer Mengen als ursprünglich vorgesehen auch mehr an Material benötigt, kann er regelmäßig auch günstigere Einkaufspreise erzielen. Aus diesem Grund sinkt in der Mehrzahl der Fälle der Einheitspreis bei Mengenmehrungen. Dabei ist jedoch auch zu berücksichtigen, dass zum Beispiel längere Vorhaltekosten entstehen, die dann wiederum den neu zu vereinbarenden Einheitspreis erhöhen.

Praxistipp:

Dem Auftraggeber, der bei der Kalkulation seines Ange-
botes im Rahmen einer öffentlichen Ausschreibung für
Straßenbauarbeiten zutreffend von einer Erdaushubtiefe
von nur 0,50 m ausgegangen ist, bei diesem Erdaushub
aber noch nicht auf tragfähigen Boden gelangt ist und
deshalb auf Anordnung des Auftraggebers den Erdaushub bis 1,60 m Tiefe vornehmen muss, steht ein
Anspruch auf Vereinbarung eines neuen Einheitspreises
zu. Dieser richtet sich nicht nach § 2 Nr. 3 VOB/B, sondern
nach § 2 Nr. 5 VOB/B. Es liegt in einem solchen Fall nicht
nur eine Mengenüberschreitung vor, sondern eine Änderung des Bauentwurfes bzw. eine Anordnung des Auftraggebers. Bei der Ermittlung der neuen Einheitspreise
sind gegebenenfalls folgende Mehrkosten zu berücksichtigen:

a) erschwerter und damit zeitaufwändigerer Aushub,

b) der Einsatz zusätzlichen Gerätes,

c) weitere Abtransportwege zur Kippe und erhöhte Kipp-
gebühren,

d) erhöhter Aufwand für das lagenweise Einbringen und

e) Verdichten des Frostschutzkieses sowie

f) zusätzliche Maßnahmen zur Sicherung von Kabeln
und Versorgungsleitungen in der Tiefe zwischen
0,60 m und 1,60 m

(OLG Düsseldorf, Urteil vom 13.03.1990, AZ: 23 U 138/89)

Mengenminderung

Für die über 10 % hinausgehende Überschreitung der im Einheitspreisvertrag vorgesehenen Menge ist auf Verlangen ein neuer Preis zu vereinbaren, wobei die Mehr- und Minderkosten zu berücksichtigen sind. In der Regel reduziert sich in diesem Fall hinsichtlich der über diese 10 % hinausgehenden Menge der ursprünglich vereinbarte Einheitspreis.

Siehe: → Mengenmehrung

Bei einer über 10 % hinausgehenden Unterschreitung des Mengenansatzes hingegen ist auf Verlangen der Einheitspreis für die tatsächlich ausgeführte Menge der Leistung oder Teilleistung zu erhöhen, soweit der Auftragnehmer nicht durch Erhöhung der Mengen bei anderen → Ordnungszahlen (Positionen) im → Leistungsverzeichnis oder in anderer Weise einen Ausgleich erhält.

Wie auch bei der → Mengenmehrung ist Ausgangspunkt bei der Beurteilung, ob eine über 10 % der Menge hinausgehende Unterschreitung vorliegt, der Vordersatz im Leistungsverzeichnis.
Bei der → Mengenmehrung können sowohl Auftraggeber als auch Auftragnehmer die Vereinbarung eines neuen Preises verlangen, je nachdem, ob sich aufgrund der ausgeführten → Mengenmehrung letztlich eine Reduzierung (der Regelfall) oder eine Erhöhung des ursprünglich vereinbarten Einheitspreises ergibt. Bei der Mengenminderung hingegen steht das Recht, einen höheren Einheitspreis zu verlangen lediglich dem Auftragnehmer zu. Dem Auftraggeber hinge-

gen steht kein Recht zu, einen niedrigeren Einheitspreis vom Auftragnehmer zu fordern.

Zu beachten ist, dass im Gegensatz zur Mengenmehrung nicht zwei unterschiedliche für das Bauvorhaben maßgebliche Einheitspreise gebildet werden. Liegt vielmehr eine Unterschreitung um mehr als 10 % der ursprünglich im Vordersatz des Leistungsverzeichnisses vorgesehenen Menge vor, wird der Einheitspreis für die gesamten verbleibenden Leistungen einheitlich angepasst.

Die Erhöhung des Einheitspreises soll im Wesentlichen dem Mehrbetrag entsprechen, der sich durch Verteilung der Baustelleneinrichtungs- und Baustellengemeinkosten, der Allgemeinen Geschäftskosten als auch dem Gewinn auf die verringerte Menge ergibt, wobei die Umsatzsteuer entsprechend diesem neuen Preis vergütet wird.

Minderkosten

Ändert der Auftraggeber im Rahmen des Zulässigen den Bauentwurf oder trifft er anderweitige Anordnungen und werden hierdurch die Grundlagen des Preises für eine im Vertrag vorgesehene Leistung geändert, so ist ein neuer Preis unter Berücksichtigung der Mehr- und Minderkosten zu vereinbaren.

Reduziert sich der ursprünglich für eine auszuführende Leistung angesetzte Preis hingegen deshalb, weil der Auftragnehmer größere Mengen auszuführen hat, ohne dass dabei der Inhalt des Bauvertrages selbst geändert wird, so sind etwaige Minderkosten ebenfalls bei der Kalkulation eines neuen Preises zu berücksichtigen. Wenn die vom Auftragnehmer ausgeführte Menge der unter einem Einheitspreis erfassten Leistung oder Teilleistung, 10 % des Mengenansatzes überschreitet, ist auf Verlangen der jeweils begünstigten Vertragspartei ein neuer Preis unter Berücksichtigung der Mehr- und Minderkosten zu vereinbaren.

Siehe:
→ Änderung des Bauentwurfes
→ Anordnungen des Auftraggebers
→ Mehrkosten
→ Mehrvergütung
→ Mengenmehrung
→ Mengenminderung

Minderung

Siehe:
→ Gewährleistung nach der Abnahme

N

Nacherfüllungsanspruch des Auftraggebers

Siehe:
→ Ersatzvornahme
→ Gewährleistung nach der Abnahme
→ Gewährleistung vor der Abnahme

Nacherfüllungsanspruch des Auftragnehmers

Siehe:
→ Ersatzvornahme
→ Gewährleistung nach der Abnahme
→ Gewährleistung vor der Abnahme

Nachunternehmer / Nachunternehmervertrag

In der Baupraxis werden oft → Generalunternehmer vom Bauherrn mit der schlüsselfertigen Erstellung eines Bauvorhabens beauftragt. Hierzu schließt der → Generalunternehmer mit dem Bauherrn einen entsprechenden Bauvertrag. Der → Generalunternehmer führt die ihm aufgetragenen Bauleistungen regelmäßig nicht alle selbst aus, sondern schließt seinerseits wieder Bauverträge über einzelne Gewerke mit Nachunternehmern (Subunternehmern). Zum Abschluss der Verträge mit den Nachunternehmern wird der → Generalunternehmer vom Bauherrn im → Generalunternehmervertrag ermächtigt.

Beim Nachunternehmervertrag handelt es sich somit um einen ganz normalen Bauvertrag zwischen einem Auftraggeber (General- oder Hauptunternehmer) und einem Auftragnehmer (Nachunternehmer). Die Besonderheit beim Nachunternehmervertrag besteht darin, dass der Auftraggeber nicht, wie sonst, zugleich Bauherr ist, sondern selbst Auftragnehmer des Bauherren.

Hat der → Generalunternehmer, der einen Bauvertrag mit einem Nachunternehmer schließt, keine Vollmacht durch den Bauherrn erteilt bekommen, so kann der Bauherr den Vertrag mit dem → Generalunternehmer kündigen. Nach § 4 Nr. 8 Abs. 1 VOB/B hat nämlich der Auftragnehmer grundsätzlich die vertraglich vereinbarten Leistungen im eigenen Betrieb auszuführen. Nur mit schriftlicher Zustimmung des Auftraggebers oder einer entsprechenden Vereinbarung im Bauvertrag selbst darf der Auftragnehmer Leistungen an Nachunternehmer weitergeben und mit diesen eigene Bauverträge schließen, es sei denn sein Betrieb ist auf die Ausführung gewisser Bauleistungen nicht eingerichtet. Erbringt er Leistungen ohne schriftliche Erlaubnis oder Zustimmung nicht im eigenen Betrieb und gibt sie an Nachunternehmer weiter, obwohl er sie auch im eigenen Betrieb hätte ausführen können, so kann ihm der Bauherr eine angemessene Frist setzen und ihn auffordern, die Arbeiten im eigenen Betrieb auszuführen. Dabei hat er ihm zu erklären, dass er

ihm nach Ablauf der Frist den Auftrag entziehe. Nach fruchtlosem Ablauf der Frist kann der Bauherr den Vertrag mit
dem Generalunternehmer kündigen.

Gibt der Generalunternehmer Bauleistungen an einen Nach-
unternehmer weiter, so hat er die VOB/B auch dem Nach-
unternehmervertrag zu Grunde zu legen, § 4 Nr. 8 Abs. 2
VOB/B. Er hat ferner dem Auftraggeber die für ihn tätigen
Nachunternehmer auf Verlangen bekannt zu geben, § 4 Nr. 8
Abs. 3 VOB/B.

Siehe auch:
→ Generalübernehmer
→ Generalübernehmervertrag
→ Generalunternehmer
→ Generalunternehmervertrag
→ Hauptunternehmer
→ Kündigung durch den Auftraggeber
→ Subunternehmer
→ Subunternehmervertrag

Praxistipp:
Wird ein Generalunternehmer mit der schlüsselfertigen
Erstellung eines Hauses beauftragt und beauftragt der
Generalunternehmer seinerseits wiederum einen Subunternehmer damit, bestimmte Teilleistungen an diesem
Haus zu erbringen, etwa die Putzarbeiten auszuführen
und führt der Subunternehmer diese Leistungen mangelhaft aus, so kann der Bauherr den Subunternehmer nicht
auf Schadensersatz in Anspruch nehmen! Dies aus folgenden Gründen:

Der Vertrag zwischen dem Generalunternehmer und dem Subunternehmer ist kein Vertrag zu Gunsten Dritter. Ihm fehlt auch die Schutzwirkung zu Gunsten Dritter, so dass vertragliche Schadensersatzansprüche zwischen Generalunternehmer und Bauherr ausscheiden.

Schadensersatzansprüche, die nicht auf dem Vertragsverhältnis zwischen Generalunternehmer und Bauherr beruhen, scheiden ebenfalls aus, da derartige Ansprüche zur Voraussetzung haben, dass das Integritätsinteresse des Bauherren tangiert ist. Dies bedeutet, es reicht für derartige Ansprüche nicht aus, dass lediglich Mängel am Haus selbst vorliegen, es müssen vielmehr Schäden an anderen Sachen als dem Haus selbst durch die Arbeiten des Subunternehmers eingetreten sein. Sofern der Bauherr den Subunternehmer in Anspruch nehmen will, muss er sich also zunächst die dem Generalunternehmer zustehenden Ansprüche gegen den Subunternehmer abtreten lassen.

(OLG Rostock, Urteil vom 02.05.2002, AZ: 7 U 155/0)

Nebenleistungen

In Teil C der VOB sind die Allgemeinen Technischen Vertragsbedingungen für Bauleistungen (abgekürzt ATV) enthalten.

Die VOB/C setzt sich aus den DIN 18299 bis DIN 18451 zusammen. Sie ist, ohne dass es einer ausdrücklichen Erwähnung im Bauvertrag bedürfte, stets Vertragsbestandteil eines VOB-Vertrages, sofern die VOB/B wirksam in den Bauvertrag einbezogen worden ist. Zu Aufbau und Inhalt der VOB/C

siehe: → Allg. Techn. Vertragsbedingungen
                für Bauleistungen

In Abschnitt 4 der jeweiligen DIN-Vorschriften der VOB/C ist
geregelt, welche Bauleistungen, die der Auftragnehmer
gemäß dem Bauvertrag zu erbringen hat, Nebenleistungen
sind und welche Leistungen → besondere Leistungen darstellen.

Nebenleistungen sind in der Leistungsbeschreibung nur zu
erwähnen, wenn sie ausnahmsweise selbstständig vergütet
werden sollen. Eine ausdrückliche Erwähnung ist geboten,
wenn die Kosten der Nebenleistung von erheblicher Bedeutung für die Preisbildung sind. In diesen Fällen sind besondere → Ordnungszahlen (Positionen) vorzusehen. Dies
kommt insbesondere in Betracht für:
● das Einrichten und Räumen der Baustelle
● Gerüste sowie
● besondere Anforderungen an Zufahrten, Lager- und
  Stellflächen

Grundsätzlich werden also auch Nebenleistungen Vertragsbestandteil, ohne dass sie ausdrücklich im Bauvertrag
erwähnt werden. Diese Nebenleistungen sind daher vom
Auftragnehmer mit auszuführen, ohne dass es einer besonderen Erwähnung der Nebenleistungen im Bauvertrag
bedürfte. Konsequenz hieraus ist auch, dass Nebenleistungen, weil sie regelmäßig zum Bausoll gehören, <u>nicht
gesondert vergütet werden</u>. Dem Auftragnehmer steht
daher bei Ausführung von Nebenleistungen grundsätzlich
kein zusätzlicher Vergütungsanspruch gegenüber dem Auftraggeber zu, es sei denn der Bauvertrag enthält hinsichtlich

der Vergütung von Nebenleistungen eine abweichende Bestimmung und legt fest, dass diese ausnahmsweise doch zusätzlich zu vergüten sind.

Siehe auch: → Besondere Leistungen

Nebenunternehmer

Der Nebenunternehmer ist ebenso wie der → Hauptunternehmer, der → Generalunternehmer und der → Nachunternehmer (Subunternehmer) nicht ausdrücklich in der VOB/B erwähnt.

Der → Hauptunternehmer, der sich gegenüber dem Bauherrn vertraglich verpflichtet hat, die gesamte Bauleistung zu erbringen, kann sich der Hilfe eines Nebenunternehmers bedienen, wenn er bestimmte geringfügige und im Hinblick auf die gesamte zu erbringende Bauleistung nicht sehr ins Gewicht fallende Nebenarbeiten nicht selbst ausführen kann oder aber der Nebenunternehmer eine größere Fachkenntnis und Erfahrung hinsichtlich gewisser Teilleistung aufzuweisen hat.

Hat der Hauptunternehmer selbst die Bauleistungen zu erbringen, so liegt ein ganz normaler Bauvertrag zwischen dem Bauherrn als Auftraggeber und dem Hauptunternehmer als Auftragnehmer vor. Werden für die Ausführung gewisser Teilleistungen Nebenunternehmer eingesetzt, so stehen diese, im Gegensatz zum Nach- bzw. Subunternehmer, nicht in einem Vertragsverhältnis zum Hauptunternehmer, sondern sie sind Auftragnehmer des Bauherren und haften diesem gegenüber. Vertragspartner sind also Bauherr und Nebenunternehmer. Der Hauptunternehmer kann seitens des Bauherren beauftragt werden, Vertragsverhandlungen mit Nebenunternehmern zu führen und entsprechende Nebenunternehmerverträge abzuschließen. Es ist jedoch dem Bauherrn grundsätzlich anzuraten, die für ihn tätig werdenden Nebenunternehmer selbst auszusuchen und die entsprechenden Verträge mit den Nebenunternehmern auch selbst abzuschließen. Sofern der Hauptunternehmer die Nebenunternehmerverträge als Bevollmächtigter des Bauherren abschließt, so sollte der Bauherr zumindest ein Augenmerk darauf gerichtet haben, dass die Beauftragung von Nebenunternehmern in gemeinsamer Absprache mit dem Hauptunternehmer erfolgt. Dies ist für den Hauptunternehmer vor allem im Hinblick auf die von ihm zu übernehmenden Haftungsverpflichtungen gegenüber dem Bauherrn von Bedeutung. Sofern der Hauptunternehmer in Vollmacht des Bauherren Nebenunternehmerverträge abschließt, übernimmt er etwa die Verantwortung für eine ordnungsgemäße Bauüberwachung ebenso wie die Verantwortung für sachlich richtige Rechnungen. Diese Aufsichtspflichten würde der Bauherr sonst Architekten oder sonstigen Sonderfachleuten überlassen, da er meist selbst nicht in der Lage ist, die entsprechenden Aufgaben wahrzunehmen.

Siehe auch: → Generalunternehmer
               → Generalunternehmervertrag
               → Hauptunternehmer
               → Nachunternehmer
               → Nachunternehmervertrag
               → Subunternehmer

Neuer Preis

Siehe:
→ Anordnungen des Auftraggebers
→ Änderung des Bauentwurfes
→ Mehrkosten
→ Minderkosten
→ Mehrvergütung
→ Zusätzliche Leistungen

Nutzung von Einrichtungen

Der Auftraggeber hat, wenn im Bauvertrag oder sonst nichts anderes vereinbart ist, dem Auftragnehmer unentgeltlich zur Benutzung oder Mitbenutzung zu überlassen:
- Die notwendigen Lager- und Arbeitsplätze auf der Baustelle
- vorhandene Zufahrtswege und Anschlussgleise sowie
- vorhandene Anschlüsse für Wasser und Energie, wobei die Kosten für den Verbrauch und den Messer oder Zähler der Auftragnehmer trägt,
- mehrere Auftragnehmer tragen diese Kosten anteilig.

In diesem Zusammenhang gilt es zu berücksichtigen, dass lediglich die notwendigen Lager- und Arbeitsplätze auf der Baustelle vorhanden sein müssen, etwa Baucontainer, sanitäre Anlagen oder aber, soweit für die Bauausführung erforderlich, Bürocontainer, und dass der Auftragnehmer einen Anspruch darauf hat, lediglich vorhandene Zufahrtswege und Anschlussgleise unentgeltlich zu nutzen. Der Auftraggeber ist nach dem Wortlaut des § 4 Nr. 4 VOB/B nicht verpflichtet, neue Zufahrtswege und Anschlussgleise zu errichten.

Verweigert der Auftraggeber die unentgeltliche Nutzung oder Mitnutzung der Einrichtungen, so macht er sich gegenüber dem Auftragnehmer schadensersatzpflichtig. Zudem hat der Auftragnehmer, sofern aus der Weigerung des Auftraggebers eine → Behinderung der Arbeiten resultiert, einen Anspruch auf → Verlängerung von Vertragsfristen, sofern er dem Auftraggeber gegenüber die entsprechende Behinderungsanzeige vorgenommen hat.

Siehe auch: → Behinderung der Ausführung
→ Behinderungsanzeige
→ Verlängerung von Vertragsfristen

Praxistipp:
Wenn ein Bauvertrag eine Klausel enthält, wonach der Auftragnehmer verpflichtet sein soll, Baustrom und Bauwasser für die gesamte Bauzeit vorzuhalten und auch den Nachfolgegewerken zur Verfügung zu stellen, so ist diese Klausel nichtig, da sie den Auftragnehmer unangemessen benachteiligt. Zwar können die Bauvertragsparteien grundsätzlich von der Regelung in der VOB/B abweichen, mit der vorliegenden Klausel wurde der Auftragnehmer jedoch zur Durchsetzung seiner Vergütungsansprüche auf Dritte verwiesen, zu denen er keine vertraglichen Beziehungen hatte. Aus diesem Grunde liegt ein Verstoß gegen die Bestimmungen des Rechtes der Allgemeinen Geschäftsbedingungen vor, so dass die Klausel insgesamt unwirksam ist.

Zahlen einige Nachfolgefirmen die Kosten für die Versorgung nicht an den Auftragnehmer und sperrt der Auftragnehmer daraufhin die Wasserversorgung, so ist er für daraus resultierende Stillstandskosten nicht verantwortlich zu machen. Der Auftraggeber kann vom Auftragnehmer also aus diesem Grund keine Ansprüche auf Schadensersatz geltend machen. Eine vom Auftraggeber aufgrund der Sperrung ausgesprochene Kündigung wäre unzulässig.
(Siehe hierzu auch: VOB-Stelle Niedersachsen, Stellungnahme vom 19.11.1996, Fall 1107)

O

Ordnung auf der Baustelle

Der Auftraggeber hat gemäß § 4 Nr. 1 Abs. 1 VOB/B für die Aufrechterhaltung der allgemeinen Ordnung auf der Baustelle zu sorgen und das Zusammenwirken der verschiedenen Unternehmer zu regeln. Er hat zudem die erforderlichen öffentlich-rechtlichen Genehmigungen und Erlaubnisse einzuholen. Der Auftraggeber hat dabei nicht nur dafür zu sorgen, dass auf dem Baugrundstück selbst allgemeine Ordnung vorherrscht. Vielmehr ist der Begriff „Baustelle" weit zu ziehen. Er muss also auch gegebenenfalls dafür sorgen, dass von angrenzenden Grundstücken keine Störungen ausgehen.

Die allgemeine Ordnung ist vom Auftraggeber zu Beginn der Bauarbeiten zu schaffen und während der gesamten Bauphase aufrechtzuerhalten. Er hat stets zu gewährleisten, dass der Bauablauf nicht gestört wird. Die Verpflichtung des Auftraggebers beschränkt sich dabei nicht nur darauf, Bauplätze, Baugeräte, Baucontainer, sanitäre Einrichtungen, etc. bereitzustellen. Er muss vielmehr dann, wenn es zu Störungen des Bauablaufes von außen kommt, dafür sorgen, dass diese unterbunden werden. So etwa dann, wenn Demonstrationen stattfinden, die den Bauablauf gefährden.

Siehe auch: → Ausführung

P

Pauschalpreis / Pauschalpreisvertrag

In der VOB/B findet sich keine Definition des Pauschalpreises oder des Pauschalpreisvertrages. Lediglich in § 2 Nr. 7 VOB/B ist ausgeführt, dass dann, wenn als Vergütung der Leistung eine Pauschalsumme vereinbart worden ist, die Vergütung im Falle von Anordnungen des Auftraggebers, die die Grundlagen der Preisermittlung ändern, grundsätzlich unverändert bleibt.

Beim Einheitspreisvertrag steht bei Abschluss des Bauvertrages nicht fest, welche Vergütung letztlich an den Auftragnehmer zu zahlen ist. In dem, dem Einheitspreisvertrag zu Grunde liegenden Leistungsverzeichnis werden zwar die Einheitspreise einer bestimmten auszuführenden Position festgelegt. Der Vordersatz unter einer jeweiligen Ordnungszahl gibt jedoch lediglich an, welche Menge der Auftragnehmer im Rahmen der Ausführung voraussichtlich benötigt. Dieser Vordersatz ist für die Schlussrechnung nicht verbindlich, bei der Abrechnung wird die tatsächlich ausgeführte Menge mit dem jeweils fest vereinbarten Einheitspreis multipliziert.

Anders ist dies hingegen beim Pauschalpreisvertrag. Hier vereinbaren die Vertragsparteien bereits vor Beginn der Ausführung der Bauarbeiten die dem Auftragnehmer letztlich zustehende Vergütung, den Pauschalpreis.

277

Beim Pauschalpreisvertrag kann die vom Auftragnehmer zu erbringende Leistung ebenso wie beim Einheitspreisvertrag sehr genau durch die Leistungsbeschreibung festgelegt sein. Sie kann allerdings auch recht ungenau und auslegungsbedürftig sein. Wie beim Einheitspreisvertrag stehen jedoch auch beim Pauschalpreisvertrag die vom Auftragnehmer zu erbringenden Bauleistungen von Beginn an fest. Der Pauschalpreisvertrag ist hinsichtlich der zu erbringenden Bauleistungen also nicht dehn- oder erweiterbar.

Beim Pauschalpreisvertrag ist die vereinbarte Vergütung unabhängig davon, ob sich der Auftragnehmer bei Angebotsabgabe verspekuliert hat. Es wird nicht nach tatsächlich angefallenen Mengen abgerechnet, dem Auftragnehmer steht grundsätzlich nur der ursprünglich vereinbarte Pauschalpreis zu.

Ausnahmen hiervon ergeben sich (wie beim Einheitspreisvertrag) aber dann, wenn
- die ausgeführte Leistung von der vertraglich vorgesehenen Leistung so erheblich abweicht, dass dem Auftragnehmer ein Festhalten an der Pauschalsumme nicht zumutbar ist. Es ist dann auf Verlangen des Auftragnehmers ein Ausgleich unter Berücksichtigung der → Mehr- und → Minderkosten zu gewähren,
- der Auftraggeber im Vertrag ausbedungene Leistungen des Auftragnehmers selbst übernimmt. Auch bei einem Pauschalpreisvertrag ist wie beim Einheitspreisvertrag eine Anpassung des Pauschalpreises vorzunehmen, wobei der Pauschalpreis, um eine angemessene Anpassung zu ermitteln, in die einzeln zu erbringenden Leistungen zerlegt werden muss.

- der Auftrageber eine → freie Kündigung ausspricht. Auch beim Pauschalpreisvertrag steht dem Auftragnehmer zwar grundsätzlich die Vergütung zu, er muss sich aber dasjenige anrechnen lassen, was er sich aufgrund der vorzeitigen Kündigung an Aufwendungen erspart oder zu ersparen böswillig unterlässt.
- der Auftraggeber Anordnungen trifft, wodurch die ursprünglich vereinbarte Leistung geändert wird oder → zusätzliche Leistungen gefordert werden. Auch hier steht dem Auftragnehmer wie beim Einheitspreisvertrag ein Anspruch auf Nachtragsvergütung zu.

Der Auftragnehmer hat beim Pauschalpreisvertrag darauf zu achten, dass die von ihm zu erbringenden Leistungen genau bezeichnet und definiert sind. Es muss sich aus dem Vertrag unzweifelhaft ergeben, welche Bauleistungen der Auftragnehmer für die vereinbarte Pauschalsumme erbringen muss. Dies bereits im Vorfeld festzulegen ist von großer Wichtigkeit, um spätere Streitigkeiten und Gerichtsverfahren zu vermeiden. Die Festlegung der auszuführenden Menge kann dadurch erfolgen, dass der Auftraggeber Pläne zur Verfügung stellt, die dann Gegenstand des Bauvertrages werden. Ebenso ist es möglich, dass der Pauschalpreisvertrag nur grobe Vorgaben über die vom Auftragnehmer auszuführenden Mengen erhält und der Auftragnehmer selbst Pläne zu erstellen hat, aus welchen sich der genaue Umfang und damit auch die Mengen der zu erbringenden Leistungen ergibt.

Zwingend vom Pauschalpreisvertrag ist der → Festpreisvertrag zu unterscheiden. Auch wenn die beiden Begriffe oftmals synonym verwendet werden, beschreiben sie zwei von einander völlig unterschiedliche Vertragstypen.

Siehe: → Festpreisvertrag

Bei Pauschalpreisverträgen wird unterschieden zwischen:
• Detail-Pauschalpreisverträgen und
• Global-Pauschalpreisverträgen.

Detail-Pauschalpreisvertrag
Beim Detail-Pauschalpreisvertrag werden die vom Auftragnehmer auszuführenden Arbeiten im Einzelnen aufgeschlüsselt. Nach § 5 Nr. 1b VOB/A soll für eine Pauschalsumme nur dann eine Vergabe erfolgen, wenn die vom Auftragnehmer auszuführende Leistung nach Art und Umfang genau bestimmt ist. Dem entspricht der Detail-Pauschalpreisvertrag in jeder Hinsicht. Diesem Vertragstyp liegt in aller Regel eine Leistungsbeschreibung zu Grunde, die, wie bei einem → Einheitspreisvertrag das Bausoll, also die insgesamt zu erbringenden Leistungen detailliert beschreibt. Sie enthält also ebenso wie die Leistungsbeschreibung beim Einheitspreisvertrag Ordnungszahlen (Positionen) und gegebenenfalls Pläne, aus denen sich differenziert der Leistungsumfang ergibt. Vom Einheitspreisvertrag unterscheidet sich dieser Vertragstyp, wie jeder Pauschalpreisvertrag, dadurch, dass sich nicht erst aus der Schlussrechnung ergibt, was der Auftraggeber dem Auftragnehmer tatsächlich schuldet, sondern dass die zu zahlende Vergütung bereits bei Vertragsschluss pauschaliert wird. Der Auftragnehmer hat nur diejenigen Leistungen auszuführen, die sich aus der detaillierten Leistungsbeschreibung ergeben, nicht mehr und nicht weniger.

Global-Pauschalpreisvertrag
Beim Vertragstyp des Global-Pauschalpreisvertrages verhält
es sich hingegen anders.

Hier wird das vom Auftragnehmer zu erbringende Leistungssoll nicht detailliert, sondern lediglich global oder
funktional beschrieben. Da der Auftragnehmer aufgrund des
lediglich global umrissenen Bausolls nicht in der Lage ist,
die Bauleistungen auszuführen, ist regelmäßig Gegenstand
des Global-Pauschalpreisvertrages neben der Ausführung
der eigentlichen Bauleistungen auch die Ausführung der
dem Bauvorhaben zu Grunde liegenden Planungsleistungen.

Im Unterschied zum Detail-Pauschalpreisvertrag, bei welchem der Auftraggeber die Planung vorgibt, hat beim Global-Pauschalpreisvertrag der Auftragnehmer in der Regel
die eigentliche Detailplanung auszuführen.

Praxistipp:
Der in der Baupraxis am weitesten verbreitete Global-
Pauschalpreisvertrag ist der Vertrag über die Erstellung
eines schlüsselfertigen Bauvorhabens. Bei diesem Vertrag hat der Auftragnehmer die gesamte Bauleistung aus
einer Hand, also auch die dem Bauvorhaben zu Grunde
liegenden Planungsleistungen zu erbringen und er kann
vom Auftraggeber lediglich die Zahlung einer pauschalen
Vergütung beanspruchen.
Zu beachten ist, dass beim Global-Pauschalpreisvertrag
hinsichtlich des Gewerkes Planungsleistungen nicht die
Bestimmungen der VOB/B Anwendung finden, sondern
regelmäßig das Werkvertragsrecht des BGB. Für die Bau-

---

leistungen selbst ist, bei entsprechender Einbeziehung in den Bauvertrag, die VOB/B anzuwenden. Die Vorschriften der HOAI (Honorarordnung für Architekten und Ingenieure) sind hingegen auf diesen Vertragstyp insgesamt unanwendbar.

Preisänderungen

Siehe: → Anordnungen des Auftraggebers
              → Mehrkosten
              → Mehrvergütung
              → Minderkosten

Privilegierung der VOB/B als Ganzes

Siehe: → Allgemeine Geschäftsbedingungen

Prüfbarkeit der Schlussrechnung

Der Auftragnehmer hat die von ihm erbrachten Bauleistungen gemäß § 14 Nr.1 VOB/B prüfbar abzurechnen. Er hat die Rechnungen übersichtlich aufzustellen und dabei die Reihenfolge der Posten einzuhalten und die in den Vertragsbestandteilen enthaltenen Bezeichnungen zu verwenden. Die zum Nachweis von Art und Umfang der Leistung erforderlichen Mengenberechnungen, Zeichnungen und andere Belege sind den Rechnungen jeweils beizufügen. Änderungen und Ergänzungen des Vertrages sind in der Rechnung besonders kenntlich zu machen und auf Verlangen des Auftraggebers getrennt abzurechnen.

§ 14 Nr. 1 Satz 1 VOB/B bestimmt also, dass der Auftragnehmer prüfbar abzurechnen hat. In den folgenden Sätzen wird definiert, welche einzelnen Voraussetzungen erfüllt sein müssen, damit die Abrechnung prüfbar ist.
Nicht in der Bestimmung erwähnt, aber ebenfalls Voraussetzung für eine prüfbare Abrechnung ist, dass diese schriftlich erstellt wird und dem Auftraggeber zugeht. Die jeweils anfallende Mehrwertsteuer ist in der Rechnung gesondert auszuweisen.

Die Verpflichtung des Auftragnehmers, eine prüfbare Rechnung vorzulegen, ist zwingende Voraussetzung dafür, dass diese fällig wird. Liegt lediglich eine nicht prüfbare Rechnung vor, so hat der Auftragnehmer keinen Anspruch gegen den Auftraggeber auf Bezahlung. Legt der Auftragnehmer eine prüfbare Rechnung vor, so ist weitere Voraussetzung für die Fälligkeit der Rechnung, dass die Bauleistungen des Auftragnehmers abgenommen wurden.

Siehe: → Fälligkeit der Schlusszahlung
              → Abnahmewirkungen

Die Prüfbarkeit der Schlussrechnung ist ausschließlich an den Kontroll- und Informationsinteressen des Auftraggebers auszurichten. Diese sind der Maßstab dafür, wie der Auftragnehmer seine Rechnung zu gestalten hat, damit sie als prüfbar gelten kann. Es genügt beispielsweise, wenn der Auftragnehmer die einzelnen Positionen des → Leistungsverzeichnisses nicht in die → Schlussrechnung mit aufnimmt, wenn er auf → Abschlagsrechnungen Bezug nimmt, die er bereits zuvor gestellt hat und in denen die einzelnen Positionen des → Leistungsverzeichnisses exakt aufgeführt sind. Der Auftraggeber wird hierdurch in die Lage versetzt, die Schlussrechnung zu kontrollieren und sich unter Heranziehung der Abschlagsrechnungen ausreichend zu informieren.

Sämtliche Rechnungen des Auftragnehmers müssen im Übrigen, abgesehen von vereinzelten Ausnahmen, siehe oben, prüfbar sein. Dies gilt also sowohl für → Abschlagsrechnungen als auch für → Teilschlussrechnungen, → Schlussrechnungen von → Einheitspreisverträgen, → Pauschalverträgen als auch für Stundenlohnabrechnungen aus → Stundenlohnvereinbarungen.

Der Auftragnehmer hat die Rechnungen übersichtlich aufzustellen und dabei die Reihenfolge der Posten einzuhalten und die in den Vertragsbestandteilen enthaltenen Bezeichnungen zu verwenden. Im Einzelnen hat der Auftragnehmer bei der Erstellung seiner Rechnungen also zu beachten, dass

• seine Rechnung an der Reihenfolge der einzelnen Ordnungszahlen in der Leistungsbeschreibung oder den sonstigen maßgeblichen Vertragsunterlagen ausgerichtet ist und

• seine Rechnung vom Auftraggeber während der Bauausführung bereits geleistete Vorauszahlungen und Abschlagszahlungen aufführt und diese von der Schlussrechnungssumme in Abzug bringt.

Ferner sind der Rechnung die maßgeblichen Mengenberechnungen (Aufmaß), Zeichnungen und andere maßgebliche Belege beizufügen. Der Auftragnehmer hat dem Auftraggeber also bereits mit Aushändigung der Rechnung zugleich diese Unterlagen mit auszuhändigen. Es genügt nicht, wenn er diese Unterlagen lediglich zur Einsichtnahme bereithält und den Auftraggeber von seiner Möglichkeit zur Einsichtnahme unterrichtet.

Schließlich hat der Auftragnehmer Änderungen oder Ergänzungen des ursprünglichen Vertrages hinreichend deutlich in der Abrechnung zu kennzeichnen, so dass es dem Auftraggeber jederzeit möglich ist, sich hiervon ein klares Bild zu machen.

Siehe auch:
- → Abnahmewirkungen
- → Abschlagsrechnung
- → Fälligkeit der Schlusszahlung
- → Schlussrechnung
- → Schlussrechnungserstellung durch Auftraggeber
- → Teilschlussrechnung
- → Vorauszahlung

Prüfungsfrist

Im Gegensatz zur VOB/B in der Fassung 2002 war in den vorangegangenen Fassungen der VOB/B noch geregelt, dass die Schlusszahlung alsbald nach Prüfung und Feststellung der Schlussrechnung durch den Auftraggeber zu leisten ist, spätestens innerhalb von zwei Monaten nach Zugang. In der

VOB/B 2002 ist nunmehr im Hinblick auf die Änderungen der Verzugsvoraussetzungen durch das Schuldrechtsreformgesetz unter § 16 Nr. 3 Abs. 1 geregelt, dass der Anspruch auf die Schlusszahlung alsbald nach Prüfung und Feststellung der vom Auftragnehmer vorgelegten Schlussrechnung <u>fällig</u> wird. Die Fälligkeit tritt spätestens innerhalb von zwei Monaten nach Zugang der Rechnung beim Auftraggeber ein.

Die Prüfung der Schlussrechnung ist vom Auftraggeber nach Möglichkeit zu beschleunigen. Der Auftragnehmer hat ein Recht darauf, dass der Auftraggeber die Rechnung nicht unnötig lange liegen lässt und sich mit der Prüfung Zeit lässt, da die Zahlung dadurch unnötig hinausgezögert wird.

Die Prüfungsfrist des Auftraggebers beträgt maximal zwei Monate. Diese Frist kann der Auftraggeber regelmäßig voll ausschöpfen, ohne dass ihm hierdurch Nachteile erwachsen würden. Zwar hat er die Prüfung zu beschleunigen, dies ändert aber nichts daran, dass ihm die Prüfungsfrist von zwei Monaten in jedem Falle zusteht. Vor Ablauf der Prüfungsfrist tritt keine Fälligkeit der Schlusszahlung ein. Wenn der Auftraggeber jedoch die Prüfung der → Schlussrechnung noch vor Ablauf der zweimonatigen Prüfungsfrist vornimmt, so hat dies zur Konsequenz, dass die Fälligkeit bereits mit Übersendung der geprüften Rechnung mit → Prüfvermerk eintritt und nicht erst nach Ablauf der Zweimonatsfrist.

Sofern, etwa bei größeren Bauvorhaben, die Prüfung der meist umfangreichen Schlussrechung nicht innerhalb der vorgegeben Zweimonatsfrist erfolgen kann, so hat dies nicht zur Folge, dass der Auftraggeber nach Ablauf der Prüfungsfrist keine Einwendungen mehr gegen die Rechnung vorbringen könnte. Dies ist ihm vielmehr auch dann noch möglich, wenn die Prüfungsfrist verstrichen ist und die Schlussrechnung noch nicht geprüft ist.

Allerdings ist die Schlussrechnung nach Ablauf der Prüfungsfrist zur Zahlung fällig und, sobald die Verzugsvoraussetzungen vorliegen, zu verzinsen. Zahlungsverzug ist gegeben, wenn der Auftraggeber nicht innerhalb der Prüfungsfrist von zwei Monaten ein unbestrittenes Guthaben aus der Schlussrechnung zahlt, <u>ohne dass es hierfür einer weiteren Mahnung bedürfte</u>, § 16 Nr. 5 Abs. 4. Ab diesem Zeitpunkt ist das unbestrittene Guthaben des Auftragnehmers aus der Schlussrechnung mit dem gesetzlichen Zinssatz (regelmäßig fünf Prozentpunkte über dem Basiszinssatz aktuell zu erfragen unter <u>www.bundesbank.de</u> –) zu verzinsen, sofern der Auftragnehmer nicht einen darüber hinausgehenden Verzugsschaden geltend machen kann.

Ansonsten ist dem Auftraggeber vom Auftragnehmer eine Nachfrist zur Zahlung zu setzen, die regelmäßig mindestens zwei Wochen betragen sollte. Nach fruchtlosem Ablauf der Zahlungsfrist ist die Schlussrechnungsforderung ebenfalls mit dem gesetzlichen Zinssatz zu verzinsen.

Siehe auch: → Fälligkeit der Schlusszahlung
→ Prüffähigkeit der Schlussrechnung
→ Prüfvermerk
→ Schlussrechnung

Praxistipp:
Der Auftragnehmer hat ausnahmsweise auch dann Anspruch auf Zahlung der Schlussrechnung, wenn seit Fertigstellung und Abnahme bereits viele Jahre verstrichen sind und der Auftragnehmer erst nach dieser Zeit eine Schlussrechnung stellt, wobei er sich an Details der Bauausführung nicht mehr erinnern kann. Erstellt der Auftragnehmer in diesem Fall eine nicht mehr prüfbare Rechnung, so kann sich der Auftraggeber nicht darauf berufen die Schlussrechnung sei nicht fällig, weil sie nicht prüfbar ist. Der Auftraggeber hätte nämlich seinerseits die Möglichkeit gehabt, eine angemessene Frist zur Erstellung der Schlussrechnung zu setzen und nach Ablauf dieser Frist die Rechnung selbst erstellen können. Sofern er dies unterlassen hat, stehen einer Berufung auf die Nichtfälligkeit der Schlussrechnung die Grundsätze von Treu und Glauben entgegen.

Prüfvermerk

Hat der Auftraggeber die ihm vom Auftragnehmer übersandte Schlussrechnung geprüft, so leitet er ihm diese regelmäßig mit den eingetragenen Korrekturen sowie einem so genannten Prüfvermerk wieder zu.

Der Prüfvermerk hat im Verhältnis Auftragnehmer zu Auftraggeber nicht die Wirkung, dass der Auftraggeber die von ihm vorgenommenen Korrekturen als endgültig ansieht und diese nicht mehr abändern könnte. Vielmehr steht ihm dieses Recht auch dann noch zu, wenn er dem Auftragnehmer die korrigierte Schlussrechnung übersendet hat und diese mit einem Prüfvermerk versehen hat. Ein Anerkenntnis dahingehend, dass er die von ihm festgestellte Schlussrechnungssumme als endgültig und geschuldet ansieht, ist dem Prüfvermerk nicht zu entnehmen.

Letztlich ist es rechtlich völlig unerheblich, ob die geprüfte Rechnung einen Prüfvermerk enthält oder nicht.

Siehe auch: → Fälligkeit der Schlusszahlung
                → Prüfbarkeit der Schlussrechnung
                → Prüfungsfrist
                → Schlussrechnung

Q

Quasiunterbrechung

Nach § 13 Nr. 5 VOB/B ist der Auftragnehmer verpflichtet, alle während der Verjährungsfrist auftretenden Mängel, die auf seine vertragswidrige Leistung zurückzuführen sind, auf eigene Kosten zu beseitigen, sofern es der Auftraggeber vor Ablauf der Frist schriftlich verlangt.

Der Anspruch des Auftraggebers auf Beseitigung der gerügten Mängel verjährt in zwei Jahren, gerechnet vom Zugang des schriftlichen Verlangens an, jedoch nicht vor Ablauf der Verjährungsfrist für Mängelansprüche von vier Jahren bei Arbeiten an Bauwerken bzw. zwei Jahren bei Arbeiten an einem Grundstück, oder einer anderweitig vereinbarten Verjährungsfrist für Mängelansprüche. Diese Unterbrechung der regelmäßigen Verjährungsfrist für die Dauer von zwei Jahren ab dem schriftlichen Mängelbeseitigungsverlangen des Auftraggebers bezeichnet man als Quasiunterbrechung der Verjährungsfrist für Mängelansprüche.

Die Quasiunterbrechung hat zusammengefasst nachfolgende Voraussetzungen:
- Die Leistungen des Auftragnehmers müssen fertig gestellt und abgenommen sein, damit die Verjährungsfrist für Mängelansprüche überhaupt zu laufen beginnt.
- Es muss zumindest ein Mangel an den Bauleistungen des Auftraggebers vorhanden sein.

- Der Auftraggeber muss diesen Mangel schriftlich gegenüber dem Auftraggeber angezeigt haben, wobei er die Symptome des Mangels hinreichend deutlich gegenüber dem Auftragnehmer beschreiben muss.
- Die Verjährungsfrist für Mängelansprüche darf noch nicht abgelaufen sein.

Liegen diese Voraussetzungen vor, so hat dies zur Folge, dass die Verjährungsfrist für die gerügten Mängelansprüche unterbrochen wird. Es wird mit Zugang des schriftlichen Mängelbeseitigungsverlangens für den gerügten Mangel eine neue Verjährungsfrist in Gang gesetzt, die nunmehr allerdings nicht wiederum vier Jahre (bei Arbeiten an Bauwerken) beträgt, sondern lediglich zwei Jahre. Sofern jedoch nach Ablauf der neu in Gang gesetzten zweijährigen Verjährungsfrist die regelmäßige Verjährungsfrist noch nicht abgelaufen ist, läuft die Quasiunterbrechung leer, da auch bei schriftlicher Mängelrüge zumindest die regelmäßige Verjährungsfrist gilt.

Führt der Auftragnehmer auf das schriftliche Mängelbeseitigungsverlangen hin die Mängelbeseitigung durch und werden die Arbeiten bezüglich der Mängelbeseitigung vom Auftraggeber abgenommen, so beginnt für diese Leistungen eine Verjährungsfrist von zwei Jahren neu, die jedoch ebenfalls nicht vor Ablauf der nach § 13 Nr. 5 VOB/B regulären Verjährungsfrist endet.

Siehe auch: → Gewährleistung nach der Abnahme
→ Symptomtheorie
→ Verjährung von Mängelansprüchen

Beispiel:
Der Auftraggeber vereinbart mit dem Auftragnehmer, dass dieser den Rohbau erstellen soll. Dem Bauvertrag wird wirksam die VOB/B in der Fassung 2002 zu Grunde gelegt. Der Auftragnehmer stellt die vertraglichen Arbeiten fertig. Diese werden vom Auftraggeber am 10.05.2002 abgenommen. Zwei Jahre nach Abnahme stellt sich heraus, dass die Arbeiten mangelhaft sind. Der Auftraggeber rügt den vorliegenden Mangel noch innerhalb der Verjährungsfrist von vier Jahren am 07.05.2004. Dem Auftragnehmer geht das schriftliche Mängelbeseitigungsverlangen am 10.05.2004, also exakt zwei Jahre nach Abnahme zu. Mit Zugang der schriftlichen Mängelrüge tritt die Quasiunterbrechung von zwei Jahren ein, so dass hinsichtlich des gerügten Mangels die Verjährungsfrist mit dem 10.05.2006 abläuft. Die Quasiunterbrechung läuft in diesem Falle leer, da die Verjährungsfrist für alle Mängelansprüche ebenfalls vier Jahre nach Abnahme, also mit dem 10.05.2006 abläuft. Führt der Auftragnehmer die Mängelbeseitigung durch und wird diese vom Auftraggeber am 02.01.2006 abgenommen, so verjähren die Mängelansprüche des Auftraggebers hinsichtlich der Mängelbeseitigungsarbeiten mit dem 02.01.2008. Anders liegt der Fall, wenn das schriftliche Mängelbeseitigungsverlangen dem Auftragnehmer erst am 20.07.2004 zugeht. In diesem Fall endet die Verjährungsfrist hinsichtlich des gerügten Mangels erst mit dem 20.07.2006. Hier läuft die Quasiunterbrechung also nicht leer, die Verjährungsfrist hinsichtlich des gerügten Mangels verlängert sich um den Zeitraum vom 11.05.2006 bis einschließlich 20.07.2006. Führt der Auf-

tragnehmer die Mängelbeseitigungsarbeiten durch und werden diese am 10.06.2006 abgenommen, so endet die Verjährungsfrist für Mängelansprüche des Auftraggebers bezüglich der Mängelbeseitigungsarbeiten erst mit dem 10.06.2008.

R

Rabatt

Die Begriffe Rabatt und → Skonto werden in der Baupraxis oftmals synonym verwendet. Sie sind jedoch strikt voneinander zu trennen. Sie haben unterschiedliche Voraussetzungen und Folgen.

Eine Skontovereinbarung hat zum Inhalt, dass dem Auftraggeber ein Preisnachlass gewährt wird, der an bestimmte Voraussetzungen geknüpft ist. So ist beim → Skonto regelmäßig Voraussetzung, dass der Auftraggeber eine Zahlung innerhalb einer bestimmten Zahlungsfrist leistet. Lässt er diese Frist verstreichen, so hat er gegenüber dem Auftragnehmer keinen Anspruch mehr auf den vereinbarten Preisnachlass.

Anders beim Rabatt. Gewährt der Auftragnehmer dem Auftraggeber einen Rabatt, so ist dieser unabhängig von einer Zahlungsfrist. Der Rabatt soll dem Auftraggeber in jedem Falle zugute kommen.

Siehe: → Skonto
        → Skontovereinbarung

Rechnungserteilungsanspruch

Siehe: → Schlussrechnungserstellung durch den
                Auftraggeber

Regeln der Technik

Bei der Ausführung seiner Leistungen hat der Auftragnehmer gemäß § 4 Nr. 2 Abs. 1 VOB/B die anerkannten Regeln der Technik sowie die gesetzlichen und behördlichen Bestimmungen zu beachten. Maßgeblich sind dabei diejenigen Regeln der Technik, die für vom Auftragnehmer auszuführende Arbeiten zum Zeitpunkt der → Abnahme, nicht zum Zeitpunkt des Vertragsschlusses maßgeblich sind. Dies deshalb, da der Auftraggeber grundsätzlich erst bei der → Abnahme feststellt, ob die Leistungen des Auftragnehmers tatsächlich vertragsgerecht und mangelfrei ausgeführt wurden. Sie sind unter anderem aber nur dann mangelfrei und vertragsgerecht ausgeführt, wenn der Auftragnehmer auch die anerkannten Regeln der Technik bei der Bauausführung berücksichtigt hat.

Soweit der Auftragnehmer die anerkannten Regeln der Technik zu berücksichtigen hat, so sind damit die anerkannten Regeln der Bautechnik zu verstehen. Unter den Begriff fallen unter anderem, aber nicht nur, die jeweils für das auszuführende Gewerk maßgeblichen Vorschriften der → Allgemeinen Technischen Vertragsbedingungen (ATV), die sich in der → VOB/C und den dort enthaltenen einzelnen DIN-Vorschriften wieder finden.

Der Begriff geht jedoch über die VOB/C hinaus. Nicht lediglich die dortigen DIN-Vorschriften hat der Auftragnehmer bei der Einhaltung der anerkannten Regeln der Technik zu berücksichtigen, vielmehr hat er bei der Ausführung seiner Arbeiten insgesamt die allgemeinen Anforderungen zu berücksichtigen, die zu einer ordnungsgemäßen Ausführung gehören und die von einem ordentlich arbeitenden Auftragnehmer zu berücksichtigen sind. Diese Anforderungen müssen nicht, wie etwa die VOB/C, schriftlich verfasst sein, sondern können sich auch aus allgemein anerkannten Grundsätzen ergeben.

Zu den anerkannten Regeln der Technik sind neben den DIN-Vorschriften in der VOB/C vor allem auch die nachfolgenden Vorschriften zu zählen:
- DIN-Normen außerhalb der VOB/C, insbesondere die Einheitlichen Technischen Baubestimmungen (ETB) sowie die Normen des Deutschen Ausschusses für Stahlbeton (DNA),
- VDE-Bestimmungen,
- VDI-Bestimmungen,
- Europäische Normen (EN) ,
- Öffentlich-rechtliche Regelungen und
- die Vorschriften der Berufsgenossenschaften, insbesondere die Unfallverhütungsvorschriften der Bauberufsgenossenschaften.

Die vorgenannten Regelungen haben, wenn sie bei der Ausführung des Bauvorhabens beachtet wurden, für den Auftragnehmer den Vorteil, dass eine Vermutung dahingehend besteht, dass der Auftragnehmer nach den anerkannten Regeln der Technik gebaut hat. Will sich der Auftraggeber darauf berufen, dass die anerkannten Regeln der Technik vom Auftragnehmer nicht eingehalten worden sind, obwohl er die maßgeblichen DIN-Vorschriften und sonstigen Regelungen eingehalten hat, so hat er den Beweis hierfür zu erbringen. Die Erbringung dieses Beweises wird dem Auftraggeber jedoch in aller Regel schwer fallen.

Siehe auch: → Ausführung

Praxistipp:
Für den Auftragnehmer ist zu berücksichtigen, dass seine Arbeiten zwar technisch gesehen einwandfrei sein können und im Hinblick auf die Ausführung der Arbeiten die maßgeblichen Regeln der Technik berücksichtigt wurden, dennoch können seine Bauleistungen nicht abnahmefähig sein. Dies ist dann der Fall, wenn eine (teilweise) andere Leistung als die eigentlich nach dem Bauvertrag geschuldete ausgeführt wurde. Dieser Gesichtspunkt wird auch von Gerichten und Sachverständigen oftmals übersehen. Wenn also beispielsweise eine Terrasse gemäß Bauvertrag in einer bestimmten Größe und Ausführung geschuldet ist, der Auftragnehmer diese Terrasse handwerklich gesehen mangelfrei, also auch entsprechend den anerkannten Regeln der Technik ausführt, so ist die Leistung des Auftragnehmers dennoch mangelhaft, wenn sie von der vertraglich geschuldeten Größe abweicht. Bei der Beurteilung der Frage, ob eine weitestgehend mangelfreie und damit abnahmefähige Bauleistung vorliegt, spielen also eine Vielzahl von Gesichtspunkten eine Rolle. Die Einhaltung der Regeln der Technik ist nur einer davon.

Rückgabe von Sicherheiten

Siehe: → Bürgschaft

S

Schlussrechnung

Gemäß § 14 Nr. 1 VOB/B hat der Auftragnehmer die von ihm erbrachten Leistungen prüfbar abzurechnen. Er hat die Rechnungen übersichtlich aufzustellen, und dabei die Posten einzuhalten und die in den Vertragsbestandteilen enthaltenen Bezeichnungen zu verwenden. Die zum Nachweis von Art und Umfang der Leistung erforderlichen Mengenberechnungen (siehe: → Aufmaß), Zeichnungen und andere Belege sind der Rechnung beizufügen. Änderungen und Ergänzungen des Vertrages sind in der Rechnung besonders kenntlich zu machen. Sie sind auf Verlangen des Auftraggebers getrennt abzurechnen.

Die Schlussrechnung ist also gegenüber dem Auftraggeber prüfbar abzurechnen, (siehe: → Prüfbarkeit der Schlussrechnung). Die Verpflichtung, eine prüfbare Schlussrechnung vorzulegen, ist eine zwingende vertragliche Aufgabe des Auftragnehmers, die er in jedem Falle erfüllen muss. Liegt keine prüfbare Abrechnung vor, so ist die Vergütung schon nicht zur Zahlung fällig. Daneben hat der Auftraggeber, nach Vorliegen der weiteren Voraussetzungen das Recht, die Schlussrechnung selbst zu erstellen (siehe: → Schlussrechnungserstellung durch Auftraggeber) und gegebenenfalls einen Schadensersatzanspruch gegen den Auftragnehmer, sofern ihm mangels Prüfbarkeit der Schlussrechnung ein Schaden entsteht.

Nach § 14 Nr. 3 VOB/B hat der Auftragnehmer die Schluss-
rechnung bei Leistungen mit einer vertraglichen → Ausfüh-
rungsfrist von höchstens drei Monaten spätestens zwölf
Werktage nach → Fertigstellung der Bauleistungen beim
Auftraggeber einzureichen, wenn nichts anderes vereinbart
ist. Die Frist zur Einreichung der Schlussrechnung wird
dabei um je sechs Werktage für je weitere drei Monate
→ Ausführungsfrist verlängert. Die Vorschrift ist nur auf die
Schlussrechnung anwendbar, nicht etwa auch auf
→ Abschlagsrechnungen oder → Teilschlussrechnungen.

Ist im Bauvertrag eine → Ausführungsfrist verbindlich vereinbart, so ergibt sich die Länge der Frist zur Einreichung
der Schlussrechnung unmittelbar aus der vertraglich vereinbarten → Ausführungsfrist. Ist hingegen keine → Ausführungsfrist im Bauvertrag vereinbart, so ist die Länge der
Frist daran auszurichten, wie lange ein durchschnittlicher
Auftragnehmer bei zügiger Ausführung seiner Arbeiten für
die → Fertigstellung seiner Bauleistungen gebraucht hätte.

Nicht zu verwechseln ist die Frist zur Einreichung der
Schlussrechnung mit der → Fälligkeit der Schlussrechnung.
Für die → Fälligkeit der Schlussrechnung ist neben der Erstellung und Einreichung eine → Abnahme zwingende Voraussetzung. Die Frist zur Einreichung wiederum hängt nicht
davon ab, ob die Bauleistungen auch abgenommen wurden.
Anknüpfungspunkt ist vielmehr allein die → Fertigstellung.

Reicht der Auftragnehmer die Schlussrechnung nicht inner-
halb der Frist ein, so kann der Auftraggeber ihm hierzu eine
Frist setzen. Verstreicht dann diese Frist fruchtlos, ist der
Auftraggeber berechtigt, die Schlussrechnung selbst auf

Kosten des Auftragnehmers zu erstellen (siehe → Schlussrechnungserstellung durch Auftraggeber). Daneben stehen
dem Auftraggeber auch alternativ die folgenden Möglichkeiten offen:
1. Er kann den Auftragnehmer auf Erstellung der Schlussrechnung verklagen.
2. Er kann vom Auftragnehmer Rückzahlung von Teilen der
   von ihm bereits geleisteten Abschlags- oder Vorauszahlungen verlangen, wenn er feststellt, dass sich aufgrund
   der vorliegenden Rechnungen des Auftragnehmers eine
   Überzahlung ergibt.
3. Er hat das Recht, vom Auftragnehmer Ersatz des ihm
   durch die verspätete Einreichung der Schlussrechnung
   entstandenen Schadens ersetzt zu verlangen.

Praxistipp 1:
Haben die Vertragsparteien im Bauvertrag, egal ob (Einheitspreisvertrag, → Pauschalpreisvertrag, → Festpreisvertrag oder → Stundenlohnvereinbarung, eine Vergütung vereinbart, so stellt die Schlussrechnungsstellung
keine Willenserklärung dar, so dass eine Anfechtung der
Schlussrechnung, etwa wegen eines Rechenfehlers aus-
scheidet. Dies bedeutet jedoch nicht, dass der Auftraggeber, wenn er auf eine Schlussrechnung zu viel gezahlt
hat, nicht mehr berechtigt wäre, die Überzahlung zurück-
zufordern.

Praxistipp 2:
Auftraggeber und Auftragnehmer können im Bauvertrag
eine Vertragsstrafe für den Fall vereinbaren, dass der

Auftragnehmer nicht innerhalb einer vereinbarten Frist den Bauvertrag erfüllt (siehe: → Vertragsstrafe). Es stellt sich damit die Frage, ob der Auftraggeber in Allgemeinen Geschäftsbedingungen des Bauvertrages auch wirksam eine Vertragsstrafe für den Fall vereinbaren kann, dass der Auftragnehmer mit der rechtzeitigen Erstellung und Einreichung der Schlussrechnung beim Auftraggeber in Verzug kommt, also die Frist zur Einreichung überzieht. Dies wurde vom OLG Jena bejaht.
(OLG Jena, Urteil vom 26.01.1999, AZ: 8 U 1273/98)

Dem Urteil lag ein Fall zu Grunde, wonach sich im Bauvertrag die folgende Klausel befunden hat:
„Der AG ist berechtigt, für den Fall der vom AN verschuldeten Überschreitung eines einzelnen Termins (einer einzelnen Frist) als Vertragsstrafe 0,2 % der Buttoschlussrechnungssumme je Kalendertag geltend zu machen, insgesamt höchstens 10 % der nach der Schlussrechnung maßgeblichen Bruttovergütungssumme. Als Vorlagefrist der Schlussrechnung gilt abweichend vom Wortlaut zwei Wochen nach der Abnahme der Leistung vereinbart. Die Überschreitung der Frist zur Schlussrechnungslegung gem. Vereinbarung gilt als Bauverzug mit den Folgen nach § 6 des vorliegenden Bauvertrages".
Der Auftragnehmer reichte die Schlussrechnung erst einen Monat nach Abnahme beim Auftraggeber ein. Der Auftraggeber rechnete gegenüber der Schlussrechnungsforderung mit einer Vertragsstrafe in Höhe von rund € 10.000,00 für den Zeitraum ab Abnahme bis zur Rechnungsstellung auf. Der Auftragnehmer forderte

diese € 10.000,00 vom Auftraggeber, hatte jedoch bei Gericht keinen Erfolg.

Das Urteil hätte vor dem BGH vermutlich keinen Bestand gehabt.

Das Gericht berücksichtigte nicht, dass kein Bauverzug vorliegt. Es wurde vom Auftraggeber nicht dargelegt und begründet, dass dem Auftraggeber ein Nachteil durch die verspätete Rechnungserteilung entstanden ist. Aus diesem Grunde ist wohl von einer unangemessenen Benachteiligung des Auftragnehmers auszugehen mit der Folge der Unwirksamkeit einer derartigen Klausel. Der Auftraggeber hätte mit der Forderung demnach nicht aufrechnen dürfen und die Klage des Auftragnehmers auf Zahlung Erfolg haben müssen.

Siehe auch:
- → Abnahme
- → Aufmaß
- → Fälligkeit der Schlusszahlung
- → Fertigstellung
- → Prüfbarkeit der Schlussrechnung
- → Prüfungsfrist
- → Schlussrechnungserstellung durch Auftraggeber
- → Schlusszahlung
- → Vorbehalt bei Schlusszahlung

Schlussrechnungserstellung durch Auftraggeber

Gemäß § 14 Nr. 3 VOB/B muss die Schlussrechnung bei Leistungen mit einer vertraglichen Ausführungsfrist von höchstens drei Monaten spätestens zwölf Werktage nach Fertigstellung eingereicht werden, wenn nichts anderes vereinbart ist, wobei die Frist um je sechs Werktage für je weitere drei Monate Ausführungsfrist verlängert wird (siehe: → Schlussrechnung)

Reicht der Auftragnehmer eine prüfbare Schlussrechnung nicht fristgerecht beim Auftraggeber ein, so steht dem Auftraggeber das Recht zu, nach fruchtlosem Ablauf einer von ihm gesetzten angemessenen Nachfrist die Schlussrechnung auf Kosten des Auftragnehmers selbst zu erstellen oder von einem Dritten erstellen zu lassen, § 14 Nr. 4 VOB/B. Der Auftraggeber ist nach Ablauf der von ihm gesetzten Frist jedoch nicht verpflichtet, die Rechnungserstellung vorzunehmen. Die VOB/B gibt ihm hierzu nur ein entsprechendes Recht, von welchem er Gebrauch machen kann, sofern er dies möchte.

In der Baupraxis ist es daher eher die Regel, dass dann, wenn der Auftragnehmer seiner Pflicht zur Einreichung der Schlussrechnung nicht nachkommt, der Auftraggeber nicht von seiner Möglichkeit zur Rechnungserstellung Gebrauch macht. Da nämlich die Erteilung der Schlussrechnung im VOB-Bauvertrag eine Fälligkeitsvoraussetzung für den Vergütungsanspruch des Auftragnehmers ist und die Fälligkeit der Schlussrechnung darüber hinaus erst zwei Monate nach

Zugang der Schlussrechnung beim Auftraggeber eintritt, hat der Auftraggeber grundsätzlich nur ein geringes Interesse daran, selbst die Schlussrechnung zu erstellen.

Der Auftragnehmer sollte berücksichtigen, dass dem Auftraggeber das Recht, die Schlussrechnung selbst zu erstellen, nicht nur dann zusteht, wenn der Auftragnehmer überhaupt nicht abrechnet, sondern auch dann, wenn zwar eine Schlussrechnung fristgerecht eingereicht wurde, diese aber unzureichend und somit nicht prüfbar ist.

Eine wirksame Nachfristsetzung, die nicht zwingend schriftlich erfolgen muss, jedoch aus Dokumentations- und Beweisgründen stets schriftlich erfolgen sollte, setzt zu ihrer Wirksamkeit zweierlei voraus:

- Der Auftraggeber muss den Auftragnehmer unzweifelhaft auffordern, eine prüfbare Schlussrechnung vorzulegen und
- er hat ihm hierzu eine Nachfrist zu setzen, die angemessen sein muss. Angemessenheit bedeutet dabei aber nicht, dass die Nachfrist nochmals genauso lang sein muss, wie die in § 14 Nr. 3 VOB/B vorgesehene ursprüngliche Frist zur Einreichung der Schlussrechnung.

Erstellt der Auftraggeber nach Ablauf der Nachfrist eine Schlussrechnung selbst, so muss diese ebenfalls prüfbar sein und an den Auftragnehmer zur Kenntnisnahme ausgehändigt werden. Der Auftraggeber darf sich nicht darauf beschränken, lediglich eine pauschale und ungenaue Abrechnung vorzunehmen, die für den Auftragnehmer nicht nachvollziehbar ist. Nach Erhalt der vom Auftraggeber erstellten Schlussrechnung kann der Auftragnehmer seinerseits eine Prüfung vornehmen und Fehler sowie sonstige berechtigte Einwendungen vorbringen. Die Rechnungserstellung durch den Auftraggeber bedeutet also nicht, dass der Auftragnehmer mit Einwendungen gegen die Rechnung ausgeschlossen wäre.

Die vom Auftraggeber erstellte Schlussrechnung ersetzt die Schlussrechnung des Auftragnehmers. Sie wird daher ebenfalls zwei Monate nach Erstellung und Aushändigung an den Auftragnehmer zur Zahlung fällig.

Siehe auch: → Fälligkeit der Schlusszahlung
→ Prüfbarkeit der Schlussrechnung
→ Prüfungsfrist
→ Schlusszahlung

Schlussrechnungsprüfung

Gemäß § 16 Nr. 3 Abs. 1 Satz 1 VOB/B wird die → Schlussrechnung alsbald nach Prüfung und Feststellung zur Zahlung fällig, spätestens jedoch innerhalb von zwei Monaten nach Zugang beim Auftraggeber. Dies bedeutet also, dass der Auftraggeber die → Schlussrechnung in einem Zeitraum von längstens zwei Monaten nach Zugang zu prüfen hat.

Voraussetzung dafür, dass der Auftraggeber die Prüfung vornehmen kann, ist natürlich, dass ihm vom Auftragnehmer überhaupt eine prüfbare → Schlussrechnung ausgehändigt wird. Händigt der Auftragnehmer lediglich eine ungenaue und objektiv nicht nachvollziehbare Rechnung an den Auftraggeber aus, so beginnt die zweimonatige → Prüfungsfrist nicht zu laufen. Ohne prüfbare Rechnung muss also der Auftraggeber eine Prüfung nicht vornehmen und es tritt auch nach Ablauf der zweimonatigen → Prüfungsfrist keine → Fälligkeit der Schlusszahlung ein.

Im Rahmen der Schlussrechnungsprüfung muss der Auftraggeber die Abrechnung des Auftragnehmers auf deren inhaltliche und rechnerische Nachvollziehbarkeit hin überprüfen. Gelangt der Auftraggeber oder ein von ihm mit der Schlussrechnungsprüfung beauftragter Architekt zu dem Ergebnis, dass die → Schlussrechnung korrekt erstellt ist, so wird diese in aller Regel mit einem → Prüfvermerk versehen und an den Auftragnehmer zur Kenntnisnahme zurückgesandt. Erachtet der Auftraggeber oder sein Architekt die Schlussrechnung als nicht richtig, so wird er diese mit Korrektureinträgen versehen und danach die korrigierte Schlussrechnung an den Auftragnehmer übersenden.

Der in der korrigierten → Schlussrechnung festgestellte und somit in dieser Höhe unstreitige Forderungsbetrag ist unverzüglich an den Auftragnehmer zu zahlen. Zwar hat der Auftraggeber grundsätzlich zwei Monate Zeit, um die Prüfung vorzunehmen und die Schlussrechnung wird erst nach diesem Termin zur Zahlung fällig. Die Prüfung ist aber gemäß § 16 Nr. 3 Abs. 1 Satz 2 VOB/B nach Möglichkeit zu beschleunigen. Übersendet der Auftraggeber daher die (korrigierte) → Schlussrechnung zu einem früheren Zeitpunkt, so wird mit Übersendung der → Schlussrechnung die Rechnung zur Zahlung fällig. Ist der Auftragnehmer der Ansicht, seine → Schlussrechnung sei korrekt erstellt worden, so steht es ihm letztlich offen, den Differenzbetrag einzuklagen.

Zu der Frage, ob der Auftraggeber nach Ablauf der Prüfungsfrist mit Einwendungen gegen die Schlussrechnung
ausgeschlossen ist, siehe: → Prüfungsfrist.

Siehe auch: → Fälligkeit der Schlusszahlung
               → Prüfbarkeit der Schlussrechnung
               → Prüfungsfrist
               → Prüfvermerk
               → Schlussrechnung

Schlusszahlung

Unter dem Begriff „Schlusszahlung" wird die endgültige
und abschließende Zahlung des Auftraggebers auf die
→ Schlussrechnung hin verstanden.

Die → Fälligkeit der Schlusszahlung im VOB-Bauvertrag hat
zur Voraussetzung, dass
• der Auftragnehmer dem Auftraggeber eine prüfbare
  Schlussrechnung übergibt,
• die Bauleistungen des Auftragnehmers abgenommen
  worden sind oder die Abnahme fingiert ist und
• die zweimonatige Prüfungsfrist für den Auftraggeber
  abgelaufen ist.

Näheres siehe: → Fälligkeit der Schlusszahlung

Die Schlusszahlung des Auftraggebers umfasst nicht nur
lediglich die in der Schlussrechnung selbst enthaltenen
Positionen, sondern auch Zusatz- und Nachtragsforderungen des Auftragnehmers sowie Ansprüche aufgrund von

vom Auftraggeber zu vertretender → Behinderungen. Es werden darüber hinaus von der Schlusszahlung mit umfasst alle Ansprüche des Auftragnehmers auf → Schadenersatz, → Zinsen und alle sonstigen Ansprüche aus dem Vertragsverhältnis insgesamt. Mit der Schlusszahlung bringt der Auftraggeber praktisch zum Ausdruck, dass er über die Zahlung hinaus nichts weiter mehr an den Auftragnehmer zahlen werde.

Der Auftraggeber hat gegenüber dem Auftragnehmer zum Ausdruck zu bringen, dass es sich bei seiner Zahlung um eine Schlusszahlung handle. Dabei muss er jedoch nicht ausdrücklich den Begriff „Schlusszahlung" verwenden. Es reicht vielmehr aus, dass sich aus den Umständen hinreichend erkennbar ergibt, es handle sich bei der Zahlung um die Schlusszahlung.

Der hier erörterte Begriff „Schlusszahlung" darf nicht ohne Einschränkungen mit dem Schlusszahlungsbegriff in § 16 Nr. 3 Abs. 2 bis 6 VOB/B gleich gestellt werden. Unter § 16 Nr. 3 Abs. 2 bis 6 VOB/B wird der Ausschluss weitergehender Forderungen des Auftragnehmers verstanden, wenn er die Schlusszahlung vorbehaltlos annimmt. Hier geht es lediglich um die aus Sicht des Auftraggebers endgültige Zahlung an den Auftragnehmer.
(siehe: → Vorbehalt bei Schlusszahlung)

Siehe auch: → Abnahme
                → Abnahmeverweigerung
                → Fälligkeit der Schlusszahlung
                → Schlussrechnung

→ Schlussrechnungsprüfung
→ Vorbehalt bei Schlusszahlung

Selbstschuldnerische Bürgschaft

Eine Bürgschaft, bei welcher der Bürge auf die → Einrede der Vorausklage verzichtet, bezeichnet man als → selbstschuldnerische Bürgschaft.

Siehe: → Bürgschaft
→ Einrede der Vorausklage

Sicherheit nach § 648 BGB

Siehe: → Bauhandwerkersicherungshypothek

Sicherheit nach § 648a BGB

Siehe: → Bauhandwerkersicherung
nach § 648a BGB

Sicherheitseinbehalt

Nach § 17 Nr. 1 VOB/B können die Bauvertragsparteien eine Sicherheitsleistung für die vertragsgemäße Ausführung der Bauleistungen durch den Auftragnehmer (siehe: → Vertragserfüllungsbürgschaft) oder auch zur Sicherung von Mängelansprüchen des Auftraggebers gegen den Auftragnehmer (siehe: → Gewährleistungssicherheit) vereinbaren. Die in der Praxis am häufigsten vorkommende Art der Sicherheitsleistung ist die Sicherheit durch Einbehalt. Die Vereinbarung eines Sicherheitseinbehaltes hat zur Folge, dass der Auftraggeber von der fälligen Forderung des Auftragnehmers aus einer Abschlags- oder Schlussrechnung nicht den gesamten Betrag auszahlt, sondern in Höhe des vereinbarten prozentualen Anteiles der Rechnungssumme einen Restbetrag als Sicherheit zurückbehält.

Ausdrückliche Vereinbarung
Voraussetzungen für die Geltendmachung eines Sicherheitseinbehaltes durch den Auftraggeber ist zum einen die ausdrückliche Vereinbarung des Sicherheitseinbehaltes. Es muss sich aus der Vereinbarung selbst ergeben, dass der Auftraggeber berechtigt ist, einen Einbehalt in einer bestimmten Höhe vorzunehmen. Soll der Auftragnehmer etwa das Recht haben, den Sicherheitseinbehalt durch Stellung einer Bürgschaft abzulösen, so ist auch dies ausdrücklich festzuhalten. Für die wirksame Vereinbarung eines Sicherheitseinbehaltes genügt es grundsätzlich nicht, wenn im Bauvertrag die Klausel enthalten ist, dass der Auftraggeber lediglich 95 % einer Forderung aus einer Abschlagsrechnung an den Auftragnehmer auszahlen muss. Hieraus ergibt sich nicht hinreichend genug die Vereinbarung eines Sicherheitseinbehaltes.

Der Auftragnehmer sollte beachten:
Fehlt eine ausdrückliche Vereinbarung über einen Sicherheitseinbehalt, so schuldet er diesen auch nicht. Es gibt in der Baupraxis keinen Brauch dahingehend, dass stets ein Einbehalt seitens des Auftraggebers vorgenommen werden dürfte.

Höhe des Sicherheitseinbehaltes
Gemäß § 17 Nr. 6 Abs. 1 VOB/B darf der Auftraggeber, sofern eine Vereinbarung über einen Sicherheitseinbehalt in Teilbeträgen getroffen wurde, jeweils die Zahlung um höchstens 10 % kürzen, bis die vereinbarte Sicherheitssumme erreicht ist.
Lautet eine Klausel im Bauvertrag dahin, dass mehr als dieser jeweils 10%ige Einbehalt vorgenommen werden darf, so ist diese Klausel unwirksam. Sie benachteiligt den Auftragnehmer unangemessen und hält somit einer Inhaltskontrolle anhand der Bestimmungen über → Allgemeine Geschäftsbedingungen nicht stand.

Mitteilung des Einbehaltes an den Auftragnehmer und Einzahlung auf ein → Sperrkonto
Der Auftraggeber ist nach § 17 Nr. 6 Abs. 1 Satz 2 VOB/B weiter verpflichtet, den jeweils einbehaltenen Betrag dem Auftragnehmer mitzuteilen und innerhalb von 18 Werktagen nach dieser Mitteilung auf ein → Sperrkonto einzuzahlen. Dies ist vielen Baupraktikern gar nicht bewusst. Allerdings ergeben sich bei geschickter Handhabung dieser Vorschrift für den Auftragnehmer entscheidende finanzielle Vorteile. Aus diesem Grunde sollte die Bedeutung dieser Bestimmung nicht unterschätzt werden.

Zahlt nämlich der Auftraggeber den einbehaltenen Betrag innerhalb der Frist von 18 Tagen nicht ein, so kann ihm der Auftragnehmer eine angemessene Nachfrist setzen und ihn auffordern, den Betrag innerhalb der Nachfrist auf das Sperrkonto einzuzahlen. Lässt der Auftraggeber auch diese Frist fruchtlos verstreichen, so kann der Auftragnehmer die sofortige Auszahlung des einbehaltenen Betrages verlangen und braucht dann keine Sicherheit mehr zu leisten.

Beispiel und Praxistipp:
Im Bauvertrag ist eine Sicherheitsleistung in Form eines Einbehaltes vereinbart. Der Auftraggeber zahlt den Einbehalt nicht innerhalb der 18-Tage-Frist auf ein Sperrkonto ein. Der Auftragnehmer übersendet dem Auftraggeber ein Aufforderungsschreiben, worin er den Auftraggeber auffordert, den Betrag nunmehr innerhalb von 14 Tagen auf das Sperrkonto einzuzahlen.
Befindet sich der Auftraggeber in Urlaub, wobei er keine Vorkehrungen getroffen hat, dass ihn auch am Urlaubsort Post erreicht und versäumt er dadurch die Einzahlungsnachfrist des Auftragnehmers, braucht dieser keine Sicherheit mehr zu leisten und kann die Bezahlung des vollen Rechnungsbetrages vom Auftraggeber fordern.

Benachrichtigung des Auftragnehmers
Schließlich hat gemäß § 17 Nr. 6 Abs. 1 Satz 3 VOB/B der Auftraggeber dafür zu sorgen, dass das Geldinstitut, bei welchem das Sperrkonto geführt wird, den Auftragnehmer von der Einzahlung des Sicherheitseinbehaltes unterrichtet.

Kleinaufträge

Nach § 17 Nr. 6 Abs. 2 VOB/B schließlich ist es bei kleineren oder kurzfristigen Aufträgen zulässig, dass der Auftraggeber den einbehaltenen Sicherheitsbetrag erst bei der Schlusszahlung auf ein Sperrkonto einzahlt.

Siehe: → Gewährleistungssicherheit
          → Vertragserfüllungsbürgschaft

Skonto / Skontovereinbarung

Unter dem Begriff „Skonto" versteht man einen prozentualen Abzug vom jeweiligen Rechnungsbetrag, der bei sofortiger Zahlung oder Zahlung innerhalb einer vereinbarten Skontofrist vom Auftragnehmer gewährt wird. Sinn und Zweck eines Skontos ist zumeist, dem Auftraggeber eine „Belohnung" dafür zu geben, dass er die Schlussrechnung bereits vor dem eigentlichen Fälligkeitstermin bezahlt.

Gemäß § 16 Nr. 5 Abs. 2 VOB/B sind nicht vereinbarte Skontoabzüge unzulässig. Dies bedeutet im Umkehrschluss, dass dann, wenn der Auftraggeber einen Skontoabzug vornehmen will, ein solcher ausdrücklich entweder im Bauvertrag selbst, was die Regel ist, oder sonst vereinbart sein muss. Es genügt dabei nicht, dass die Vertragsparteien lediglich die VOB/B dem Bauvertrag zugrunde legen. Allein mit der Vereinbarung der VOB/B im Bauvertrag ist noch keine Skontovereinbarung getroffen worden, zumal die festzulegenden Einzelheiten hinsichtlich Höhe des Skontos und Skontofrist fehlen und die VOB/B gerade bestimmt, dass nicht ausdrücklich vereinbarte Skontoabzüge unzulässig sind.

Der → Rabatt oder der Nachlass unterscheiden sich vom Skonto darin, dass dem Auftraggeber beim Skonto ein Abzug nur dann gewährt wird, wenn bestimmte Zahlungsfristen eingehalten werden. Beim Rabatt oder Nachlass ist dies nicht der Fall. Der Rabatt bzw. Nachlass wird gewährt, ohne dass es dabei auf eine Zahlung innerhalb einer bestimmten Frist ankäme. Während der Skonto den Zweck hat, die Zahlung zu beschleunigen, hat der Rabatt, Nachlass oder das Angebot den Sinn, durch Preisnachlässe dem Auftraggeber ein lukratives Angebot unterbreiten zu können, um letztlich den Auftrag zu erhalten.

Die ausdrückliche Vereinbarung eines Skontos kann sowohl im Bauvertrag selbst erfolgen, als auch später, während der Bauausführung gesondert vorgenommen werden. Sie bedarf keiner bestimmten Form, kann also auch mündlich oder schlüssig erfolgen. Aus Dokumentations- und Beweiszwecken ist es jedoch anzuraten, in jedem Falle eine schriftliche Vereinbarung zu treffen.

Ist eine Skontovereinbarung in Allgemeinen Geschäftsbedingungen des Auftraggebers enthalten, so bestehen gegen die Wirksamkeit einer solchen Klausel grundsätzlich keine Bedenken. Voraussetzung für die Wirksamkeit einer solchen Skontoabzugsklausel ist jedoch, dass diese hinreichend klar und deutlich gefasst ist. Unwirksam ist also beispielsweise eine Skontoabzugsklausel, aus welcher sich der Beginn der Skontofrist nicht, auch nicht durch Auslegung, ergibt oder in welcher eine Skontofrist gar nicht enthalten ist.

Die Skontoabzugsklausel ist auch unwirksam, wenn sie den Auftragnehmer unangemessen benachteiligt. Unangemessen benachteiligt wird der Auftragnehmer beispielsweise dann, wenn für Skontoabzüge Fristen vorgesehen werden, die länger als die Fälligkeitsfristen in der VOB/B sind.

Die Klausel muss die notwendigen Angaben zu Höhe und Skontofrist enthalten. Ist das nicht der Fall, so liegt regelmäßig eine unwirksame Skontoabzugsklausel vor, mit der Folge, dass der Auftraggeber nicht zum Abzug eines Skontos berechtigt ist.

Die Skontovereinbarung hat, um wirksam zu sein, insgesamt zwingend die nachfolgenden Angaben zu enthalten:

- Die Angabe, worauf Skonto gewährt wird. In Betracht zu ziehen sind Voraus-, Abschlags- und / oder Schlusszahlungen. Fehlt in der Vereinbarung eine klare Formulierung, auf welche Zahlungen der Skonto gewährt werden soll, so ist die Vereinbarung auszulegen. Lautet etwa die Skontovereinbarung dahingehend, dass „ein Nachlass in Höhe von 2 % bei Zahlungen innerhalb von zehn Tagen" gewährt werden soll, so ist davon auszugehen, dass mit dem Begriff „Zahlungen" sämtliche Zahlungen, also Abschlagszahlungen, Vorauszahlungen, Teilschlusszahlungen und Schlusszahlungen, gemeint sind. Hier zeigt sich die Bedeutung einer eindeutigen und klaren Skontovereinbarung. Im Zweifel, also bei Fehlen einer Bestimmung über die Zahlung, hinsichtlich derer ein Abzug gestattet sein soll, ist davon auszugehen, dass ein Skontoabzug nur bei der Schlusszahlung zulässig ist.
- Die Frist innerhalb derer der Auftraggeber berechtigt sein soll, einen Skontoabzug vorzunehmen. Anzugeben ist der exakte Beginn der Frist. Unzureichend wäre beispielsweise eine Vereinbarung mit der Formulierung „5 %

Skonto bei Zahlung innerhalb von acht Tagen", da hier nicht festgelegt wurde, ab wann die 8-Tages-Frist laufen soll. Fehlt es in der Vereinbarung an einer Angabe des Fristbeginns, so ist dieser zunächst durch Auslegung zu ermitteln. Ist dies aber nicht möglich, so ist die Vereinbarung insgesamt unwirksam. Ein Skontoabzug kann dann nicht vorgenommen werden.

- Die Höhe des Skontoabzuges. Diese wird regelmäßig als Prozentsatz der Bruttorechnungssumme angegeben, kann aber auch als fester Betrag vereinbart sein. Fehlt es an Angaben zur Höhe völlig, so ist die Vereinbarung ebenfalls insgesamt unwirksam.
- Die Art des eingeräumten Skontos. In Betracht kommen Barzahlungsskonto, Vorauszahlungsskonto und Vorzielzahlungsskonto. In der Baupraxis ist die übliche Skontoart der Vorzielzahlungsskonto.

Für die Einhaltung der Skontofrist kommt es auf die Vornahme der Zahlung durch den Auftraggeber an, nicht jedoch auf den Eingang beim Auftragnehmer.

Will der Auftraggeber übrigens bei einer Rechnung des Auftragnehmers einen nicht vereinbarten Skontoabzug vornehmen, weil er dies regelmäßig bei anderen Auftragnehmern zu handhaben pflegt, so ist er hierzu nicht berechtigt.

Es gibt in der Baupraxis keinen Handelsbrauch dahingehend, dass regelmäßig ohne vertragliche Vereinbarung ein Skontoabzug vorgenommen werden dürfte.

Praxistipp:

Nimmt ein Auftragnehmer laufend Zahlungen vom Auftraggeber entgegen, bei welchen der Auftraggeber Skontoabzüge vornimmt, obwohl die Skontofrist stets bereits verstrichen ist, so stellt dies keine Abänderung einer ursprünglich getroffenen Skontovereinbarung dahingehend dar, dass die Skontofrist verlängert worden wäre.

Für eine Abänderung der ursprünglich vereinbarten Skontofrist bedarf es einer Änderungsvereinbarung. Eine solche Vereinbarung setzt Angebot und Annahme voraus. Zwar mag das Angebot auf Abänderung der Vereinbarung in der verspäteten Zahlung gesehen werden. Reines Schweigen des Auftragnehmers ist jedoch keine Annahme dieses Abänderungsangebotes, so dass keine Abänderungsvereinbarung zustande gekommen ist.

Der Auftragnehmer hat also in einem solchen Fall einen Anspruch gegen den Auftraggeber auf Auszahlung des zu Unrecht einbehaltenen Skontos.

Anders ist es zu beurteilen, wenn der Auftragnehmer Skontoabzüge widerspruchslos hinnimmt, die stets unter Nichteinhaltung der vereinbarten Skontofrist vorgenommen werden und die Geschäfte über einen langen Zeitraum (hier von vier Jahren) reibungslos fortgesetzt werden. Diese Handhabung ist dahingehend zu verstehen, dass der Auftragnehmer mit den Skontoabzügen einverstanden ist. Eine Geltendmachung der vorgenommenen Abzüge scheidet in diesem Fall aus.

(Siehe auch: OLG Köln, Urteil vom 14.08.2003, AZ: 8 U 24/03)

Sperrkonto

Nach § 17 Nr. 6 Abs. 1 VOB/B hat der Auftraggeber einen
Sicherheitseinbehalt dem Auftragnehmer mitzuteilen und
binnen 18 Werktagen nach dieser Mitteilung auf ein Sperrkonto einzubezahlen.

Siehe: → Sicherheitseinbehalt

Unter dem Begriff „Sperrkonto" wird ein Konto verstanden,
über das nur beide Vertragsparteien gemeinsam verfügen
können. In der Baupraxis wird meist ein so genanntes „Und-
Konto" eingerichtet. Um ein solches Konto einrichten zu
können, bedarf es der Mitwirkung beider Vertragsparteien.
Will der Auftragnehmer bei der Einrichtung des Kontos nicht
mitwirken, so ist es banktechnisch möglich, dass der Auftraggeber ein Konto zugunsten des Auftragnehmers einrichten lässt, mit der Maßgabe, dass der Auftraggeber nur
zusammen mit dem Auftragnehmer über das Konto verfügen darf.

Praxistipp:
Sofern in einem VOB-Bauvertrag ein Sicherheitseinbehalt vereinbart wurde, der durch die Hingabe einer unbefristeten Bankbürgschaft abgelöst werden kann, kann der
Auftragnehmer eine entsprechende Bürgschaft aushändigen und die Auszahlung des einbehaltenen Betrages
fordern. Stellt er jedoch anstatt der unbefristeten eine
befristete Bürgschaft und verweigert der Auftraggeber
die Auszahlung des Sicherheitseinbehaltes mit der
Begründung, der Auftragnehmer habe die geforderte

Sicherheit nicht erbracht und dem Auftragnehmer stün-
den überdies keine weiteren Forderungen mehr zu, da er
bereits überzahlt sei, so kann der Auftragnehmer dennoch die Auszahlung des Sicherheitseinbehaltes fordern,
wenn der Auftraggeber diesen bislang nicht auf ein
Sperrkonto eingezahlt hat.

Der Auftraggeber ist nämlich verpflichtet, einen Sicherheitseinbehalt auf ein Sperrkonto einzuzahlen. Unterlässt
er dies, so hat ihm der Auftragnehmer zwar grundsätzlich
eine Nachfrist zur Einzahlung zu setzen. Verstreicht auch
die Nachfrist fruchtlos, so ist der Auftragnehmer nicht
mehr verpflichtet, Sicherheit zu leisten und er kann einen
vom Auftraggeber einbehaltenen Sicherheitseinbehalt
sofort herausverlangen.

Zwar hat in obigem Fall der Auftragnehmer keine Nachfrist gesetzt. Allerdings hat der Auftraggeber zu verstehen gegeben, dass dem Auftragnehmer seiner Ansicht
nach keine weiteren Ansprüche mehr gegen ihn zustehen. Er hat damit konkludent auch die Einzahlung des
Sicherheitseinbehaltes auf ein Sperrkonto endgültig verweigert. Bei einer endgültigen Verweigerung der Einzahlung ist eine Nachfristsetzung entbehrlich und der Auftragnehmer kann die Auszahlung verlangen. Anders
wäre es, wenn der Auftraggeber eine Einzahlung auf das
Sperrkonto vorgenommen oder Nachforderungen des
Auftragnehmers nicht von vornherein ausgeschlossen
hätte.

*(Siehe auch: BGH, Urteil vom 26.06.2003, AZ: VII ZR
281/02)*

Stundenlohnarbeiten

Nach § 15 Nr. 1 Abs. 1 VOB/B werden Stundenlohnarbeiten nach den vertraglichen Vereinbarungen abgerechnet. § 2 Nr. 10 VOB/B bestimmt zudem, dass Stundenlohnarbeiten nur dann vergütet werden, wenn sie als solche vor ihrem Beginn ausdrücklich vereinbart worden sind. Fehlt es also bereits an einer Vereinbarung, so kommt eine Abrechnung von Stundenlohnarbeiten erst gar nicht in Betracht. Hierzu und zur Bemessung der Höhe der Vergütung

siehe: → Stundenlohnvereinbarung

Nach § 15 Nr. 3 VOB/B ist dem Auftraggeber die Ausführung von Stundenlohnarbeiten vor Beginn anzuzeigen. Diese Anzeige ist formlos möglich, sollte aber aus Dokumentations- und Beweisgründen schriftlich erfolgen. Sie ist dann entbehrlich, wenn die Vertragsparteien eine Vereinbarung darüber getroffen haben, wann die Stundenlohnarbeiten auszuführen sind oder wenn der Auftraggeber selbst bei Beginn der Stundenlohnarbeiten vor Ort ist und daher Kenntnis von der Arbeitsaufnahme hat. Ist eine Anzeige erforderlich, so hat sie
• den Tag der Arbeitsaufnahme und
• die auszuführenden Arbeiten
anzugeben, um wirksam zu sein. Dem Auftragnehmer ist anzuraten, besser etwas mehr auszuführen als zu wenig. So steht er stets auf der sicheren Seite und kann etwaige Unwägbarkeiten von vornherein ausschließen. Eine unterlassene Anzeige hat nicht etwa zur Folge, dass der Auftragnehmer seinen Anspruch auf Vergütung der Stundenlohnarbeiten verlieren würde. Dem Auftraggeber stehen vielmehr

lediglich Schadenersatzansprüche zu, sofern ihm durch die nicht erfolgte Anzeige ein Schaden entstanden ist, welchen er dann aber auch nachzuweisen hat.

Über die geleisteten Arbeitsstunden und den dabei erforderlichen, besonders zu vergütenden Aufwand für

- den Verbrauch von Stoffen,
- für Vorhaltung von Einrichtungen, Geräten, Maschinen und maschinellen Anlagen,
- für Frachten, Fuhr- und Ladeleistungen sowie
- etwaige Sonderkosten

sind, wenn nichts anderes vereinbart ist, je nach der Verkehrssitte

- werktäglich oder
- wöchentlich

Stundenlohnzettel beim Auftraggeber oder einem für den Empfang derselben Bevollmächtigten (etwa beim Bauleiter oder Architekt) einzureichen. Die Stundenlohnzettel müssen genaue Angaben enthalten und für den Auftraggeber nachprüfbar sein.

Werden die Stundenlohnzettel nicht rechtzeitig vorgelegt, und erwachsen hieraus Zweifel über den Umfang der Stundenlohnleistungen, so kann der Auftraggeber verlangen, dass für die nachweisbar ausgeführten Leistungen eine Vergütung vereinbart wird, die für einen wirtschaftlich vertretbaren Aufwand an Arbeitszeit und Verbrauch von Stoffen, für Vorhaltung von Einrichtungen, Geräten, Maschinen und maschinellen Anlagen, für Frachten, Fuhr- und Ladeleistungen sowie etwaige Sonderkosten ermittelt wird.

Der Auftraggeber hat die von ihm bescheinigten Stundenlohnzettel unverzüglich, spätestens jedoch innerhalb von sechs Werktagen nach Zugang an den Auftragnehmer zurückzugeben. Dabei kann er Einwendungen auf den Stundenlohnzetteln oder gesondert schriftlich erheben. Gibt der Auftraggeber die Stundenlohnzettel nicht fristgerecht, also innerhalb der 6-Werktage-Frist, an den Auftragnehmer zurück, so gelten diese als anerkannt.

Der Auftragnehmer hat die Pflicht, über die von ihm ausgeführten Stundenlohnarbeiten alsbald nach Abschluss der Stundenlohnarbeiten abzurechnen. Dabei darf er sich höchstens vier Wochen Zeit lassen. Basis der Stundenlohnabrechnungen sind die Stundenlohnzettel.

Praxistipp:

In der Baupraxis kommt es regelmäßig vor, dass zwar eine Vereinbarung über die Vergütung von Stundenlohnarbeiten fehlt, der Auftragnehmer aber dennoch Stundenlohnzettel fertigt und diese vom Auftraggeber unterzeichnet werden. Der Auftragnehmer sollte in einem solchen Fall unbedingt berücksichtigen, dass allein die Unterzeichnung von Regiezetteln (Stundenlohnzetteln) durch den Auftraggeber oder den Bauleiter mit entsprechender Vollmacht nicht als nachträgliche Vereinbarung über die Ausführung von Stundenlohnarbeiten anzusehen sind. Vielmehr bedarf es für die Annahme der Vereinbarung von Stundenlohnarbeiten dann weitergehender Anhaltspunkte, die der Auftragnehmer nachzuweisen hat. Liegen diese nicht vor und klagt der Auftragnehmer auf Zahlung auf Basis der unterzeichneten Regiezettel einen vermeintlichen Vergütungsanspruch ein, riskiert er, dass die Klage abgewiesen wird und er darüber hinaus auch noch die Kosten des Verfahrens zu tragen hat.

Stundenlohnvereinbarung

§ 2 Nr. 10 VOB/B bestimmt, dass Stundenlohnarbeiten nur dann vergütet werden, wenn sie als solche vor ihrem Beginn ausdrücklich vereinbart wurden.

Sofern ein öffentlicher Auftraggeber beteiligt ist, bestimmt § 5 Nr. 2 VOB/A, dass Bauleistungen geringeren Umfanges, die überwiegend Lohnkosten verursachen, im Stundenlohn vergeben werden dürfen.

Die Regelung in § 2 Nr. 10 VOB/B über die Erforderlichkeit der Vereinbarung von → Stundenlohnarbeiten ist zu trennen von § 15 VOB/B, in welchem die näheren Einzelheiten der Stundenlohnvergütung beschrieben werden. Wenn § 2 Nr. 10 VOB/B als Voraussetzung für eine wirksame Stundenlohnvereinbarung fordert, dass diese vor Beginn der Arbeiten zu erfolgen hat, so ist diese Regelung überflüssig, zumal es den Vertragsparteien selbstverständlich freisteht, auch noch nach Beginn mit der Ausführung eine Stundenlohnvereinbarung zu treffen. Insoweit können die Vertragsparteien die Bestimmung „aushebeln".

Soweit die Vertragsparteien keine Vereinbarung über die Höhe der Vergütung getroffen haben, gilt die ortsübliche Vergütung als vereinbart.
Ist dies aber nicht zu ermitteln, so werden die Aufwendungen des Auftragnehmers
- für Lohn- und Gehaltskosten der Baustelle,
- für Lohn- und Gehaltsnebenkosten der Baustelle,
- für Stoffkosten der Baustelle,

- für Kosten der Einrichtungen, Geräte, Maschinen und maschinellen Anlagen der Baustelle,
- für Fracht-, Fuhr- und Ladekosten,
- für Sozialkassenbeiträge und
- für Sonderkosten,

die bei betriebswirtschaftlicher Betriebsführung entstehen, mit angemessenen Zuschlägen für Gemeinkosten und Gewinn vergütet.

Verlangt der Auftraggeber, dass die Stundenlohnarbeiten durch einen Polier oder eine andere Aufsichtsperson beaufsichtigt werden, oder ist die Aufsicht nach den einschlägigen Unfallverhütungsvorschriften notwendig, so werden die hierbei anfallenden Stundenlohnarbeiten ebenfalls nur dann vergütet, wenn die Stundenlohnarbeiten vertraglich vereinbart wurden. Die Vergütung richtet sich ebenfalls nach der vertraglichen Vereinbarung.

Siehe auch: → Stundenlohnarbeiten

Praxistipp:
Interessant für den Auftragnehmer dürfte die nachfolgende Entscheidung des KG Berlin sein.
Auftraggeber und Auftragnehmer vereinbarten, dass der Auftragnehmer eine Wohnung an eine bereits vorhandene Heizungsanlage anschließen sollte. Die VOB wurde dem Bauvertrag zu Grunde gelegt, es fehlte jedoch eine Vereinbarung zur Höhe der Vergütung. Schließlich entstand Streit über die zu zahlende Vergütung. Der Auftragnehmer hatte nach Stundenaufwand abgerechnet, wobei Stundenlohnzettel fehlten und auch im Verlauf des Gerichtsverfahrens nicht beigebracht werden konnten.

Dem Auftragnehmer hat das Gericht die geltend gemachte Vergütung zuerkannt. Begründet wurde dies wie folgt:
Der Auftragnehmer hat durch die Vorlage seiner Stun-
denlohnschlussrechnung die Geltung einer Stundenlohnvereinbarung behauptet, was vom Auftraggeber nicht
bestritten wurde. Daher steht dem Auftragnehmer nach
§ 15 Nr. 1 Abs. 2 Satz 1 VOB/B ein Anspruch auf die nach
Stundenlöhnen abzurechnende ortsübliche Vergütung
zu.
Die Stundenlohnabrechnung war prüfbar und fällig. Die
Vorlage von Stundenlohnzetteln oder sonstiger Unterlagen war entbehrlich, da der Umfang des erbrachten Werkes vom Auftraggeber ohne Schwierigkeiten festgestellt
werden konnte, zumal es sich lediglich um den leicht
überschaubaren Anschluss einer Heizungsanlage an die
Wohnung handelte.
Das Fehlen der Stundenlohnzettel steht der Fälligkeit der
Werklohnforderung deshalb nicht entgegen, da der Auftraggeber nach § 15 Nr. 5 VOB/B eine Vereinbarung über
die Höhe der Vergütung verlangen kann, wenn mangels
rechtzeitiger Vorlage von Stundenlohnzetteln Zweifel am
Umfang der Stundenlohnleistung bestehen. Unterlässt
der Auftraggeber dies, so geht dies zu seinen Lasten.
(KG Berlin, Urteil vom 14.01.1991, AZ: 24 U 7285/89)

Subunternehmer / Subunternehmervertrag

Siehe: → Nachunternehmer / Nachunternehmervertrag

Symptomtheorie

Wenn der Auftraggeber Mängelansprüche gegenüber dem Auftragnehmer geltend machen will, entsteht ein allgemein typisches Problem. Er kann zwar äußerlich erkennbare Erscheinungsbilder, die er als mangelhaft qualifiziert, beschreiben, weiß aber in aller Regel nicht, worauf diese beruhen. Es stellt sich dann die Frage, wie genau er gegenüber dem Auftragnehmer Mängel beschreiben muss, damit sie einer ordnungsgemäßen Mängelrüge entsprechen.

Nach Ansicht des Bundesgerichtshofes und der von ihm entwickelten Symptomtheorie ist es nicht Sache des Auftraggebers, die Ursache von aufgetretenen Mängeln zu erforschen oder Beweis hierüber zu beschaffen. Er hat auch keineswegs das Risiko dafür zu tragen, dass er sich bei der Ermittlung von Mangelursachen irrt. Der Auftraggeber hat lediglich die Mangelerscheinungen, also die Symptome eines Mangels, hinreichend genau zu bezeichnen. Er ist nicht verpflichtet, die Mangelursachen und die Verantwortlichen, etwa den Statiker oder den Rohbauunternehmer, zu bezeichnen und bereits vorgerichtlich zu klären, wer die Verantwortung für den aufgetretenen Mangel trägt.

Ob der Mangel tatsächlich besteht, klärt sich dabei gegebenenfalls erst in einem gerichtlichen Verfahren, zumeist einem selbstständigen Beweisverfahren, in dessen Verlauf ein Sachverständigengutachten klärt, ob die gerügten Symptome tatsächlich auf einem Mangel beruhen und, wenn ja, wer hierfür die Verantwortung trägt.

Der Auftraggeber muss zwar nicht die vermeintlichen Ursachen eines von ihm angenommenen Mangels beschreiben, er hat aber die Mangelsymptome exakt und hinreichend bestimmt darzulegen. Dies bedeutet, dass das aufgetretene Erscheinungsbild nach Art und Lage so genau präzisiert werden muss, dass das, was der Auftraggeber eigentlich meint, dem Auftragnehmer gegenüber klar und deutlich zum Ausdruck kommt. Es reicht daher wohl kaum aus, wenn der Auftraggeber gegenüber dem Auftragnehmer bei einem großen Bauvorhaben in seiner Mängelrüge angibt, es seien Risse vorhanden, wenn man nicht genau feststellen kann, wo sich die Risse befinden sollen und nicht alle Risse gemeint sind. Ferner ist es bei dieser Formulierung nicht möglich zwischen denjenigen Rissen, die eigentlich bezeichnet werden sollten und solchen, die erst später, also möglicherweise erst nach Ablauf der Verjährungsfrist für Mängelansprüche und nach der Mängelrüge, auftreten, zu unterscheiden. Dies hat jedoch für die Verpflichtung des Auftragnehmers auf Mängelbeseitigung erhebliche Auswirkungen.

T

Teilabnahme

Nach § 12 Nr. 2 VOB/B sind in sich abgeschlossene Teile der Bauleistungen des Auftragnehmers auf Verlangen besonders abzunehmen. Diese → Abnahme bezeichnet man als Teilabnahme.

Die Durchführung einer Teilabnahme hat die folgenden Voraussetzungen:

- Der Auftragnehmer muss vom Auftraggeber die Teilabnahme verlangt haben. Solange ein Verlangen nicht vorliegt, ist der Auftraggeber nicht verpflichtet, Teilleistungen des Auftragnehmers abzunehmen.
- Es muss sich um einen in sich abgeschlossenen Teil der gesamten Bauleistungen des Auftragnehmers handeln. Wann ein „in sich abgeschlossener Teil" der Gesamtleistung des Auftragnehmers vorliegt, ist im Einzelfall recht schwierig zu beurteilen. Ein solcher liegt generell dann vor, wenn er für sich gesehen für den Auftraggeber nutzbar ist, ohne dass weitere Einzelleistungen erst noch ausgeführt werden müssten. Hat der Auftraggeber beispielsweise eine Reihenhausanlage zu errichten, so stellt jedes Reihenhaus einen in sich abgeschlossenen Teil der Gesamtleistung des Auftragnehmers dar. Kein in sich abgeschlossener Teil der Leistung ist hingegen das Geländer einer Treppe, da das Geländer für sich gesehen für den Auftraggeber nicht nutzbar ist. Ebenso stellen einzelne Geschosse eines Hauses keine in sich abge-

schlossenen Teilleistungen dar, da diese ebenfalls für den Auftraggeber nicht selbstständig nutzbar sind. Bei der Beurteilung, ob eine in sich abgeschlossene Teilleistung vorliegt, kommt es letztlich auf die Verkehrsanschauung an.

Auch bei der Teilabnahme kommen verschiedene Abnahmeformen in Betracht. Es ist also sowohl eine ausdrückliche, eine fiktive und eine stillschweigende Teilabnahme möglich.

Siehe auch:　　→ Abnahme
　　　　　　　　→ Abnahmeverweigerung
　　　　　　　　→ Abnahmewirkungen

Teilkündigung

Nach § 8 Nr. 1 VOB/B kann der Auftraggeber den Bauvertrag bis zur Vollendung der Arbeiten des Auftragnehmers jederzeit frei kündigen, ohne dass es hierzu eines wichtigen Grundes bedarf.

Siehe:　　　　→ Freie Kündigung

Der Auftraggeber kann somit den gesamten Vertrag kündigen, aber es ist auch möglich, den Bauvertrag wegen einzelner Bauleistungen bzw., sofern ein Einheitspreisvertrag vorliegt, wegen einzelner Positionen des Einheitspreisvertrages zu kündigen. Dem Auftraggeber steht bei Vereinbarung eines Einheitspreisvertrages sogar das Recht zu, lediglich einzelne Teilleistungen aus bestimmten Positionen des Leistungsverzeichnisses zu kündigen. Kündigt der Auftraggeber nur einzelne Leistungsteile, so spricht man von einer Teilkündigung.

Mit der Teilkündigung verfolgt der Auftraggeber den Zweck, einzelne vom Auftragnehmer noch nicht erbrachte Leistungen von diesem nicht mehr ausführen zu lassen, während er den Bauvertrag hinsichtlich der übrigen, bereits erbrachten oder noch auszuführenden Leistungen aufrechterhalten möchte.

Folge einer Teilkündigung ist letztlich, dass der Bauvertrag in zwei Teile fällt. Ein Teil des Bauvertrages besteht aus den bereits erbrachten Bauleistungen bzw. den ungekündigten noch zu erbringenden Leistungen, der andere Teil besteht aus den gekündigten nicht mehr zu erbringenden Teilleistungen.

Hinsichtlich der Vergütung des Auftragnehmers hat dies zur Konsequenz, dass der Auftragnehmer für die nicht gekündigten Leistungen ganz normal die vereinbarte Vergütung erhält. Hinsichtlich der gekündigten Teilleistungen, die der Auftragnehmer nicht mehr auszuführen braucht, gilt § 8 Nr. 1 Abs. 2 VOB/B. Das heißt, dass der Auftragnehmer für die gekündigten Leistungsteile die vereinbarte Vergütung abzüglich der ersparten Aufwendungen erhält.

Von der eben dargestellten freien Teilkündigung ist die außerordentliche Teilkündigung, die in § 8 Nr. 3 VOB/B geregelt ist, zu unterscheiden. Bei der außerordentlichen Teilkündigung steht dem Auftraggeber ein wichtiger Grund zur Kündigung zu (siehe: → Kündigung durch den Auftraggeber). Der Auftraggeber kann in diesem Fall eine Kündigung nur hinsichtlich in sich abgeschlossener Teilleistungen aussprechen, diese Einschränkung gilt für die freie Teilkündigung gerade nicht.

Siehe auch:　　→ Kündigung durch den Auftraggeber
　　　　　　　　→ Freie Kündigung

Beispiel und Praxistipp:
Der Auftraggeber entdeckt noch während der Bauausführung Mängel an den Leistungen des Auftragnehmers, der mit der Einbringung von Parkettböden und Holztreppen in das Bauvorhaben des Auftraggebers beauftragt worden ist. Er fordert den Auftragnehmer daraufhin auf, diese innerhalb angemessener Frist zu beseitigen. Der Auftragnehmer kommt dieser Aufforderung nicht nach, weshalb ihm der Auftraggeber eine Nachfrist setzt und ihm zugleich ankündigt, dass er nach Ablauf der Nachfrist den Bauvertrag kündigen werde. Auch diese Frist verstreicht fruchtlos, so dass der Auftraggeber dem Auftragnehmer den Bauvertrag lediglich hinsichtlich der Holztreppen kündigt.
Dies ist möglich, da es sich um eine außerordentliche Kündigung des Auftraggebers handelt und es sich bei den Holztreppen um in sich abgeschlossene Leistungen handelt.
Nicht möglich ist es hingegen, wenn der Auftraggeber den Bauvertrag lediglich hinsichtlich der Treppengeländer kündigt, da es sich bei den Treppengeländern nicht um in sich abgeschlossene Teilleistungen handelt.
Läge nun eine freie Teilkündigung vor und keine außerordentliche Teilkündigung, so wäre diese auch bezüglich

---

der Geländer möglich, da die freie Teilkündigung auch hinsichtlich Teilleistungen möglich ist, die nicht in sich abgeschlossene Leistungen darstellen müssen.

Der Auftragnehmer sollte also darauf achten, ob es sich um eine außerordentliche Teilkündigung aus wichtigem Grund handelt oder um eine freie Kündigung. Liegt nämlich eine freie Teilkündigung vor, so regeln sich die Vergütungsansprüche des Auftragnehmers grundlegend anders als bei einer außerordentlichen Kündigung aus wichtigem Grund, bei welcher der Auftragnehmer Anlass zur Kündigung gegeben hat.

Teilschlussrechnung

In sich abgeschlossene Teile der Leistungen des Auftragnehmers können nach → Teilabnahme ohne Rücksicht auf die Vollendung der übrigen Leistungen endgültig festgestellt und bezahlt werden, so § 16 Nr. 4 VOB/B. Die Abrechnung dieser Teilleistungen erfolgt durch die Teilschlussrechnung. Auf diese Rechnung hin leistet der Auftraggeber dann die Teilschlusszahlung.

In sich abgeschlossene Teilleistungen
Der Auftragnehmer kann eine Teilschlussrechnung nur über in sich abgeschlossene Teilleistungen stellen. Eine in sich abgeschlossene Teilleistung liegt dann vor, wenn der Auftraggeber die Leistung selbstständig nutzen kann, wenn also die betreffende Leistung eine eigene Funktion erfüllt und von weiteren Leistungen unabhängig bestehen kann. Maß-

gebend für die Beurteilung ist dabei stets die allgemeine Verkehrsanschauung.

Beispiele für in sich abgeschlossene Teilleistungen sind etwa bei der Errichtung einer Reihenhausanlage die einzelnen Reihenhäuser. Schuldet der Auftragnehmer den Einbau mehrerer Treppen samt Geländer in ein Bauvorhaben, so ist jede Treppe samt Geländer eine in sich abgeschlossene Teilleistung, nicht jedoch die Treppe ohne Geländer, da eine solche Treppe für den Auftraggeber nicht nutzbar ist. Hieraus folgt auch, dass etwa einzelne Geschosse eines mehrstöckigen Hauses keine in sich abgeschlossenen Teilleistungen sind. Hingegen stellen Sondereigentum und Gemeinschaftseigentum jeweils für sich gesehen in sich abgeschlossene Teilleistungen dar und sind einer → Teilabnahme zugänglich.

Teilabnahme
Voraussetzung für die Teilschlussrechnung ist weiter, dass die in sich abgeschlossenen Teile der Leistung des Auftragnehmers abgenommen wurden. Dazu hat eine Teilabnahme zu erfolgen (siehe: → Teilabnahme).

Abrechnung
Wie die Schlussrechnung auch, muss die Teilschlussrechnung für den Auftraggeber prüfbar sein. Wird dem Auftraggeber keine prüfbare Abrechnung vorgelegt, so besteht keine Zahlungsverpflichtung (Siehe: → Prüfbarkeit der Schlussrechnung).

Folgen
Die Teilschlussrechnung wird – ebenso wie die Schlussrechnung – zwei Monate nach Zugang beim Auftraggeber zur

Zahlung fällig. Im Übrigen gelten für die Teilschlussrechnung dieselben Grundsätze wie für die Schlussrechnung auch.

Siehe: → Schlusszahlung
        → Fälligkeit der Schlusszahlung

U

Überwachungsrecht des Auftraggebers

Nach § 4 Nr. 1 Abs. 2 VOB/B stehen dem Auftraggeber Überwachungsrechte während der Bauausführung zu. Bei diesen Überwachungsrechten handelt es sich im Einzelnen hauptsächlich um:

- Auskunftsrechte,
- Einsichtsrechte und
- Zutrittsrechte.

Die Überwachungsrechte geben dem Auftraggeber die Möglichkeit, den Baufortschritt zu kontrollieren und rechtzeitig einzugreifen, wenn die Befürchtung besteht, dass ein zügiger und reibungsloser Baufortschritt nicht mehr gewährleistet ist. Vom Überwachungsrecht des Auftraggebers ist dessen → Anordnungsrecht zu unterscheiden.

Siehe: → Anordnungen des Auftraggebers
             → Ausführung
             → Auskunftsrecht
             → Bauüberwachung
             → Zutrittsrecht

Unmöglichkeit der Mangelbeseitigung

Ist die Beseitigung von Baumängeln für den Auftraggeber unzumutbar oder ist sie unmöglich, oder würde sie einen unverhältnismäßig hohen Aufwand erfordern und wird sie deshalb vom Auftragnehmer verweigert, so kann der Auftraggeber durch Erklärung gegenüber dem Auftragnehmer die Vergütung entsprechend mindern (§ 13 Nr. 6 VOB/B).

Siehe: → Minderung

Die VOB/B gibt dem Auftraggeber somit bei Unmöglichkeit der Mängelbeseitigung die Möglichkeit, die Vergütung des Auftragnehmers zu mindern, wobei es nicht darauf ankommt, dass der Auftragnehmer die Mangelbeseitigung auch verweigern müsste. Die Voraussetzung der Verweigerung der Mangelbeseitigung bezieht sich lediglich auf die dritte Alternative der Vorschrift, also wenn die Mangelbeseitigung einen unverhältnismäßig hohen Aufwand bedeuten würde.

Definition
Die Mangelbeseitigung muss objektiv unmöglich sein. Das heißt, dass sie sich nicht lediglich aus der Sicht des Auftraggebers als unmöglich darstellen darf. Außer dem Auftragnehmer muss auch kein weiterer Auftragnehmer in der Lage sein, den Mangel zu beseitigen. Solange also noch ein anderer Unternehmer in der Lage ist, den aufgetretenen Mangel zu beseitigen, liegt keine objektive Unmöglichkeit vor, so

dass Minderungsansprüche wegen Unmöglichkeit der Mangelbeseitigung nicht in Betracht kommen.

Unmöglich ist die Mangelbeseitigung etwa dann, wenn ein Wohnhaus errichtet wurde, das nicht diejenige Wohnfläche aufweist, die vertraglich vereinbart wurde.

Sie liegt hingegen dann nicht vor, wenn für die Mangelbeseitigung lediglich ein in wirtschaftlicher Hinsicht hoher Kostenaufwand erforderlich ist. Zwar mag hier der Gesichtspunkt der Unzumutbarkeit der Mangelbeseitigung für den Auftraggeber oder die Unverhältnismäßigkeit des Mangelbeseitigungsaufwandes in Betracht zu ziehen sein. Allerdings sind an diese beiden Voraussetzungen sehr hohe Anforderungen gestellt. Eine Mangelbeseitigung ist nicht allein deshalb unverhältnismäßig oder unzumutbar, weil etwa ein Haus aufgrund von Mängeln neu hergestellt werden müsste. Der Gesichtspunkt der Wirtschaftlichkeit darf grundsätzlich nicht alleine als maßgeblich für die Beurteilung der Unzumutbarkeit oder Unverhältnismäßigkeit herangezogen werden. Sie liegt etwa erst dann vor, wenn der Auftraggeber ein geringes Interesse an der Mangelbeseitigung hat, diese aber einen sehr hohen Kostenaufwand mit sich bringt.

Die Unmöglichkeit der Mangelbeseitigung braucht sich nicht auf das gesamte Bauwerk auszuwirken. Es ist möglich, dass die Mangelbeseitigung nur hinsichtlich einzelner Bauleistungen unmöglich ist. Es liegt dann Teilunmöglichkeit vor. Die Minderung des Vergütungsanspruches betrifft dann lediglich den Vergütungsanspruch des Auftragnehmers für diesen Leistungsteil.

Berechnung der Minderung

Bei der Minderung ist die Vergütung in dem Verhältnis herabzusetzen, in welchem zur Zeit des Vertragsschlusses der Wert des Werkes in mangelfreiem Zustand zu dem wirklichen Wert gestanden haben würde. Sofern auf diese Weise keine exakte Ermittlung der Minderung vorgenommen werden kann, ist die Minderung durch Schätzung zu ermitteln.

Die Berechnungsformel für die Minderung ist demgemäß die folgende:

$$\frac{\text{mangelfreier Zustand}}{\text{mangelhafter Zustand}} = \frac{\text{voller Werklohn}}{x}$$

Praxistipp:

Der Auftragnehmer sollte stets genau prüfen, ob er sich auf Minderungsansprüche des Auftraggebers einlassen muss, oder ob ihm nicht doch ein Recht auf Mängelbeseitigung zusteht. Insbesondere hat er bei der Prüfung die folgenden Gesichtspunkte zu berücksichtigen:

Die Beseitigung eines Mangels ist dann nicht unmöglich, wenn der vertragsgemäße Zustand der Leistung durch Mängelbeseitigungsmaßnahmen auf einem anderen als dem im Vertrag vorgesehenen Weg erreicht wird und die Grundsubstanz der Leistung erhalten bleibt.

Für die Frage der Unverhältnismäßigkeit der Mangelbeseitigungskosten kommt es nicht auf das Verhältnis dieser Kosten zu dem ursprünglichen Herstellungsaufwand an, sondern auf das Wertverhältnis zwischen dem zur Beseitigung erforderlichen Aufwand und dem Vorteil, den die Mangelbeseitigung dem Auftraggeber gewährt.

Bei grober Fahrlässigkeit des Auftragnehmers bei der Verursachung von Mängeln ist diesem die Berufung auf den Gesichtspunkt der Unverhältnismäßigkeit des Aufwandes grundsätzlich verwehrt.
(Siehe hierzu auch: OLG Düsseldorf, Urteil vom 04.08.1992, AZ: 23 U 236/91)

Die Mangelbeseitigung ist im Übrigen nicht schon deshalb unmöglich, weil sie mit Schwierigkeiten verbunden ist. Leistungserschwernisse, die von vornherein erkennbar waren, fallen in das Risiko des Auftragnehmers.
(Siehe hierzu: OLG Düsseldorf, Urteil vom 13.11.1998, AZ: 22 U 96/98)

Unterbrechung der Ausführung

Wird die Ausführung der Bauarbeiten für voraussichtlich längere Dauer unterbrochen, ohne dass die Leistung dauernd unmöglich wird, so sind die ausgeführten Leistungen nach den Vertragspreisen abzurechnen und außerdem die Kosten zu vergüten, die dem Auftragnehmer bereits entstanden und in den Vertragspreisen des nicht ausgeführten Teiles der Leistung enthalten sind (§ 6 Nr. 5 VOB/B).

Ist die Unterbrechung von einer der Vertragsparteien zu vertreten, so hat der andere Teil Anspruch auf Ersatz des nachweislich entstandenen Schadens. Entgangener Gewinn wird dabei jedoch nur dann erstattet, wenn Vorsatz oder grobe Fahrlässigkeit vorliegt (§ 6 Nr. 6 VOB/B).

Dauert eine Unterbrechung länger als drei Monate, so kann sowohl der Auftraggeber als auch der Auftragnehmer nach Ablauf dieser Zeit den Vertrag schriftlich kündigen. Die Abrechnung regelt sich genauso wie bei einer Unterbrechung der Bauarbeiten für längere Dauer, siehe oben. Wenn der Auftragnehmer die Unterbrechung nicht zu vertreten hat, sind auch die Kosten der Baustellenräumung zu vergüten, soweit sie nicht in der Vergütung für die bereits erbrachten Leistungen enthalten sind (§ 6 Nr. 7 VOB/B).

Längere Unterbrechung
Es wird nicht exakt definiert, was unter einer längeren Unterbrechung zu verstehen ist. Jedenfalls ist hierunter ein Zeitraum von mindestens einem Monat bis zu drei Monaten zu verstehen. Maßgeblich für die Beurteilung, ob die Unterbrechung bereits von längerer Dauer ist, ist eine Bewertung des jeweiligen Einzelfalles. Wenn die Baustelle für weniger als einen Monat ruht, liegt noch keine Unterbrechung vor, so dass lediglich von hindernden Umständen auszugehen sein wird, siehe: → Behinderung der Ausführung.

Abrechnung der Bauleistungen
Der Auftragnehmer hat eine prüfbare → Teilschlussrechnung zu erstellen und an den Auftraggeber auszuhändigen. Für die Fälligkeit der Zahlung ist in diesem Falle, wie bei der Kündigung des Bauvertrages durch den Auftraggeber, ausnahmsweise eine → Abnahme nicht erforderlich.
Der Auftragnehmer hat in seiner Rechnung prüffähig darzulegen, welche Leistungen ausgeführt wurden und der Abrechnung die maßgeblichen Vertragspreise zu Grunde zu legen.

Kündigungsrecht

Im Falle der Unterbrechung der Bauarbeiten für einen längeren Zeitraum als drei Monate, steht dem Auftraggeber ebenso wie dem Auftragnehmer das Recht zur Kündigung zu. Mit dem Recht auf Kündigung nach dieser Vorschrift, werden jedoch die weiteren in der VOB/B enthaltenen Kündigungsrechte des Auftraggebers und des Auftragnehmers nicht ausgeschlossen.

Siehe auch: → Behinderung der Ausführung
→ Behinderungsanzeige
→ Kündigung durch den Auftraggeber
→ Schadenersatz
→ Teilschlussrechnung

Praxistipp:

Wird ein Auftragnehmer von einem Auftraggeber beauftragt, ein Bauvorhaben zu realisieren und wird vereinbart, dass verbindlicher Ausführungsbeginn 14 Tage nach Eingang der Baugenehmigung sein soll, verzögert sich jedoch der vereinbarte Baubeginn um mehr als drei Monate, weil eine erforderliche straßenverkehrsrechtliche Genehmigung für die Aufstellung eines Kranes nicht erteilt wird, so kann der Auftragnehmer den Bauvertrag nach § 6 Nr. 7 VOB/B kündigen, wenn er die Verzögerung bzw. Versagung der Genehmigung nicht verursacht hat. Zwar besagt § 6 Nr. 7 VOB/B, dass dem Auftragnehmer ein Kündigungsrecht nur zustehen soll, wenn die Ausführung unterbrochen wird. Allerdings ist nach herrschender Ansicht und Rechtsprechung ein Kündigungsrecht auch dann zuzugestehen, wenn der Auftragnehmer noch gar nicht mit der Ausführung der Arbeiten begonnen hat.

> Der Auftraggeber kann sich also in einem solchen Fall nicht gegenüber dem Auftragnehmer darauf berufen, der Auftragnehmer habe die Ausführung der Arbeiten unberechtigt verweigert und Schadensersatz von ihm verlangen.

Unverhältnismäßigkeit der Mangelbeseitigung

Siehe: → Unmöglichkeit der Mangelbeseitigung

Unzumutbarkeit der Mangelbeseitigung

Siehe: → Unmöglichkeit der Mangelbeseitigung

V

Vergütungsgefahr

Die Vergütungsgefahr besagt, ob der Auftraggeber die mit dem Auftragnehmer für die Erbringung der Bauleistungen vereinbarte Vergütung bei zufälligem Untergang der vom Auftragnehmer erbrachten Bauleistungen bezahlen muss.

Siehe hierzu: → Abnahmewirkungen
→ Gefahrtragung
→ Leistungsgefahr

Verjährung von Mängelansprüchen

Der Auftragnehmer ist verpflichtet, alle während der Verjährungsfrist auftretenden Mängel die auf eine vertragswidrige Leistung des Auftragnehmers zurückzuführen sind, auf seine Kosten zu beseitigen, wenn es der Auftraggeber vor Ablauf der Verjährungsfrist für diese Mängelansprüche schriftlich verlangt.
Der Auftragnehmer braucht also Mängel nur dann zu beseitigen, wenn ihm das schriftliche Verlangen des Auftraggebers vor Ablauf der Verjährungsfrist zugeht. Geht es ihm erst danach zu, so hat er sich ausdrücklich gegenüber dem Auftraggeber auf die Verjährung zu berufen. Tut er dies, so ist er von der Pflicht zur Beseitigung der gerügten Mängel frei.

Ist für Mängelansprüche keine abweichende Verjährungsfrist im Bauvertrag vereinbart, so beträgt sie:

- für Bauwerke vier Jahre
- für Arbeiten an einem Grundstück zwei Jahre
- für die von Feuer berührten Teile von Feuerungsanlagen ebenfalls zwei Jahre
- für feuerberührte und abgasdämmende Teile von industriellen Feuerungsanlagen ein Jahr

Bei maschinellen und elektrotechnischen bzw. elektronischen Anlagen oder Teilen davon, bei denen die Wartung Einfluss auf die Sicherheit und Funktionsfähigkeit hat, beträgt die Verjährungsfrist für Mängelansprüche zwei Jahre, wenn der Auftraggeber sich dafür entschieden hat, dem Auftragnehmer die Wartung für die Dauer der Verjährungsfrist nicht zu übertragen.

Die Verjährungsfrist beginnt mit der → Abnahme der gesamten Leistungen des Auftragnehmers. Für in sich abgeschlossene Teile der Leistungen des Auftragnehmers beginnt sie mit der → Teilabnahme

Hat der Auftraggeber dem Auftragnehmer noch während der Verjährungsfrist die Mängel schriftlich angezeigt und deren Beseitigung verlangt, so verjährt der Anspruch auf Beseitigung der gerügten Mängel in zwei Jahren, gerechnet vom Zugang des schriftlichen Verlangens an, jedoch nicht vor Ablauf der oben aufgezeigten Verjährungsfristen bzw. der an ihrer Stelle zwischen Auftraggeber und Auftragnehmer vereinbarten Frist.

Siehe hierzu ausführlich: → Quasiunterbrechung

Nach Abnahme der Mangelbeseitigungsarbeiten beginnt für die Mangelbeseitigungsarbeiten eine neue Verjährungsfrist von zwei Jahren, die jedoch ebenfalls nicht vor den oben aufgezeigten Regelverjährungsfristen oder vereinbarten Verjährungsfristen endet.

Vereinbarung abweichender Verjährungsfristen
Die Vertragsparteien können weitestgehend frei von der Regelung der VOB/B abweichende Verjährungsfristen vereinbaren. Die vereinbarte Verjährungsfrist darf allerdings nicht über eine 30-jährige Verjährungsfrist ab dem Verjährungsbeginn, also regelmäßig der → Abnahme, hinaus vereinbart werden darf. Eine Verkürzung der Verjährungsfrist durch eine Individualvereinbarung ist ebenfalls zulässig. Allerdings darf die Verjährungsfrist auch durch eine individuelle Vereinbarung nicht völlig ausgeschlossen werden.

Von einer individuellen Vereinbarung über Verjährungsfristen sind Regelungen in Vertragsklauseln zu unterscheiden.

In vorformulierten Vertragsklauseln, die vom Auftragnehmer verwendet werden, ist beispielsweise die Verkürzung von Verjährungsfristen unzulässig. Findet sich eine solche unzulässige Klausel in einem Bauvertrag, so hat dies zur Folge, dass die Regelverjährungsfrist der VOB/B gilt.

Verwendet der Auftraggeber eine Vertragsklausel, wonach die Verjährungsfrist verlängert wird, so ist diese wirksam. In der Baupraxis finden sich daher in Formularverträgen des Auftraggebers bereits vorformulierte Klauseln, wonach die Verjährungsfrist nach § 13 Nr. 4 VOB/B auf fünf Jahre nach BGB verlängert wird. Die fünfjährige Verjährungsfrist nach

BGB stellt aber keine Obergrenze für eine wirksame Verlängerung dar.

Arbeiten an einem Bauwerk / Grundstück
Zur Abgrenzung der Arbeiten an einem Bauwerk von denen an einem Grundstück

siehe: → Arbeiten an einem Bauwerk
            → Arbeiten an einem Grundstück

Arglistiges Verschweigen von Mängeln
Verschweigt der Auftragnehmer Mängel arglistig, von deren Vorhandensein er weiß, so gelten die kurzen Verjährungsfristen nach VOB/B nicht für diese Mängel. Vielmehr verjähren die Mängelansprüche des Auftraggebers erst nach drei Jahren, wobei die Verjährungsfrist erst mit dem Ende desjenigen Jahres zu laufen beginnt, in welchem der Auftraggeber sichere Kenntnis vom Vorhandensein der verschwiegenen Mängel hat. Der Auftragnehmer sollte also tunlichst davon absehen, Mängel zu verschweigen, wenn er sich nicht unkalkulierbar langen Verjährungsfristen aussetzen möchte.

Beginn der Verjährungsfristen
Außer bei arglistigem Verschweigen von Mängeln beginnt die Verjährungsfrist mit der Abnahme zu laufen. Auch dann wenn der Auftraggeber die Abnahme zu Unrecht endgültig verweigert, beginnt die Verjährungsfrist im Übrigen ebenfalls zu dem Zeitpunkt zu laufen, zu welchem die Bauleistungen abzunehmen waren.

Siehe hierzu: → Abnahme
                → Abnahmewirkungen

Hemmung der Verjährungsfristen und Neubeginn

Die Verjährungsfrist kann durch eine Reihe von Maßnahmen gehemmt werden. Zu diesen Maßnahmen zählen in erster Linie:

- Die Erhebung einer Klage,
- die Durchführung eines schiedsrichterlichen Verfahrens, sofern dies vereinbart wurde und bei welchem Mängelansprüche zum Gegenstand gemacht werden,
- in der Baupraxis nicht großartig relevant: Die Zustellung eines Mahnbescheides, wobei bereits der Eingang des Mahnbescheidantrages beim Mahngericht ausreicht, sofern der Mahnbescheid alsbald nach Eingang dem Auftragnehmer auch zugestellt wird,
- die Zustellung des Antrages auf Durchführung eines Selbstständigen Beweisverfahrens,
- die Zustellung einer Streitverkündung, sei es in einem Klageverfahren, in welchem Mängelansprüche streitgegenständlich sind oder aber in einem selbstständigen Beweisverfahren.

Die Verjährung wird darüber hinaus auch gehemmt, solange der Auftragnehmer gegenüber dem Auftraggeber, der rechtzeitig Mängel gerügt hat, aufgrund einer zwischen ihnen getroffenen Vereinbarung zur Verweigerung der Mängelbeseitigung berechtigt ist. Hauptanwendungsfall in der Baupraxis dürfte dabei das so genannte „Stillhalteabkommen" sein, wonach sich die Parteien dahingehend verständigen, dass zunächst ein Schiedsgutachten eingeholt werden soll.

Im Falle des Neubeginns der Verjährung bleibt die bis zum Zeitpunkt des Neubeginns bereits gelaufene Verjährungsfrist außer Betracht. Ein solcher Neubeginn findet etwa dann statt, wenn der Auftragnehmer gegenüber dem Auftraggeber unzweifelhaft zum Ausdruck bringt, er werde die Mängelbeseitigung vornehmen, so dass sich der Auftraggeber darauf verlassen kann, dass sich der Auftragnehmer nicht mehr auf die Verjährung berufen werde.

Siehe:
→ Abnahme
→ Abnahmewirkungen
→ Arbeiten an einem Bauwerk
→ Arbeiten an einem Grundstück
→ Teilabnahme
→ Quasiunterbrechung
→ Symptomtheorie

Verjährung von Vergütungsansprüchen

Die VOB/B enthält zwar detaillierte Bestimmungen über die Verjährung von Mängelansprüchen. Sie enthält jedoch keine Regelungen dazu, wann und wie die Vergütungs- bzw. Zahlungsansprüche des Auftragnehmers verjähren. Da die VOB/B jedoch lediglich ergänzende Bestimmungen zum Werkvertragsrecht des BGB beinhaltet, sind diesbezüglich somit die allgemeinen Verjährungsregeln des BGB maßgeblich.

Verjährungsfrist
Mit dem In-Kraft-Treten des Schuldrechtsmodernisierungsgesetzes wurde das gesamte Verjährungsrecht mit Wirkung zum 01.01.2002 grundlegend umgestaltet. Bis zum

31.12.2001 verjährten die Vergütungsansprüche des Auftragnehmers in zwei Jahren, gerechnet von der Abnahme an, bzw. in vier Jahren, wenn die Bauleistungen für den Gewerbebetrieb des Auftraggebers erbracht wurden. Nunmehr beträgt die regelmäßige Verjährungsfrist für Vergütungsansprüche einheitlich drei Jahre.

Auf Bauverträge, die vor dem 01.01.2002 abgeschlossen wurden, sind grundsätzlich noch die Vorschriften des BGB in der alten Fassung anzuwenden. Die neuen Verjährungsvorschriften finden allerdings auf die am 01.01.2002 bestehenden und noch nicht verjährten Vergütungsansprüche Anwendung. Ist die Verjährungsfrist nach dem BGB in der ab dem 01.01.2002 geltenden Fassung (drei Jahre) kürzer als nach dem BGB in der bis dahin geltenden Fassung (zwei bzw. vier Jahre), so wird die kürzere Frist von dem 01.01.2002 an berechnet. Ist die Verjährungsfrist in der bis zum 31.12.2001 geltenden Fassung des BGB hingegen kürzer als diejenige des neuen Rechts, so ist die kürzere Frist des alten Rechts des BGB maßgebend.

Der Auftragnehmer sollte in diesem Zusammenhang beachten, dass nur Vergütungsansprüche aus Schlussrechnungen oder Teilschlussrechnungen der Verjährung unterliegen, nicht jedoch Vergütungsansprüche aus Abschlagsrechnungen oder Ansprüche auf Vorauszahlungen.

Verjährungsbeginn

Die Verjährungsfrist von drei Jahren beginnt mit dem Ende des Jahres zu laufen, in welchem der Anspruch auf Vergütung fällig geworden ist. Soweit es sich um eine Schlusszahlung aus einem VOB-Bauvertrag handelt, ist Voraussetzung für die Fälligkeit des Vergütungsanspruches des Auftragnehmers stets eine wirksame Abnahme sowie die Vorlage einer prüfbaren Schlussrechnung beim Auftraggeber und der Ablauf der → Prüfungsfrist. Erst dann, wenn diese Voraussetzungen vorliegen, tritt die für den Beginn der Verjährungsfrist maßgebliche Fälligkeit der Schlusszahlung ein.

Hemmung der Verjährung

Ebenso wie die → Verjährungsfrist für Mängelansprüche kann auch die Verjährungsfrist für Vergütungsansprüche des Auftragnehmers durch bestimmte Maßnahmen gehemmt werden. Hierzu zählen in erster Linie

- die Klageerhebung,
- die Zustellung eines Mahnbescheides,
- die Aufrechnung mit Vergütungsansprüchen gegen eine Forderung des Auftraggebers im Gerichtsprozess,
- die Zustellung der Streitverkündung und
- der Beginn eines schiedsrichterlichen Verfahrens.

Wurde die Verjährungsfrist, etwa durch ein gerichtliches Verfahren, gehemmt und würde sie unmittelbar nach Beendigung des Verfahrens ablaufen, da die Klage erst kurz vor Ablauf der Verjährungsfrist erhoben wurde, so bestimmt das Gesetz in § 204 Abs. 2 Satz 1 BGB, dass die Verjährung erst sechs Monate nach der rechtskräftigen Entscheidung des Gerichtes abläuft. Es soll damit sichergestellt sein, dass dem Auftragnehmer noch ausreichend Zeit verbleibt, um seine Ansprüche geltend zu machen.

Siehe auch: → Abnahme
→ Abnahmewirkungen
→ Fälligkeit der Schlusszahlung
→ Schlussrechnung
→ Verjährung von Mängelansprüchen

Beispiel:
Der Verdeutlichung der Berechnung von Verjährungsfristen für Mängelansprüche soll nachfolgendes Beispiel dienen:
Auftraggeber und Auftragnehmer schließen mit Datum vom 03.03.2003 einen VOB-Bauvertrag. Abnahme der Bauleistungen findet am 07.11.2003 statt. Der Auftragnehmer erstellt mit Datum vom 23.11.2003 seine Schlussrechnung, die dem Auftraggeber am 25.11.2003 zugeht. Verjährungsbeginn ist der 01.01.2005, die Verjährungsfrist läuft drei Jahre, so dass der Vergütungsanspruch mit Ablauf des 31.12.2007 verjährt ist.

Grund:
Die Verjährung beginnt mit Ablauf des Jahres zu laufen, in welchem der Vergütungsanspruch zur Zahlung fällig geworden ist. Da die Fälligkeit der Schlussrechnung erst nach Ablauf der zweimonatigen Prüfungsfrist vorliegt, war die Schlussrechnung somit erst am 25.01.2004 zur Zahlung fällig. Verjährungsbeginn war also der 01.01.2005.

Verlängerung von Vertragsfristen

Werden zwischen Auftraggeber und Auftragnehmer verbindliche Vertragsfristen (→ Ausführungsfristen) vereinbart, so hat der Auftragnehmer einen Anspruch auf Verlängerung dieser Fristen, sofern vom Auftraggeber verschuldete Umstände eintreten, die zu einer Bauverzögerung führen.

Hinsichtlich der Einzelheiten wird auf die nachfolgenden Schlagworte verwiesen.

Siehe:
→ Änderung des Bauentwurfes
→ Ausführungsfristen
→ Anordnungen des Auftraggebers
→ Behinderung
→ Behinderungsanzeige

Vertragserfüllungsbürgschaft

Siehe:
→ Bürgschaft
→ Bürgschaft auf Erstes Anfordern
→ Gewährleistungssicherheit

Vertragsfristen

Gemäß § 5 Nr. 1 VOB/B ist die Ausführung nach den verbindlichen Fristen (Vertragsfristen) zu beginnen, angemessen zu fördern und zu vollenden. In einem Bauzeitenplan enthaltene → Einzelfristen gelten nur dann als Vertragsfristen, wenn dies im Bauvertrag ausdrücklich vereinbart ist.

Vertragsfristen sind verbindlich zwischen den Bauvertragsparteien vereinbarte Fristen. Die Nichteinhaltung von Vertragsfristen ist eine Pflichtverletzung aus dem Bauvertrag. Sofern der Auftragnehmer eine verbindliche Vertragsfrist, etwa die Fertigstellungsfrist nicht einhält, hat er dem Auftraggeber unter Umständen Schadensersatz zu leisten,

353

sofern er mit der Ausführung seiner Bauleistungen in Verzug gerät.

Dabei ist alleine die Überziehung einer verbindlichen Vertragsfrist nicht gleichzusetzen mit dem Verzug des Auftragnehmers. Verzug mit Bauleistungen liegt vielmehr erst dann vor, wenn die jeweils innerhalb der vereinbarten Frist auszuführenden Bauleistungen fällig sind, dem Auftragnehmer also nicht etwa ein Zurückbehaltungsrecht hinsichtlich der Ausführung der Arbeiten (beispielsweise Zahlungsverzug des Auftraggebers) zusteht, der Auftraggeber gegenüber dem Auftragnehmer eine Mahnung ausgesprochen hat und der Auftragnehmer die eingetretenen Verzögerungen schließlich auch zu vertreten hat.

Einzelfristen
Von den verbindlichen Vertragsfristen sind die unverbindlichen → Einzelfristen (auch → Zwischenfristen) zu unterscheiden. Letztere dienen dem Auftraggeber, sofern sie nicht ausdrücklich als verbindliche Fristen im Bauvertrag bezeichnet wurden, lediglich dazu, den gesamten Bauablauf, etwa anhand eines Bauzeitenplanes, zu überwachen, um gegebenenfalls rechtzeitig Anordnungen treffen zu können, wenn zu befürchten steht, dass durch die Nichteinhaltung unverbindlicher Einzelfristen die verbindliche Ausführungsfrist nicht eingehalten werden kann.

Ausführungsfristen
Ausführungsfristen sind Vertragsfristen, sofern sie als verbindlich vereinbart wurden.
Unter Ausführungsfristen sind all diejenigen Vertragsfristen zu verstehen, welche die Ausführung der Bauleistungen des

Auftragnehmers regeln, also etwa die Frist für den Beginn der Arbeiten und die Fertigstellungsfrist. Unter dem Begriff „Frist" wird dabei generell ein Zeitraum verstanden, unter dem Begriff „Termin" hingegen ein bestimmter Zeitpunkt. Wenn in § 5 VOB/B auch lediglich von „Fristen" die Rede ist, so gelten die Regelungen sinngemäß auch für Termine.

Die Bauvertragsparteien können Ausführungsfristen entweder durch Angabe eines Anfangs- und / oder eines Endzeitpunktes (eines Datums) oder nach Zeiteinheiten, etwa Wochen und Werktagen bemessen. Werktage sind dabei alle Tage außer Sonn- und Feiertage. Dabei soll die Fristbestimmung durch Angabe von Daten nur dann gewählt werden, wenn der Auftraggeber den Beginn der Ausführung verbindlich festlegen kann und ein bestimmter Endtermin eingehalten werden muss.

Ist ein öffentlicher Auftraggeber beteiligt, so hat er im Rahmen der Vergabe der Bauleistungen nach Nr. 1.3 und 2 VHB (Vergabehandbuch) zu § 11 VOB/A bei der Bemessung der Ausführungsfristen zu berücksichtigen,

- welche zeitliche Abhängigkeit von vorausgehenden und nachfolgenden Leistungen besteht,
- zu welchem Zeitpunkt die zur Ausführung erforderlichen Unterlagen zur Verfügung gestellt werden können,
- in welchem Umfang arbeitsfreie Tage in die vorgesehene Frist fallen und
- inwieweit mit Ausfalltagen durch Witterungseinflüsse während der Ausführungszeit normalerweise gerechnet werden muss.

Diese Überlegungen sollte selbstverständlich auch ein privater Auftraggeber anstellen.

Siehe auch: → Ausführung
                 → Ausführungsfristen
                 → Einzelfristen
                 → Zwischenfristen

Praxistipp:
Schließen Auftraggeber und Auftragnehmer einen VOB-Bauvertrag und sind darin verbindliche Vertragsfristen vereinbart, so kann der Auftraggeber den Auftrag entziehen und Schadenersatz verlangen, wenn der Auftragnehmer auch kurze Ausführungsfristen nicht einhält. Die Nichteinhaltung des Termins kann darin bestehen, dass die Leistungen nicht vollständig erbracht wurden, als auch darin, dass Mängel vorliegen. Der Auftragnehmer kann in diesem Fall nicht einwenden, die Ausführungsfristen seien für die Beseitigung der Mängel zu knapp bemessen gewesen.
(Siehe hierzu auch: OLG München, Urteil vom 25.04.1995, AZ: 28 U 4616/94)

Vertragsstrafe

Vom Auftragnehmer zu errichtende Bauvorhaben werden oftmals bereits vor Baubeginn teilweise oder vollständig veräußert. Aus diesem Grund ist die Einhaltung des vereinbarten Fertigstellungstermins für den Auftraggeber von großer Wichtigkeit. Die Vertragsstrafe ist ein effizientes Druckmittel für den Auftraggeber, mit welchem er den Auftragnehmer dazu anhalten kann, seine Bauleistungen termingerecht fertig zu stellen.

Definition

Unter dem Begriff „Vertragsstrafe" versteht man ein Versprechen des Auftragnehmers gegenüber dem Auftraggeber für den Fall, dass er seine Bauleistungen entweder nicht oder nicht in gehöriger Weise, beispielsweise nicht termingerecht, erfüllt, eine bestimmte Geldsumme als Strafe an den Auftraggeber zu zahlen. Regelmäßig rechnet der Auftraggeber dann, wenn eine Vertragsstrafe verwirkt (angefallen) ist, mit seinem Vertragsstrafenanspruch gegen den Vergütungsanspruch des Auftragnehmers auf.

Voraussetzungen

Soll eine Vertragsstrafe im Bauvertrag wirksam vereinbart werden, so ist Folgendes zu beachten:

- Der Auftraggeber kann eine Vertragsstrafe nur verlangen, wenn sie ausdrücklich vereinbart ist. Liegt keine Vereinbarung über eine Vertragsstrafe vor, so kann sie von vornherein nicht geltend gemacht werden, § 11 Nr. 1 VOB/B. Die Vereinbarung kann sowohl im Bauvertrag selbst stehen, als auch in für eine Vielzahl von Fällen vorformulierten Vertragsbedingungen, die zum Gegenstand des Bauvertrages gemacht wurden, enthalten sein. Es ist somit also grundsätzlich zulässig, eine Vertragsstrafenklausel zu vereinbaren.
- Die Vereinbarung muss nicht zwingend schriftlich erfolgen, sie ist vielmehr auch mündlich möglich. Selbstverständlich ist es anzuraten, aus Beweis- und Dokumenta-

tionsgründen die Vertragsstrafe dennoch schriftlich im Bauvertrag zu vereinbaren.

- In der Baupraxis wird eine Vertragsstrafe zumeist für den Fall vereinbart, dass der Auftragnehmer im Rahmen der Ausführung seiner Bauleistungen die verbindlich vereinbarten → Ausführungsfristen, speziell die Fertigstellungsfrist, nicht einhält. Es ist in diesem Fall bei der Vereinbarung einer Vertragsstrafe zunächst darauf zu achten, dass die Ausführungsfristen verbindlich ausgestaltet wurden und nicht lediglich unverbindliche Fristen darstellen. Hält der Auftragnehmer etwa die verbindlich vereinbarte Fertigstellungsfrist nicht ein, so ist die Vertragsstrafe verwirkt, also angefallen, sofern nicht den Auftraggeber das Verschulden an der verspäteten Fertigstellung der Bauleistungen trifft. Hierbei ist zu beachten, dass dann, wenn die Vertragsfristen aufgrund von Anordnungen des Auftraggebers oder Änderungen des Bauentwurfes nicht eingehalten werden können, der Auftragnehmer einen Anspruch auf Verlängerung der Fristen hat. Sofern der Auftragnehmer die verlängerte Vertragsfrist einhält, scheiden Vertragsstrafenansprüche des Auftraggebers aus.
- Der Auftraggeber kann seine Vertragsstrafenansprüche nur dann gegenüber dem Auftragnehmer geltend machen, wenn er sich die Geltendmachung bei der Abnahme ausdrücklich vorbehalten hat (§ 12 Nr. 5 Abs. 3 VOB/B).

Inhalt, Höhe und Berechnung der Vertragsstrafe

Ist eine Vertragsstrafe für den Fall vereinbart, dass der Auftragnehmer nicht in der ihm vom Auftraggeber vorgegebenen verbindlichen Frist den Bauvertrag erfüllt, was in der

Baupraxis regelmäßig der Fall ist, so wird sie fällig, wenn der Auftragnehmer mit der Erfüllung des Bauvertrages in Verzug gerät. Ist die vereinbarte Vertragsstrafe nach Tagen bemessen, so zählen nur die Werktage, ist sie nach Wochen bemessen, so wird jeder Werktag angefangener Wochen als 1/6 Woche gerechnet.

Generell ist hinsichtlich Grund und Höhe einer Vertragsstrafe danach zu differenzieren, ob eine Vertragsstrafe individuell zwischen den Bauvertragsparteien ausgehandelt wurde, oder ob eine Vertragsstrafenklausel vorliegt.

Individualvereinbarung

Wird die Vertragsstrafenvereinbarung individuell zwischen den Vertragsparteien ausgehandelt, so sind diese bei der Vereinbarung der Höhe der Vertragsstrafe grundsätzlich frei. Die Grenze des Zulässigen bilden aber § 134 BGB (Verstoß gegen ein Gesetz) und § 138 BGB (Sittenwidrigkeit). Die Vertragsstrafenvereinbarung ist etwa dann sittenwidrig, wenn der Auftraggeber offensichtlich die Unerfahrenheit des Auftragnehmers ausnutzen möchte und die Höhe der Vertragsstrafe in einem auffälligen Missverhältnis zum Vergütungsanspruch des Auftragnehmers steht.

Wie die Höhe der Vertragsstrafe berechnet wird, hängt ebenfalls von der Vereinbarung der Vertragsparteien ab. Wenn mit der Vertragsstrafe das Ziel verfolgt werden soll, dass der Auftragnehmer Vertragsfristen einhalten soll, so bietet sich eine dahingehende Regelung an, dass für jeden angefangenen Tag (Woche) ein gewisser Prozentsatz der Auftragssumme an den Auftraggeber zu zahlen ist. Eine Vereinbarung könnte also lauten wie folgt:

„Bei Überschreitung des vereinbarten Fertigstellungstermins verpflichtet sich der Auftragnehmer gegenüber dem
Auftraggeber zur Zahlung einer Vertragsstrafe in Höhe von
0,2 % der Auftragssumme pro Werktag. Die Höhe der Vertragsstrafe beträgt maximal 5 % der Auftragssumme."

Ist eine individuell vereinbarte Vertragsstrafe ungenau oder
nicht abschließend, so ist sie auszulegen. Dabei sind auch
die Bestimmungen der VOB/B heranzuziehen. Wurde zum
Beispiel nur geregelt, dass die Vertragsstrafe pro „Tag" zu
zahlen ist, so ist die Vereinbarung im Hinblick auf § 11 Nr. 2
und 3 VOB/B dahingehend auszulegen, dass nur Werktage in
die Berechnung einfließen sollen.

Vertragsklausel
Gängig ist jedoch, dass Vertragsstrafen in Bauvertragsklau-
seln enthalten sind, die vom Auftraggeber bereits im Vertragstext vorformuliert und nicht einzeln ausgehandelt sind.
An die inhaltliche Gestaltung von Vertragsstrafenklauseln
sind jedoch strengere Anforderungen gestellt, weshalb stets
vom Auftragnehmer, wenn er sich gegen die Zahlung einer
Vertragsstrafe wehren will, zunächst überprüft werden sollte, ob es sich um eine Vertragsstrafenklausel oder um eine
Individualvereinbarung handelt. Siehe hierzu: → Allgemeine
Geschäftsbedingungen.
- Eine Strafklausel muss zum einen für den Auftragnehmer
  nachvollziehbar formuliert, also transparent sein.
- Sie muss verschuldensabhängig formuliert sein, das
  heißt, dass der Auftragnehmer eine Vertragsstrafe nur
  dann zu zahlen hat, wenn er beispielsweise die Überschreitung einer Vertragsfrist selbst verursacht hat.

- Sie muss verzugsabhängig ausgestaltet sein. Verzug bedeutet, dass dem Auftragnehmer zunächst eine Frist zur Erfüllung gesetzt werden muss. Erst dann, wenn er diese Frist verstreichen lässt, befindet sich der Auftragnehmer in Verzug. Sofern allerdings eine Vertragsstrafe vorliegt, die an die Versäumung einer Vertragsfrist anknüpft, so bedarf es keiner Mahnung mehr, wenn die Frist kalendermäßig verbindlich geregelt wurde.
- Nicht erforderlich ist, dass dem Auftraggeber aufgrund der Fristüberschreitung ein Nachteil entstanden ist. Die Verwirkung der Vertragsstrafe ist hiervon unabhängig.
- Die Höhe der Vertragsstrafe pro Zeiteinheit muss angemessen sein und darf nicht außer Verhältnis zum angestrebten Zweck als Druckmittel stehen. In der Vergangenheit sind etliche Urteile dazu ergangen, wie hoch die pro Tag zu zahlende als auch die betragsmäßige Obergrenze einer Vertragsstrafe sein darf.

Maßgeblich für die betragsmäßige Obergrenze einer Vertragsstrafe ist die jüngste Entscheidung des BGH, Urteil vom 23.01.2003, AZ: VII ZR 210/01.

Demnach ist für vor dem Bekanntwerden dieser Entscheidung geschlossene Bauverträge, so genannte „Altverträge" mit einer Auftragssumme von bis zu 13 Millionen DM eine Obergrenze von 10 % der Auftragssumme zulässig. Sofern in Altverträgen diese Auftragssumme überschritten wird, ist eine Obergrenze von 10 % der Auftragssumme jedoch in Vertragsstrafenklauseln unzulässig. Sie darf über 5 % der Auftragssumme nicht hinausgehen.

Für Klauseln in Bauverträgen, die nach diesem Zeitpunkt geschlossen wurden, gilt unabhängig von der Auftragssumme stets eine Obergrenze von 5 % der Auftragssumme.

Hierauf sollte der Auftragnehmer besonders achten, wenn er sich auf die Unwirksamkeit einer Vertragsstrafenklausel beruft, zumal auch heute noch Vertragsstrafenklauseln verwendet werden, die höhere Prozentsätze aufweisen. Findet sich eine Klausel in einem Bauvertrag, der nach dem Zeitpunkt des Bekanntwerdens der oben zitierten Entscheidung geschlossen wurde, mit einer höheren Vertragsstrafenobergrenze als 10 %, so sollte sich der Auftragnehmer auf die Unwirksamkeit der Klausel berufen, da er damit unangemessen benachteiligt wird.

Eine Strafhöhe von bis zu 0,3 % der Auftragssumme pro Werktag wurde seit jeher von der Rechtsprechung als wirksam angesehen.

Herabsetzung der Vertragsstrafe
Liegt eine individuell ausgehandelte Vertragsstrafenregelung vor, so kann die Strafe, sofern sie unzulässig hoch ist, auf Antrag des Auftragnehmers auf ein zulässiges Maß herabgesetzt werden. Die Herabsetzung einer Vertragsstrafenklausel scheidet hingegen aus.

Siehe auch: → Abnahme
→ Abnahmewirkungen
→ Allgemeine Geschäftsbedingungen
→ Behinderung der Ausführung
→ Individualvereinbarung
→ Vertragsfristen

Praxistipp:

Der Auftraggeber hat gemäß § 11 Nr. 4 VOB/B den Vorbehalt der Geltendmachung von Vertragsstrafenansprüchen bei der Abnahme dem Auftragnehmer gegenüber zu erklären, da er ansonsten keine Ansprüche mehr geltend machen kann. Es reicht jedoch auch aus, wenn der Auftraggeber den Vorbehalt zeitnah zur Abnahme erklärt. Als zeitnah wurde vom OLG Düsseldorf ein Zeitraum von zwei Tagen zwischen Erklärung des Vorbehaltes und Abnahme angesehen.

(OLG Düsseldorf, Urteil vom 08.09.2000, AZ: 22 U 34 / 00)

Verzug als Kündigungsgrund

Siehe: → Kündigung des Auftraggebers
            → Kündigung des Auftragnehmers

Verzug mit der Abnahme

Der Auftraggeber ist verpflichtet, die Arbeiten des Auftragnehmers abzunehmen, wenn diese abnahmefähig sind. Abnahmefähigkeit liegt vor, wenn die Arbeiten vertragsgemäß ausgeführt wurden und nicht mit wesentlichen Mängeln behaftet sind, wobei das Fehlen von kleineren Restarbeiten nichts an der Abnahmefähigkeit ändert. Liegen wesentliche Mängel vor oder wurden die Arbeiten, auch wenn sie für sich gesehen mangelfrei erbracht wurden, nicht gemäß dem im Bauvertrag festgelegten Bausoll erbracht, so kann der Auftraggeber die Abnahme verweigern. Verweigert der Auftraggeber die Abnahme, obwohl ihm hierzu kein Recht zusteht, so verletzt er eine Hauptpflicht aus dem Bauvertrag und es kommen für den Auftragnehmer Schadenersatzansprüche gegen den Auftraggeber in Betracht, sofern ihm durch die unberechtigte Abnahmeverweigerung tatsächlich ein Schaden entstanden ist.

Siehe hierzu: → Abnahmeverweigerung
                → Abnahmewirkungen

Praxistipp:

Lehnt der Auftraggeber nach Kündigung des Bauvertrages ein berechtigtes Abnahmeverlangen des Auftragnehmers lediglich mit dem Hinweis ab, er sehe die Voraussetzungen für die Abnahme derzeit nicht gegeben und werde „zum gegebenen Zeitpunkt" auf das Abnahmeverlangen zurückkommen ohne hierfür eine Begründung zu geben und ohne den „gegebenen Zeitpunkt" zu benennen, dann gibt der Auftraggeber hiermit dem Auftragnehmer einen Anlass, seinen Anspruch auf Abnahme einzuklagen. Für den Auftragnehmer hat dies zur Folge, dass er nicht weitere Fristen setzen muss, bevor er seinen Anspruch auf Abnahme einklagt. Die Kosten des Verfahrens hat in diesem Fall der Auftraggeber zu tragen, da der Auftragnehmer bei der vorgenannten Sachlage einen Anspruch auf Abnahme hat und der Auftraggeber den Rechtsstreit verliert.

(Siehe hierzu auch: OLG Stuttgart, Beschluss vom 25.01.2002, AZ: 3 W 78/01)

Verzug mit der Fertigstellung

Gerät der Auftragnehmer mit der Fertigstellung seiner Arbeiten in Verzug, so kann der Auftraggeber bei Aufrechterhaltung des Bauvertrages Schadenersatz nach § 6 Nr. 6 VOB/B verlangen.

Er kann aber auch dem Auftragnehmer eine angemessene Frist zur Vertragserfüllung setzen und erklären, dass er ihm nach fruchtlosem Ablauf der Frist den Auftrag entziehen werde, § 5 Nr. 4 VOB/B. Lässt der Auftragnehmer die ihm gesetzte Nachfrist daraufhin verstreichen, ohne die Arbeiten fertig zu stellen, so kann der Auftraggeber den Bauvertrag aus wichtigem Grund kündigen (siehe hierzu: → Kündigung durch den Auftraggeber). Er kann, wenn er sich dafür entscheidet, den Bauvertrag zu kündigen, nach herrschender Meinung und entgegen dem Wortlaut in § 5 Nr. 4 VOB/B („oder") zudem Schadenersatz vom Auftragnehmer verlangen.

Nach dem Wortlaut von § 5 Nr. 4 VOB/B kann der Auftraggeber Schadenersatz vom Auftragnehmer nur dann verlangen, wenn dieser

- mit der Vollendung der Arbeiten in Verzug gerät,
- den Beginn der Ausführung verzögert oder
- seiner Abhilfepflicht aus § 5 Nr. 3 VOB/B nicht nachkommt.

Verzug erfordert grundsätzlich, dass der Auftragnehmer vom Auftraggeber gemahnt wurde. Ausnahmsweise ist jedoch dann keine Mahnung erforderlich, wenn im Bauvertrag der Fertigstellungstermin, wie in der Baupraxis regelmäßig der Fall, kalendermäßig bestimmt oder aber das

Ende der Fertigstellungsfrist kalendermäßig aufgeführt wurde. Verzug kann zudem nur dann vorliegen, wenn der Auftragnehmer die Nichteinhaltung der Fertigstellungsfrist verschuldet hat. Liegt die Ursache für die eingetretenen Bauzeitverzögerungen beim Auftraggeber, so kann dieser keinen Schadenersatz vom Auftragnehmer verlangen und ist auch nicht berechtigt, den Bauvertrag zu kündigen.

Der Auftragnehmer kann darüber hinaus nur in Verzug mit der Fertigstellung geraten, wenn im Bauvertrag verbindliche Vertragsfristen vereinbart wurden (siehe hierzu: → Vertragsfristen). Von verbindlichen Vertragsfristen sind unverbindliche Einzel- oder Zwischenfristen (Kontrollfristen des Auftraggebers) sowie unverbindliche Ausführungsfristen zu unterscheiden. Sind im Bauvertrag lediglich unverbindliche Fristen enthalten, so kann deren Nichteinhaltung keine Schadenersatzansprüche des Auftraggebers auslösen.

Siehe:
→ Behinderung der Ausführung
→ Behinderungsanzeige
→ Anordnungen des Auftraggebers
→ Änderung des Bauentwurfes
→ Kündigung durch den Auftraggeber
→ Vertragsfristen
→ Vertragsstrafe

Verzug mit Prüfung der Schlussrechnung

Der Auftragnehmer hat die von ihm erbrachten Arbeiten prüffähig abzurechnen. Übergibt er dem Auftraggeber eine prüffähige Schlussrechnung, so hat der Auftraggeber zwei Monate Zeit, diese zu prüfen. Kommt er mit der Prüfung der Schlussrechnung in Verzug, so hat dies nicht zur Folge, dass er nach Ablauf der Zweimonatsfrist mit Einwendungen gegen die Richtigkeit der Abrechnung ausgeschlossen wäre. Vielmehr ist die Rechnung nach Ablauf der Frist, Abnahme vorausgesetzt, zur Zahlung fällig.

Siehe: → Fälligkeit der Schlusszahlung
→ Prüfbarkeit der Schlussrechnung
→ Schlussrechnung
→ Schlussrechnungsprüfung

Vorauszahlung

§ 16 Nr. 2 VOB/B setzt voraus, dass im VOB-Bauvertrag Vorauszahlungen statthaft sind. Dort ist bezüglich Vorauszahlungen geregelt, dass diese auch nach Vertragsschluss vereinbart werden können, wobei hierfür auf Verlangen des Auftraggebers entsprechende Sicherheit vom Auftragnehmer zu leisten ist. Die Vorauszahlungen sind mit 3 % über dem Basiszinssatz zu verzinsen. Vorauszahlungen sind zudem auf die nächstfälligen Zahlungen anzurechnen, soweit damit Leistungen abzugelten sind, für welche die Vorauszahlungen geleistet wurden.

Begriff

Bei Vorauszahlungen handelt es sich mehr oder weniger um Anzahlungen auf erst noch vom Auftragnehmer zu erbringende und zu vergütende Arbeiten. Die Vorauszahlungen hat der Auftraggeber also zu leisten, obwohl er hierfür vom Auftragnehmer noch keine Gegenleistung erhalten hat. Dies ist eine Besonderheit. Grundsätzlich verhält es sich nämlich so, dass zunächst die Leistungen vom Auftragnehmer erbracht werden und diese (Teil-)leistungen dann entweder mittels Abschlagsrechnungen oder der (Teil-)Schlussrechnung abgerechnet werden. Zwar ist auch der Auftragnehmer nicht vorleistungspflichtig, da erst mit der Abnahme das Erfüllungsstadium beendet wird und der Auftragnehmer erst Anspruch auf Zahlung seiner Vergütung hat, wenn die Leistungen abgenommen sind, allerdings werden grundsätzlich erst Leistungen durch den Auftragnehmer erbracht, bevor überhaupt erst Vergütungsansprüche entstehen können. Von diesem Grundsatz weicht das System der Vorauszahlungen ab.

Vereinbarung

Da in der VOB/B keine Anspruchsgrundlage für die Forderung von Vorauszahlungen enthalten ist, ist es für deren Geltendmachung erforderlich, dass die Bauvertragsparteien eine Vereinbarung über die Leistung von Vorauszahlungen treffen. Ohne eine entsprechende Vereinbarung steht dem Auftragnehmer somit kein Recht zu, Vorauszahlungen vom Auftraggeber zu verlangen. Da die Vereinbarung von Vorauszahlungen vom bauvertraglichen Vorleistungsprinzip grundlegend abweicht, sind diesbezügliche Vertragsklauseln in Allgemeinen Geschäftsbedingungen des Bauvertrages nicht wirksam. Sie würden den Auftraggeber unangemessen benachteiligen und halten einer Inhaltskontrolle nicht stand.

Sicherheit
Da sich der Auftraggeber mit der Leistung einer Vorauszahlung in die Gefahr begibt, dass er seine Leistungen, etwa bei Insolvenz des Auftragnehmers nicht mehr zurückerhält, sofern die vertraglich geschuldeten Leistungen, für welche die Vorauszahlung gewährt wurde, nicht mehr ausgeführt wurde, ist ihm in § 16 Nr. 2 Abs. 1 VOB/B das Recht zuerkannt worden, eine entsprechende Vorauszahlungssicherheit vom Auftragnehmer zu verlangen. Es bedarf also keiner ausdrücklichen Vereinbarung im Bauvertrag über die Stellung einer Sicherheit durch den Auftragnehmer. Die Sicherheit wird in der Baupraxis regelmäßig in Form einer Vorauszahlungsbürgschaft geleistet. Auch hierbei ist zu beachten, dass der Auftraggeber nicht berechtigt ist, vom Auftragnehmer die Stellung einer → Bürgschaft auf Erstes Anfordern zu verlangen. Es sei denn, dies wurde individuell zwischen den Parteien vereinbart.

Verzinsung
Mit In-Kraft-Treten der VOB/B 2002 beträgt der Zinssatz für die geleisteten Vorauszahlungen nicht mehr 1 % über dem Zinssatz der Spitzenrefinanzierungsfazilität der Europäischen Zentralbank, sondern 3 % über dem Basiszinssatz. Der aktuelle Basiszinssatz kann über www.bundesbank.de abgerufen werden.

Siehe auch: → Abschlagsrechnung
                  → Allgemeine Geschäftsbedingungen
                  › Schlussrechnung

Vorbehalt bei Schlusszahlung

Die vorbehaltlose Annahme der → Schlusszahlung durch den Auftragnehmer schließt Nachforderungen des Auftragnehmers aus, wenn der Auftragnehmer über die → Schlusszahlung schriftlich unterrichtet und auf die Ausschlusswirkung der → Schlusszahlung vom Auftraggeber hingewiesen wird (§ 16 Nr. 3 Abs. 2 VOB/B). Dabei steht es einer → Schlusszahlung gleich, wenn der Auftraggeber unter Hinweis auf geleistete Zahlungen weitere Zahlungen endgültig und schriftlich ablehnt (§ 16 Nr. 3 Abs. 3 VOB/B). Mit der → Schlusszahlung werden dabei bei entsprechendem Hinweis auf die Endgültigkeit der Zahlung durch den Auftraggeber auch früher einmal gestellte, aber unerledigte Forderungen ausgeschlossen, wenn sie nicht nochmals vorbehalten werden (§ 16 Nr. 3 Abs. 4 VOB/B).

Will der Auftragnehmer in diesem Fall nicht sein Recht auf Geltendmachung von Nachforderungen aus der Schlussrechnung oder früher gestellten Rechnungen verlieren, so hat er einen Vorbehalt gegen die Schlusszahlung gegenüber dem Auftraggeber zu erklären. Dieser Vorbehalt ist innerhalb von 24 Werktagen nach Zugang der Mitteilung des Auftraggebers über die Schlusszahlung und deren Ausschlusswirkung zu erklären. Er wird hinfällig, wenn nicht innerhalb von weiteren 24 Werktagen eine prüfbare Rechnung über die vorbehaltenen Forderungen eingereicht, oder, wenn das nicht möglich ist, der Vorbehalt eingehend begründet wird (§ 16 Nr. 3 Absatz 5 VOB/B).

Einrede der Ausschlusswirkung

Nimmt der Auftragnehmer die Schlusszahlung vorbehaltlos entgegen, so erlöschen zwar weitere zu Recht bestehende Vergütungsansprüche nicht, jedoch können sie vom Auftragnehmer nicht mehr gegenüber dem Auftraggeber geltend gemacht und somit gerichtlich nicht mehr durchgesetzt werden, sofern sich der Auftraggeber auf die Ausschlusswirkung seiner Schlusszahlung ausdrücklich beruft. Solange sich also der Auftraggeber nicht auf die Ausschlusswirkung beruft, kann der Auftragnehmer seine Nachforderungen ohne Vorbehaltserklärung noch geltend machen. In der Praxis besteht jedoch für den Auftragnehmer ein unkalkulierbares Prozessrisiko, wenn er darauf setzt, dass der Auftraggeber es „vergisst", sich auf die Ausschlusswirkung zu berufen. Von einer Klage ist in dieser Situation grundsätzlich abzuraten, da nicht nur die Gefahr besteht, dass der Auftragnehmer den Rechtsstreit verliert, sondern zudem noch die gesamten Verfahrenskosten tragen muss.

Hinweis auf Ausschlusswirkung

Der Auftraggeber muss den Auftragnehmer, will er sich auf die Ausschlusswirkung der Schlusszahlung berufen, von der Schlusszahlung unterrichten und ihn auf die Ausschlusswirkung seiner Zahlung ausdrücklich hinweisen. Diese Regelung dient dem Schutz des Auftragnehmers, von einer endgültigen Schlusszahlung überrascht zu werden. Aus der Erklärung des Auftraggebers muss eindeutig hervorgehen, dass es sich bei der Zahlung um die letzte und abschließende Zahlung aus dem Bauvertrag handelt, sie muss ferner zum Ausdruck bringen, dass der Auftraggeber auf die Schlussrechnung des Auftragnehmers hin zahlt.

Annahme der Schlusszahlung

Die Ausschlusswirkung setzt voraus, dass der Auftragnehmer die Schlusszahlung vorbehaltlos annimmt. Annahme der Schlusszahlung liegt vor, wenn diese dem Auftragnehmer zugegangen ist, sei es vom Auftraggeber direkt oder über dessen Bank. Vorbehaltlose Annahme bedeutet die Entgegennahme der Zahlung, ohne dass der Wille des Auftragnehmers zum Ausdruck kommt, den erhaltenen Betrag nicht als endgültig ansehen zu wollen.

AGB-Klausel

Sofern die → VOB/B als Ganzes vereinbart wird, § 16 Nr. 3 Abs. 2 bis 5 VOB/B, ist sie AGB-konform und kann einer Inhaltskontrolle nach den Allgemeinen Geschäftsbedingungen standhalten. Nach der neueren Rechtsprechung des BGH führen jedoch auch schon geringfügige Änderungen der Bestimmungen in der VOB/B dazu, dass die VOB/B nicht mehr als Ganzes vereinbart ist. Insoweit ist anzunehmen, dass bei der Vereinbarung der VOB/B mit – auch geringfügigen – Abweichungen dazu führt, dass die Bestimmung des § 16 Nr. 3 Abs. 2 bis 5 VOB/B einer Inhaltskontrolle nicht standhält und unwirksam ist. Dies deshalb, da sie den Auftragnehmer unangemessen benachteiligt.

Die Vorbehaltserklärung

Zu seiner Wirksamkeit muss der vom Auftragnehmer zu erklärende Vorbehalt dem Auftraggeber zugehen. Die Vorbehaltserklärung ist zwar nicht an eine bestimmte Form gebunden, kann also auch mündlich erfolgen. Schriftform ist jedoch dringend anzuraten, um späteren Beweisschwierigkeiten aus dem Weg zu gehen. Da im Streitfall seitens des Auftragnehmers nachzuweisen ist, dass er rechtzeitig die

Vorbehaltserklärung abgegeben hat und welchen Inhalt diese hatte, wird er regelmäßig in Schwierigkeiten geraten, wenn er den Vorbehalt nur mündlich erklärt hat.

Der Auftragnehmer muss den Vorbehalt nicht sofort begründen. Er hat innerhalb von 24 Werktagen nach Zugang der Mitteilung des Auftraggebers über die Schlusszahlung lediglich einen Vorbehalt zu erklären. Eine Begründung ist erst innerhalb weiterer 24 Werktage erforderlich.

Der Vorbehalt ist nur einmal zu erklären. Zahlt der Auftraggeber auf einen entsprechenden Vorbehalt des Auftragnehmers hin einen Teil des vorbehaltenen Betrages, so muss der Auftragnehmer nicht erneut etwa innerhalb von 24 Werktagen nach Zahlung des Teilbetrages einen Vorbehalt gegen die Schlusszahlung erklären.

Vorbehaltsbegründung
Der Auftragnehmer muss innerhalb von weiteren 24 Werktagen den Vorbehalt begründen. Hier gilt es für den Auftragnehmer zu beachten, dass die Frist nicht generell erst nach Ablauf der Vorbehaltserklärungsfrist zu laufen beginnt, sondern bereits am Tag nach Zugang des Vorbehaltes beim Auftraggeber. Sofern also der Vorbehalt bereits nach fünf Werktagen beim Auftraggeber eingeht, stehen ab dem darauf folgenden Tag nur noch weitere 24 Werktage zur Begründung zur Verfügung.

Die Begründung hat durch Vorlage einer prüfbaren Rechnung zu erfolgen. Nur dann, wenn die Vorlage dieser Rechnung zum gegenwärtigen Zeitpunkt nicht oder nur mit erheblichen Schwierigkeiten möglich ist, genügt eine anderweitige eingehende Begründung des Vorbehaltes, weshalb die Schlusszahlung nicht endgültig sein kann.

Siehe auch: → Allgemeine Geschäftsbedingungen
→ Schlussrechnung
→ Schlusszahlung

Praxistipp:
Der Auftraggeber kann sich nicht darauf berufen, seine Schlusszahlung sei abschließend und der Auftragnehmer mit Nachforderungen ausgeschlossen, wenn er in der Schlussrechnungsprüfung bereits einen bestimmten Zahlungsbetrag anerkannt hat und diesen Betrag im Rahmen der Schlusszahlung nicht zur Auszahlung bringt. Dieses Verhalten ist treuwidrig. Auch dann also, wenn der Auftraggeber auf die Ausschlusswirkung hinweist und der Auftragnehmer einen Vorbehalt gegen die Schlusszahlung erklärt hat, jedoch in der Folgezeit diesen nicht begründet oder eine prüfbare Abrechnung vorgelegt hat, so kann er in diesem Fall den einbehaltenen Betrag vom Auftraggeber herausverlangen.
(Siehe hierzu: OLG Jena, Urteil vom 08.09.1998, AZ: 5 U 12/98)

Vorschuss auf Ersatzvornahmekosten

Siehe: → Ersatzvornahme
→ Gewährleistung nach der Abnahme
→ Kostenvorschuss

W

Wiederbeginn der Arbeiten

Siehe: → Behinderung
  → Behinderungsanzeige
  → Unterbrechung der Ausführung

Widerspruch im Bauvertrag

Nach § 1 Nr. 1 VOB/B wird die auszuführende Leistung nach Art und Umfang durch den Bauvertrag bestimmt. Als Bestandteil des Bauvertrages gelten auch die → Allgemeinen Technischen Vertragsbedingungen für Bauleistungen (ATV), die in der VOB/C in DIN-Vorschriften geregelt sind.

Ergeben sich im Bauvertrag nunmehr Widersprüche, etwa weil in der Baubeschreibung eine Leistung abweichend vom Leistungsverzeichnis beschrieben wird, so stellt sich die Frage, was denn nun eigentlich gelten solle und wonach sich die vertragsgemäße Leistung richtet.

Die Antwort hierauf bietet, sofern eine Auslegung des Bauvertrages keine weiteren Aufschlüsse gibt (§ 1 Nr. 2 VOB/B). Bei Widersprüchen im Vertrag gelten demnach nacheinander:
• Zunächst die Leistungsbeschreibung, dann
• die besonderen Vertragsbedingungen, dann

- etwaige zusätzliche Vertragsbedingungen, dann
- etwaige zusätzliche Technische Vertragsbedingungen, dann
- die Allgemeinen Technischen Vertragsbedingungen für Bauleistungen (ATV), und zuletzt
- die Allgemeinen Vertragsbedingungen für die Ausführung von Bauleistungen.

Bei dieser Rangfolge wird vorausgesetzt, dass die Vertragsparteien die dort genannten Vertragsbedingungen vereinbart haben. Sind einige Bedingungen nicht vereinbart, so scheidet deren Anwendbarkeit aus. § 1 Nr. 2 VOB/B ersetzt nicht die Notwendigkeit der Einbeziehung von für eine Vielzahl von Fällen vorformulierten Vertragsbedingungen.

Siehe auch:
→ Allgemeine Geschäftsbedingungen
→ Allgemeine technische Vertragsbedingungen für Bauleistungen (ATV)
→ Besondere Vertragsbedingungen
→ Leistungsbeschreibung
→ Zusätzliche Vertragsbedingungen
→ Zusätzliche Technische Vertragsbedingungen

Praxistipp:
Dokumentiert der Auftragnehmer durch eine Auftragsbestätigung einen Leistungsumfang oder eine Sollbeschaffenheit der auszuführenden Bauleistungen, so bestimmt sich hiernach die zu erbringende Werkleistung, auch dann, wenn der Auftragnehmer für den Auftraggeber erkennbar vom ursprünglichen Leistungsverzeichnis abgewichen ist.

Dies gilt allerdings dann nicht, wenn der Auftragnehmer bewusst vom Leistungsverzeichnis abweicht oder die Abweichungen so erheblich sind, dass er nicht mehr mit dem Einverständnis des Auftraggebers rechnen konnte. *(Siehe auch: OLG Dresden, Urteil vom 29.09.2002, AZ: 7 U 994/01)*

Z

Zahlungsverzug

Zahlungsverzug des Auftraggebers stellt den in der Baupraxis bedeutendsten Kündigungsgrund für den Auftragnehmer dar. Ferner kann der Auftragnehmer bei Zahlungsverzug die Fortführung seiner Arbeiten bis zur Zahlung einstellen und Schadenersatz verlangen.

Nach § 9 Nr. 1 b VOB/B kann der Auftragnehmer den Bauvertrag kündigen, wenn der Auftraggeber eine fällige Zahlung nicht leistet oder sonst in Schuldnerverzug gerät.

Der Auftraggeber kann sowohl hinsichtlich einer fälligen Vorauszahlung, Abschlagszahlung, Teilschlusszahlung als auch einer Schlusszahlung in Verzug geraten.

Verzug des Auftraggebers hat zur Voraussetzung, dass
- eine fällige Rechnung vorliegt,
- der Auftraggeber die Nichtzahlung zu verschulden hat und grundsätzlich
- der Auftraggeber seitens des Auftragnehmers angemahnt wurde.

Fälligkeit der Zahlung

Der Auftragnehmer hat dem Auftraggeber eine prüfbare Rechnung auszuhändigen. Erst wenn dem Auftraggeber eine prüfbare Rechnung vorliegt und die Bauleistungen abgenommen wurden, kann eine Rechnung überhaupt fällig sein.

Fälligkeit einer Schlussrechnung tritt bei Vorliegen einer prüfbaren Abrechnung sowie einer wirksamen Abnahme zwei Monate nach Zugang der Rechnung beim Auftraggeber ein.

Eine Abschlagsrechnung wird binnen 18 Werktagen nach Zugang beim Auftraggeber fällig.

Siehe: → Abnahme
        → Abnahmewirkungen
        → Fälligkeit von Abschlagszahlung
        → Prüfbarkeit der Schlussrechnung

Mahnung
Verzug erfordert grundsätzlich stets, dass zunächst eine Mahnung ausgesprochen wird, in welcher der Auftraggeber vom Auftragnehmer aufgefordert wird, innerhalb einer bestimmten Nachfrist seiner Zahlungspflicht nachzukommen. Lediglich dann, wenn die Leistungszeit kalendermäßig bestimmt oder bestimmbar ist, ist für den Eintritt von Verzug keine Mahnung erforderlich. Haben die Bauvertragsparteien also einen festen Zahlungstermin bereits vereinbart, so hat der Auftragnehmer keine zusätzliche Mahnung auszusprechen.

Siehe: → Kündigung durch den Auftragnehmer
        → Leistungsverweigerungsrecht
        → Zurückbehaltungsrecht

Praxistipp:
Der Auftragnehmer sollte, wenn er der Ansicht ist, es
läge Zahlungsverzug aufseiten des Auftraggebers vor,
dennoch sehr zurückhaltend mit einer einstweiligen Baueinstellung oder der Kündigung des Bauvertrages umge-
hen. Zwar ist er nach den Bestimmungen der VOB/B hierzu berechtigt, allerdings kann sich oftmals die Frage, ob
nunmehr Zahlungsverzug vorliegt oder nicht, als schwierig darstellen. Liegt letztlich doch kein Zahlungsverzug
vor, weil dem Auftraggeber doch ein Recht zum Einbehalt
zusteht, so macht sich der Auftragnehmer durch die
unrechtmäßige Baueinstellung bzw. Kündigung schaden-
ersatzpflichtig.
So ist beispielsweise ein Verzug des Auftraggebers mit
der Zahlung der Vergütung ausgeschlossen, wenn dem
Auftraggeber wegen Mängeln der vom Auftragnehmer
erbrachten Bauleistungen ein Leistungsverweigerungsrecht zusteht.
*(Siehe auch: BGH, Urteil vom 06.05.1999, AZ: VII ZR
180/98)*

Zurückbehaltungsrecht

Siehe: → Leistungsverweigerungsrecht

Zusätzliche Leistungen

Siehe: → Anordnungen des Auftraggebers
          → Mehrvergütung

Zusätzliche Technische Vertragsbedingungen

Zusätzliche Technische Vertragsbedingungen ergänzen generell die → Allgemeinen Technischen Vertragsbedingungen, die in der VOB/C enthalten sind. Sie stellen für technische Sachverhalte die Parallele zu den → zusätzlichen Vertragsbedingungen dar. Sie unterliegen einer → Inhaltskontrolle anhand der Bestimmungen über → Allgemeine Geschäftsbedingungen, sofern sie nicht nur lediglich technische Sachverhalte betreffen, sondern darüber hinaus auch inhaltliche Leistungsbestimmungen.

Siehe auch: → Allgemeine Geschäftsbedingungen
→ Allgemeine Technische Vertragsbedingungen für Bauleistungen
→ Zusätzliche Vertragsbedingungen

Zusätzliche Vertragsbedingungen

Zusätzliche Vertragsbedingungen sind → Allgemeine Geschäftsbedingungen des Auftraggebers, die für alle Bauvorhaben dieses Auftraggebers gelten. Sie enthalten regelmäßig von der VOB/B abweichende Regelungen und ergänzen diese.
Hiervon zu unterscheiden sind die → Zusätzlichen Technischen Vertragsbedingungen sowie die → Allgemeinen Technischen Vertragsbedingungen für Bauleistungen.

Siehe auch: → Allgemeine Geschäftsbedingungen
                 → Zusätzliche Technische Vertragsbe-
                     dingungen
                 → Allgemeine Technische Vertragsbedin-
                     gungen für Bauleistungen

Zustandsfeststellung

Der Zustand von Teilen der Leistung ist auf Verlangen
gemeinsam von Auftraggeber und Auftragnehmer festzu-
stellen, wenn diese Teile der Leistung durch die weitere Ausführung der Prüfung und Feststellung entzogen werden. Das
Ergebnis der Zustandsfeststellung ist schriftlich niederzulegen (§ 4 Nr. 10 VOB/B).

Die Zustandsfeststellung ist strikt von der Teilabnahme, also
der Abnahme von Teilen der Leistungen des Auftragnehmers nach § 12 Nr. 2 VOB/B zu unterscheiden. Die Zustandsfeststellung dient allein dem Zweck, tatsächliche Feststellungen zu treffen und vorhandene Mängel frühzeitig zu
erkennen. Damit verbunden ist keine Abnahme der Teilleistungen, so dass an die Zustandsfeststellung keine Abnahmewirkungen geknüpft sind.

Verlangen der Zustandsfeststellungen
Die Feststellungen sind nur auf Verlangen durchzuführen.
Das Verlangen kann sowohl vom Auftraggeber als auch vom
Auftragnehmer gestellt werden. Das Verlangen ist formfrei,
kann also auch mündlich erfolgen. Es empfiehlt sich jedoch,
das Verlangen schriftlich zu verfassen, um späteren Beweis-
problemen entgegenzuwirken.

Der Auftragnehmer sollte ebenso wie der Auftraggeber darauf bedacht sein, sein Verlangen so rechtzeitig an den jeweils anderen Vertragspartner zu richten, dass dadurch keine Verzögerungen oder Behinderungen hinsichtlich der Fortführung der weiteren Arbeiten entstehen, die zu Schadensersatzansprüchen führen können.

Schriftliche Niederlegung
Das Ergebnis der Feststellungen ist schriftlich niederzulegen. Diese Niederschrift ist von beiden Vertragsparteien zu unterzeichnen, damit später nachgewiesen werden kann, dass die Feststellungen gemeinsam getroffen wurden.

Rechtsfolgen
Die Zustandsfeststellung ist keine Abnahme, weshalb mit ihr auch keine Abnahmewirkungen verbunden sind.
Mittels der Zustandsfeststellung wird jedoch der Zustand der bis dahin erbrachten Leistungen verbindlich dokumentiert. Will sich der Auftraggeber auf Mängel berufen, die auf die Teilleistungen zurückzuführen sind, die Gegenstand der Zustandsfeststellung waren, in der aber die behaupteten Mängel nicht enthalten sind, so muss er nachweisen, dass entgegen der Zustandsfeststellung diese Mängel vorgelegen haben.

Siehe auch: → Abnahmewirkungen
              → Teilabnahme

Zutrittsrecht des Auftraggebers

Siehe: → Bauüberwachung
          → Überwachungsrecht des Auftraggebers

Zwischenfristen

Siehe: → Einzelfristen
          → Vertragsfristen

Anhang I:
VOB/B Fassung 2002

§ 1 Art und Umfang der Leistung

1. Die auszuführende Leistung wird nach Art und Umfang durch den Vertrag bestimmt. Als Bestandteil des Vertrags gelten auch die Allgemeinen Technischen Vertragsbedingungen für Bauleistungen.
2. Bei Widersprüchen im Vertrag gelten nacheinander:
   a) die Leistungsbeschreibung,
   b) die Besonderen Vertragsbedingungen,
   c) etwaige Zusätzliche Vertragsbedingungen,
   d) etwaige Zusätzliche Technische Vertragsbedingungen,
   e) die Allgemeinen Technischen Vertragsbedingungen für Bauleistungen,
   f) die Allgemeinen Vertragsbedingungen für die Ausführung von Bauleistungen.
3. Änderungen des Bauentwurfs anzuordnen, bleibt dem Auftraggeber vorbehalten.
4. Nicht vereinbarte Leistungen, die zur Ausführung der vertraglichen Leistung erforderlich werden, hat der Auftragnehmer auf Verlangen des Auftraggebers mit auszuführen, außer wenn sein Betrieb auf derartige Leistungen nicht eingerichtet ist. Andere Leistungen können dem Auftragnehmer nur mit seiner Zustimmung übertragen werden.

§ 2 Vergütung

1. Durch die vereinbarten Preise werden alle Leistungen abgegolten, die nach der Leistungsbeschreibung, den Besonderen Vertragsbedingungen, den Zusätzlichen Vertragsbedingungen, den Zusätzlichen Technischen Vertragsbedingungen, den Allgemeinen Technischen Vertragsbedingungen für Bauleistungen und der gewerblichen Verkehrssitte zur vertraglichen Leistung gehören.

2. Die Vergütung wird nach den vertraglichen Einheitspreisen und den tatsächlich ausgeführten Leistungen berechnet, wenn keine andere Berechnungsart (z. B. durch Pauschalsumme, nach Stundenlohnsätzen, nach Selbstkosten) vereinbart ist.

3. (1) Weicht die ausgeführte Menge der unter einem Einheitspreis erfassten Leistung oder Teilleistung um nicht mehr als 10 v. H. von dem im Vertrag vorgesehenen Umfang ab, so gilt der vertragliche Einheitspreis.

   (2) Für die über 10 v. H. hinausgehende Überschreitung des Mengenansatzes ist auf Verlangen ein neuer Preis unter Berücksichtigung der Mehr- oder Minderkosten zu vereinbaren.

   (3) Bei einer über 10 v. H. hinausgehenden Unterschreitung des Mengenansatzes ist auf Verlangen der Einheitspreis für die tatsächlich ausgeführte Menge der Leistung oder Teilleistung zu erhöhen, soweit der Auftragnehmer nicht durch Erhöhung der Mengen bei anderen Ordnungszahlen (Positionen) oder in anderer Weise einen Ausgleich erhält. Die Erhöhung des Einheitspreises soll im Wesentlichen dem Mehr-

betrag entsprechen, der sich durch Verteilung der Baustelleneinrichtungs- und Baustellengemeinkosten und der Allgemeinen Geschäftskosten auf die verringerte Menge ergibt. Die Umsatzsteuer wird entsprechend dem neuen Preis vergütet.

(4) Sind von der unter einem Einheitspreis erfassten Leistung oder Teilleistung andere Leistungen abhängig, für die eine Pauschalsumme vereinbart ist, so kann mit der Änderung des Einheitspreises auch eine angemessene Änderung der Pauschalsumme gefordert werden.

4. Werden im Vertrag ausbedungene Leistungen des Auftragnehmers vom Auftraggeber selbst übernommen (z. B. Lieferung von Bau-, Bauhilfs- und Betriebsstoffen), so gilt, wenn nichts anderes vereinbart wird, § 8 Nr. 1 Abs. 2 entsprechend.

5. Werden durch Änderung des Bauentwurfs oder andere Anordnungen des Auftraggebers die Grundlagen des Preises für eine im Vertrag vorgesehene Leistung geändert, so ist ein neuer Preis unter Berücksichtigung der Mehr- oder Minderkosten zu vereinbaren. Die Vereinbarung soll vor der Ausführung getroffen werden.

6. (1) Wird eine im Vertrag nicht vorgesehene Leistung gefordert, so hat der Auftragnehmer Anspruch auf besondere Vergütung. Er muss jedoch den Anspruch dem Auftraggeber ankündigen, bevor er mit der Ausführung der Leistung beginnt.

(2) Die Vergütung bestimmt sich nach den Grundlagen der Preisermittlung für die vertragliche Leistung und den besonderen Kosten der geforderten Leistung. Sie ist möglichst vor Beginn der Ausführung zu vereinbaren.

7. (1) Ist als Vergütung der Leistung eine Pauschalsumme vereinbart, so bleibt die Vergütung unverändert. Weicht jedoch die ausgeführte Leistung von der vertraglich vorgesehenen Leistung so erheblich ab, dass ein Festhalten an der Pauschalsumme nicht zumutbar ist (§ 242 BGB), so ist auf Verlangen ein Ausgleich unter Berücksichtigung der Mehr- oder Minderkosten zu gewähren. Für die Bemessung des Ausgleichs ist von den Grundlagen der Preisermittlung auszugehen. Die Nummern 4, 5 und 6 bleiben unberührt.

(2) Wenn nichts anderes vereinbart ist, gilt Absatz 1 auch für Pauschalsummen, die für Teile der Leistung vereinbart sind; Nummer 3 Abs. 4 bleibt unberührt.

8. (1) Leistungen, die der Auftragnehmer ohne Auftrag oder unter eigenmächtiger Abweichung vom Auftrag ausführt, werden nicht vergütet. Der Auftragnehmer hat sie auf Verlangen innerhalb einer angemessenen Frist zu beseitigen; sonst kann es auf seine Kosten geschehen. Er haftet außerdem für andere Schäden, die dem Auftraggeber hieraus entstehen.

(2) Eine Vergütung steht dem Auftragnehmer jedoch zu, wenn der Auftraggeber solche Leistungen nachträglich anerkennt. Eine Vergütung steht ihm auch zu, wenn die Leistungen für die Erfüllung des Vertrags notwendig waren, dem mutmaßlichen Willen des Auftraggebers entsprachen und ihm unverzüglich angezeigt wurden. Soweit dem Auftragnehmer eine Vergütung zusteht, gelten die Berechnungsgrundlagen für geänderte oder zusätzliche Leistungen der Nummer 5 oder 6 entsprechend.

(3) Die Vorschriften des BGB über die Geschäftsführung ohne Auftrag (§§ 677 ff. BGB) bleiben unberührt.

9. (1) Verlangt der Auftraggeber Zeichnungen, Berechnungen oder andere Unterlagen, die der Auftragnehmer nach dem Vertrag, besonders den Technischen Vertragsbedingungen oder der gewerblichen Verkehrssitte, nicht zu beschaffen hat, so hat er sie zu vergüten.

(2) Lässt er vom Auftragnehmer nicht aufgestellte technische Berechnungen durch den Auftragnehmer nachprüfen, so hat er die Kosten zu tragen.

10. Stundenlohnarbeiten werden nur vergütet, wenn sie als solche vor ihrem Beginn ausdrücklich vereinbart worden sind (§ 15).

§ 3 Ausführungsunterlagen

1. Die für die Ausführung nötigen Unterlagen sind dem Auftragnehmer unentgeltlich und rechtzeitig zu übergeben.

2. Das Abstecken der Hauptachsen der baulichen Anlagen, ebenso der Grenzen des Geländes, das dem Auftragnehmer zur Verfügung gestellt wird, und das Schaffen der notwendigen Höhenfestpunkte in unmittelbarer Nähe der baulichen Anlagen sind Sache des Auftraggebers.

3. Die vom Auftraggeber zur Verfügung gestellten Geländeaufnahmen und Absteckungen und die übrigen für die Ausführung übergebenen Unterlagen sind für den Auftragnehmer maßgebend. Jedoch hat er sie, soweit es zur ordnungsgemäßen Vertragserfüllung gehört, auf etwai-

ge Unstimmigkeiten zu überprüfen und den Auftraggeber auf entdeckte oder vermutete Mängel hinzuweisen.

4. Vor Beginn der Arbeiten ist, soweit notwendig, der
Zustand der Straßen und Geländeoberfläche, der Vorflu-
ter und Vorflutleitungen, ferner der baulichen Anlagen
im Baubereich in einer Niederschrift festzuhalten, die
vom Auftraggeber und Auftragnehmer anzuerkennen
ist.

5. Zeichnungen, Berechnungen, Nachprüfungen von
Berechnungen oder andere Unterlagen, die der Auftragnehmer nach dem Vertrag, besonders den Technischen
Vertragsbedingungen, oder der gewerblichen Verkehrssitte oder auf besonderes Verlangen des Auftraggebers
(§ 2 Nr. 9) zu beschaffen hat, sind dem Auftraggeber
nach Aufforderung rechtzeitig vorzulegen.

6. (1) Die in Nummer 5 genannten Unterlagen dürfen ohne
Genehmigung ihres Urhebers nicht veröffentlicht,
vervielfältigt, geändert oder für einen anderen als
den vereinbarten Zweck benutzt werden.

(2) An DV-Programmen hat der Auftraggeber das Recht
zur Nutzung mit den vereinbarten Leistungsmerkma-
len in unveränderter Form auf den festgelegten
Geräten. Der Auftraggeber darf zum Zwecke der
Datensicherung zwei Kopien herstellen. Diese müssen alle Identifikationsmerkmale enthalten. Der Ver-
bleib der Kopien ist auf Verlangen nachzuweisen.

(3) Der Auftragnehmer bleibt unbeschadet des Nut-
zungsrechts des Auftraggebers zur Nutzung der
Unterlagen und der DV-Programme berechtigt.

§ 4 Ausführung

1. (1) Der Auftraggeber hat für die Aufrechterhaltung der allgemeinen Ordnung auf der Baustelle zu sorgen und das Zusammenwirken der verschiedenen Unternehmer zu regeln. Er hat die erforderlichen öffentlich-rechtlichen Genehmigungen und Erlaubnisse – z. B. nach dem Baurecht, dem Straßenverkehrsrecht, dem Wasserrecht, dem Gewerberecht – herbeizuführen.

   (2) Der Auftraggeber hat das Recht, die vertragsgemäße Ausführung der Leistung zu überwachen. Hierzu hat er Zutritt zu den Arbeitsplätzen, Werkstätten und Lagerräumen, wo die vertragliche Leistung oder Teile von ihr hergestellt oder die hierfür bestimmten Stoffe und Bauteile gelagert werden. Auf Verlangen sind ihm die Werkzeichnungen oder andere Ausführungsunterlagen sowie die Ergebnisse von Güteprüfungen zur Einsicht vorzulegen und die erforderlichen Auskünfte zu erteilen, wenn hierdurch keine Geschäftsgeheimnisse preisgegeben werden. Als Geschäftsgeheimnis bezeichnete Auskünfte und Unterlagen hat er vertraulich zu behandeln.

   (3) Der Auftraggeber ist befugt, unter Wahrung der dem Auftragnehmer zustehenden Leitung (Nummer 2) Anordnungen zu treffen, die zur vertragsgemäßen Ausführung der Leistung notwendig sind. Die Anordnungen sind grundsätzlich nur dem Auftragnehmer oder seinem für die Leitung der Ausführung bestellten Vertreter zu erteilen, außer wenn Gefahr im Verzug ist. Dem Auftraggeber ist mitzuteilen, wer

jeweils als Vertreter des Auftragnehmers für die Leitung der Ausführung bestellt ist.

(4) Hält der Auftragnehmer die Anordnungen des Auftraggebers für unberechtigt oder unzweckmäßig, so hat er seine Bedenken geltend zu machen, die Anordnungen jedoch auf Verlangen auszuführen, wenn nicht gesetzliche oder behördliche Bestimmungen entgegenstehen. Wenn dadurch eine ungerechtfertigte Erschwerung verursacht wird, hat der Auftraggeber die Mehrkosten zu tragen.

2. (1) Der Auftragnehmer hat die Leistung unter eigener Verantwortung nach dem Vertrag auszuführen. Dabei hat er die anerkannten Regeln der Technik und die gesetzlichen und behördlichen Bestimmungen zu beachten. Es ist seine Sache, die Ausführung seiner vertraglichen Leistung zu leiten und für Ordnung auf seiner Arbeitsstelle zu sorgen.

(2) Er ist für die Erfüllung der gesetzlichen, behördlichen und berufsgenossenschaftlichen Verpflichtungen gegenüber seinen Arbeitnehmern allein verantwortlich. Es ist ausschließlich seine Aufgabe, die Vereinbarungen und Maßnahmen zu treffen, die sein Verhältnis zu den Arbeitnehmern regeln.

3. Hat der Auftragnehmer Bedenken gegen die vorgesehene Art der Ausführung (auch wegen der Sicherung gegen Unfallgefahren), gegen die Güte der vom Auftraggeber gelieferten Stoffe oder Bauteile oder gegen die Leistungen anderer Unternehmer, so hat er sie dem Auftraggeber unverzüglich – möglichst schon vor Beginn der Arbeiten – schriftlich mitzuteilen; der Auftraggeber bleibt jedoch für seine Angaben, Anordnungen oder Lieferungen verantwortlich.

4. Der Auftraggeber hat, wenn nichts anderes vereinbart ist, dem Auftragnehmer unentgeltlich zur Benutzung oder Mitbenutzung zu überlassen:
   a) die notwendigen Lager- und Arbeitsplätze auf der Baustelle,
   b) vorhandene Zufahrtswege und Anschlussgleise,
   c) vorhandene Anschlüsse für Wasser und Energie. Die Kosten für den Verbrauch und den Messer oder Zähler trägt der Auftragnehmer, mehrere Auftragnehmer tragen sie anteilig.

5. Der Auftragnehmer hat die von ihm ausgeführten Leistungen und die ihm für die Ausführung übergebenen Gegenstände bis zur Abnahme vor Beschädigung und Diebstahl zu schützen. Auf Verlangen des Auftraggebers hat er sie vor Winterschäden und Grundwasser zu schützen, ferner Schnee und Eis zu beseitigen. Obliegt ihm die Verpflichtung nach Satz 2 nicht schon nach dem Vertrag, so regelt sich die Vergütung nach § 2 Nr. 6.

6. Stoffe oder Bauteile, die dem Vertrag oder den Proben nicht entsprechen, sind auf Anordnung des Auftraggebers innerhalb einer von ihm bestimmten Frist von der Baustelle zu entfernen. Geschieht es nicht, so können sie auf Kosten des Auftragnehmers entfernt oder für seine Rechnung veräußert werden.

7. Leistungen, die schon während der Ausführung als mangelhaft oder vertragswidrig erkannt werden, hat der Auftragnehmer auf eigene Kosten durch mangelfreie zu ersetzen. Hat der Auftragnehmer den Mangel oder die Vertragswidrigkeit zu vertreten, so hat er auch den daraus entstehenden Schaden zu ersetzen. Kommt der Auftragnehmer der Pflicht zur Beseitigung des Mangels nicht nach, so kann ihm der Auftraggeber eine ange-

messene Frist zur Beseitigung des Mangels setzen und erklären, dass er ihm nach fruchtlosem Ablauf der Frist den Auftrag entziehe (§ 8 Nr. 3).

8. (1) Der Auftragnehmer hat die Leistung im eigenen Betrieb auszuführen. Mit schriftlicher Zustimmung des Auftraggebers darf er sie an Nachunternehmer übertragen. Die Zustimmung ist nicht notwendig bei Leistungen, auf die der Betrieb des Auftragnehmers nicht eingerichtet ist. Erbringt der Auftragnehmer ohne schriftliche Zustimmung des Auftraggebers Leistungen nicht im eigenen Betrieb, obwohl sein Betrieb darauf eingerichtet ist, kann der Auftraggeber ihm eine angemessene Frist zur Aufnahme der Leistung im eigenen Betrieb setzen und erklären, dass er ihm nach fruchtlosem Ablauf der Frist den Auftrag entziehe (§ 8 Nr. 3).

(2) Der Auftragnehmer hat bei der Weitervergabe von Bauleistungen an Nachunternehmer die Vergabe- und Vertragsordnung für Bauleistungen zugrunde zu legen.

(3) Der Auftragnehmer hat die Nachunternehmer dem Auftraggeber auf Verlangen bekannt zu geben.

9. Werden bei Ausführung der Leistung auf einem Grundstück Gegenstände von Altertums-, Kunst- oder wissenschaftlichem Wert entdeckt, so hat der Auftragnehmer vor jedem weiteren Aufdecken oder Ändern dem Auftraggeber den Fund anzuzeigen und ihm die Gegenstände nach näherer Weisung abzuliefern. Die Vergütung etwaiger Mehrkosten regelt sich nach § 2 Nr. 6. Die Rechte des Entdeckers (§ 984 BGB) hat der Auftraggeber.

10. Der Zustand von Teilen der Leistung ist auf Verlangen gemeinsam von Auftraggeber und Auftragnehmer fest-

zustellen, wenn diese Teile der Leistung durch die weitere Ausführung der Prüfung und Feststellung entzogen werden. Das Ergebnis ist schriftlich niederzulegen.

§ 5 Ausführungsfristen

1. Die Ausführung ist nach den verbindlichen Fristen (Vertragsfristen) zu beginnen, angemessen zu fördern und zu vollenden. In einem Bauzeitenplan enthaltene Einzelfristen gelten nur dann als Vertragsfristen, wenn dies im Vertrag ausdrücklich vereinbart ist.
2. Ist für den Beginn der Ausführung keine Frist vereinbart, so hat der Auftraggeber dem Auftragnehmer auf Verlangen Auskunft über den voraussichtlichen Beginn zu erteilen. Der Auftragnehmer hat innerhalb von 12 Werktagen nach Aufforderung zu beginnen. Der Beginn der Ausführung ist dem Auftraggeber anzuzeigen.
3. Wenn Arbeitskräfte, Geräte, Gerüste, Stoffe oder Bauteile so unzureichend sind, dass die Ausführungsfristen offenbar nicht eingehalten werden können, muss der Auftragnehmer auf Verlangen unverzüglich Abhilfe schaffen.
4. Verzögert der Auftragnehmer den Beginn der Ausführung, gerät er mit der Vollendung in Verzug oder kommt er der in Nummer 3 erwähnten Verpflichtung nicht nach, so kann der Auftraggeber bei Aufrechterhaltung des Vertrages Schadensersatz nach § 6 Nr. 6 verlangen oder dem Auftragnehmer eine angemessene Frist zur Vertragserfüllung setzen und erklären, dass er ihm nach fruchtlosem Ablauf der Frist den Auftrag entziehe (§ 8 Nr. 3).

§ 6 Behinderung und Unterbrechung der Ausführung

1. Glaubt sich der Auftragnehmer in der ordnungsgemäßen Ausführung der Leistung behindert, so hat er es dem Auftraggeber unverzüglich schriftlich anzuzeigen. Unterlässt er die Anzeige, so hat er nur dann Anspruch auf Berücksichtigung der hindernden Umstände, wenn dem Auftraggeber offenkundig die Tatsache und deren hindernde Wirkung bekannt waren.
2. (1) Ausführungsfristen werden verlängert, soweit die Behinderung verursacht ist:
   a) durch einen Umstand aus dem Risikobereich des Auftraggebers,
   b) durch Streik oder eine von der Berufsvertretung der Arbeitgeber angeordnete Aussperrung im Betrieb des Auftragnehmers oder in einem unmittelbar für ihn arbeitenden Betrieb,
   c) durch höhere Gewalt oder andere für den Auftragnehmer unabwendbare Umstände.
   (2) Witterungseinflüsse während der Ausführungszeit, mit denen bei Abgabe des Angebots normalerweise gerechnet werden musste, gelten nicht als Behinderung.
3. Der Auftragnehmer hat alles zu tun, was ihm billigerweise zugemutet werden kann, um die Weiterführung der Arbeiten zu ermöglichen. Sobald die hindernden Umstände wegfallen, hat er ohne weiteres und unverzüglich die Arbeiten wieder aufzunehmen und den Auftraggeber davon zu benachrichtigen.
4. Die Fristverlängerung wird berechnet nach der Dauer der Behinderung mit einem Zuschlag für die Wiederauf-

nahme der Arbeiten und die etwaige Verschiebung in eine ungünstigere Jahreszeit.

5. Wird die Ausführung für voraussichtlich längere Dauer unterbrochen, ohne dass die Leistung dauernd unmöglich wird, so sind die ausgeführten Leistungen nach den Vertragspreisen abzurechnen und außerdem die Kosten zu vergüten, die dem Auftragnehmer bereits entstanden und in den Vertragspreisen des nicht ausgeführten Teils der Leistung enthalten sind.

6. Sind die hindernden Umstände von einem Vertragsteil zu vertreten, so hat der andere Teil Anspruch auf Ersatz des nachweislich entstandenen Schadens, des entgangenen Gewinns aber nur bei Vorsatz oder grober Fahrlässigkeit.

7. Dauert eine Unterbrechung länger als 3 Monate, so kann jeder Teil nach Ablauf dieser Zeit den Vertrag schriftlich kündigen. Die Abrechnung regelt sich nach den Nummern 5 und 6; wenn der Auftragnehmer die Unterbrechung nicht zu vertreten hat, sind auch die Kosten der Baustellenräumung zu vergüten, soweit sie nicht in der Vergütung für die bereits ausgeführten Leistungen enthalten sind.

§ 7 Verteilung der Gefahr

1. Wird die ganz oder teilweise ausgeführte Leistung vor der Abnahme durch höhere Gewalt, Krieg, Aufruhr oder andere objektiv unabwendbare vom Auftragnehmer nicht zu vertretende Umstände beschädigt oder zerstört, so hat dieser für die ausgeführten Teile der Leistung die

Ansprüche nach § 6 Nr. 5; für andere Schäden besteht keine gegenseitige Ersatzpflicht.

2. Zu der ganz oder teilweise ausgeführten Leistung gehören alle mit der baulichen Anlage unmittelbar verbundenen, in ihre Substanz eingegangenen Leistungen, unabhängig von deren Fertigstellungsgrad.

3. Zu der ganz oder teilweise ausgeführten Leistung gehören nicht die noch nicht eingebauten Stoffe und Bauteile sowie die Baustelleneinrichtung und Absteckungen. Zu der ganz oder teilweise ausgeführten Leistung gehören ebenfalls nicht Baubehelfe, z. B. Gerüste, auch wenn diese als Besondere Leistung oder selbstständig vergeben sind.

§ 8 Kündigung durch den Auftraggeber

1. (1) Der Auftraggeber kann bis zur Vollendung der Leistung jederzeit den Vertrag kündigen.

   (2) Dem Auftragnehmer steht die vereinbarte Vergütung zu. Er muss sich jedoch anrechnen lassen, was er infolge der Aufhebung des Vertrags an Kosten erspart oder durch anderweitige Verwendung seiner Arbeitskraft und seines Betriebs erwirbt oder zu erwerben böswillig unterlässt (§ 649 BGB).

2. (1) Der Auftraggeber kann den Vertrag kündigen, wenn der Auftragnehmer seine Zahlungen einstellt oder das Insolvenzverfahren beziehungsweise ein vergleichbares gesetzliches Verfahren beantragt oder ein solches Verfahren eröffnet wird oder dessen Eröffnung mangels Masse abgelehnt wird.

(2) Die ausgeführten Leistungen sind nach § 6 Nr. 5 abzurechnen. Der Auftraggeber kann Schadensersatz wegen Nichterfüllung des Restes verlangen.

3. (1) Der Auftraggeber kann den Vertrag kündigen, wenn in den Fällen des § 4 Nr. 7 und 8 Abs. 1 und des § 5 Nr. 4 die gesetzte Frist fruchtlos abgelaufen ist (Entziehung des Auftrags). Die Entziehung des Auftrags kann auf einen in sich abgeschlossenen Teil der vertraglichen Leistung beschränkt werden.

(2) Nach der Entziehung des Auftrags ist der Auftraggeber berechtigt, den noch nicht vollendeten Teil der Leistung zu Lasten des Auftragnehmers durch einen Dritten ausführen zu lassen, doch bleiben seine Ansprüche auf Ersatz des etwa entstehenden weiteren Schadens bestehen. Er ist auch berechtigt, auf die weitere Ausführung zu verzichten und Schadensersatz wegen Nichterfüllung zu verlangen, wenn die Ausführung aus den Gründen, die zur Entziehung des Auftrags geführt haben, für ihn kein Interesse mehr hat.

(3) Für die Weiterführung der Arbeiten kann der Auftraggeber Geräte, Gerüste, auf der Baustelle vorhandene andere Einrichtungen und angelieferte Stoffe und Bauteile gegen angemessene Vergütung in Anspruch nehmen.

(4) Der Auftraggeber hat dem Auftragnehmer eine Aufstellung über die entstandenen Mehrkosten und über seine anderen Ansprüche spätestens binnen 12 Werktagen nach Abrechnung mit dem Dritten zuzusenden.

4. Der Auftraggeber kann den Auftrag entziehen, wenn der Auftragnehmer aus Anlass der Vergabe eine Abrede

getroffen hatte, die eine unzulässige Wettbewerbsbeschränkung darstellt. Die Kündigung ist innerhalb von 12
Werktagen nach Bekanntwerden des Kündigungsgrun-
des auszusprechen. Nummer 3 gilt entsprechend.

5. Die Kündigung ist schriftlich zu erklären.

6. Der Auftragnehmer kann Aufmaß und Abnahme der von
   ihm ausgeführten Leistungen alsbald nach der Kündigung verlangen; er hat unverzüglich eine prüfbare Rechnung über die ausgeführten Leistungen vorzulegen.

7. Eine wegen Verzugs verwirkte, nach Zeit bemessene Vertragsstrafe kann nur für die Zeit bis zum Tag der Kündigung des Vertrags gefordert werden.

§ 9 Kündigung durch den Auftragnehmer

1. Der Auftragnehmer kann den Vertrag kündigen:
   a) wenn der Auftraggeber eine ihm obliegende Hand-
      lung unterlässt und dadurch den Auftragnehmer
      außerstande setzt, die Leistung auszuführen (Annah-
      meverzug nach §§ 293 ff. BGB),
   b) wenn der Auftraggeber eine fällige Zahlung nicht lei-
      stet oder sonst in Schuldnerverzug gerät.

2. Die Kündigung ist schriftlich zu erklären. Sie ist erst
   zulässig, wenn der Auftragnehmer dem Auftraggeber
   ohne Erfolg eine angemessene Frist zur Vertragserfüllung gesetzt und erklärt hat, dass er nach fruchtlosem
   Ablauf der Frist den Vertrag kündigen werde.

3. Die bisherigen Leistungen sind nach den Vertragspreisen abzurechnen. Außerdem hat der Auftragnehmer
   Anspruch auf angemessene Entschädigung nach § 642

BGB; etwaige weitergehende Ansprüche des Auftragnehmers bleiben unberührt.

§ 10 Haftung der Vertragsparteien

1. Die Vertragsparteien haften einander für eigenes Verschulden sowie für das Verschulden ihrer gesetzlichen Vertreter und der Personen, deren sie sich zur Erfüllung ihrer Verbindlichkeiten bedienen (§§ 276, 278 BGB).

2. (1) Entsteht einem Dritten im Zusammenhang mit der Leistung ein Schaden, für den auf Grund gesetzlicher Haftpflichtbestimmungen beide Vertragsparteien haften, so gelten für den Ausgleich zwischen den Vertragsparteien die allgemeinen gesetzlichen Bestimmungen, soweit im Einzelfall nichts anderes vereinbart ist. Soweit der Schaden des Dritten nur die Folge einer Maßnahme ist, die der Auftraggeber in dieser Form angeordnet hat, trägt er den Schaden allein, wenn ihn der Auftragnehmer auf die mit der angeordneten Ausführung verbundene Gefahr nach § 4 Nr. 3 hingewiesen hat.

   (2) Der Auftragnehmer trägt den Schaden allein, soweit er ihn durch Versicherung seiner gesetzlichen Haftpflicht gedeckt hat oder durch eine solche zu tarifmäßigen, nicht auf außergewöhnliche Verhältnisse abgestellten Prämien und Prämienzuschlägen bei einem im Inland zum Geschäftsbetrieb zugelassenen Versicherer hätte decken können.

3. Ist der Auftragnehmer einem Dritten nach den §§ 823 ff. BGB zu Schadensersatz verpflichtet wegen unbefugten Betretens oder Beschädigung angrenzender Grund-

stücke, wegen Entnahme oder Auflagerung von Boden oder anderen Gegenständen außerhalb der vom Auftraggeber dazu angewiesenen Flächen oder wegen der Folgen eigenmächtiger Versperrung von Wegen oder Wasserläufen, so trägt er im Verhältnis zum Auftraggeber den Schaden allein.

4. Für die Verletzung gewerblicher Schutzrechte haftet im Verhältnis der Vertragsparteien zueinander der Auftragnehmer allein, wenn er selbst das geschützte Verfahren oder die Verwendung geschützter Gegenstände angeboten oder wenn der Auftraggeber die Verwendung vorgeschrieben und auf das Schutzrecht hingewiesen hat.

5. Ist eine Vertragspartei gegenüber der anderen nach den Nummern 2, 3 oder 4 von der Ausgleichspflicht befreit, so gilt diese Befreiung auch zugunsten ihrer gesetzlichen Vertreter und Erfüllungsgehilfen, wenn sie nicht vorsätzlich oder grob fahrlässig gehandelt haben.

6. Soweit eine Vertragspartei von dem Dritten für einen Schaden in Anspruch genommen wird, den nach den Nummern 2, 3 oder 4 die andere Vertragspartei zu tragen hat, kann sie verlangen, dass ihre Vertragspartei sie von der Verbindlichkeit gegenüber dem Dritten befreit. Sie darf den Anspruch des Dritten nicht anerkennen oder befriedigen, ohne der anderen Vertragspartei vorher Gelegenheit zur Äußerung gegeben zu haben.

§ 11 Vertragsstrafe

1. Wenn Vertragsstrafen vereinbart sind, gelten die §§ 339 bis 345 BGB.

2. Ist die Vertragsstrafe für den Fall vereinbart, dass der Auftragnehmer nicht in der vorgesehenen Frist erfüllt,

so wird sie fällig, wenn der Auftragnehmer in Verzug gerät.
3. Ist die Vertragsstrafe nach Tagen bemessen, so zählen nur Werktage; ist sie nach Wochen bemessen, so wird jeder Werktag angefangener Wochen als 1/6 Woche gerechnet.
4. Hat der Auftraggeber die Leistung abgenommen, so kann er die Strafe nur verlangen, wenn er dies bei der Abnahme vorbehalten hat.

§ 12 Abnahme

1. Verlangt der Auftragnehmer nach der Fertigstellung – gegebenenfalls auch vor Ablauf der vereinbarten Ausführungsfrist – die Abnahme der Leistung, so hat sie der Auftraggeber binnen 12 Werktagen durchzuführen; eine andere Frist kann vereinbart werden.
2. Auf Verlangen sind in sich abgeschlossene Teile der Leistung besonders abzunehmen.
3. Wegen wesentlicher Mängel kann die Abnahme bis zur Beseitigung verweigert werden.
4. (1) Eine förmliche Abnahme hat stattzufinden, wenn eine Vertragspartei es verlangt. Jede Partei kann auf ihre Kosten einen Sachverständigen zuziehen. Der Befund ist in gemeinsamer Verhandlung schriftlich niederzulegen. In die Niederschrift sind etwaige Vorbehalte wegen bekannter Mängel und wegen Vertragsstrafen aufzunehmen, ebenso etwaige Einwendungen des Auftragnehmers. Jede Partei erhält eine Ausfertigung.

(2) Die förmliche Abnahme kann in Abwesenheit des Auftragnehmers stattfinden, wenn der Termin vereinbart war oder der Auftraggeber mit genügender Frist dazu eingeladen hatte. Das Ergebnis der Abnahme ist dem Auftragnehmer alsbald mitzuteilen.

5. (1) Wird keine Abnahme verlangt, so gilt die Leistung als abgenommen mit Ablauf von 12 Werktagen nach schriftlicher Mitteilung über die Fertigstellung der Leistung.

(2) Wird keine Abnahme verlangt und hat der Auftraggeber die Leistung oder einen Teil der Leistung in Benutzung genommen, so gilt die Abnahme nach Ablauf von 6 Werktagen nach Beginn der Benutzung als erfolgt, wenn nichts anderes vereinbart ist. Die Benutzung von Teilen einer baulichen Anlage zur Weiterführung der Arbeiten gilt nicht als Abnahme.

(3) Vorbehalte wegen bekannter Mängel oder wegen Vertragsstrafen hat der Auftraggeber spätestens zu den in den Absätzen 1 und 2 bezeichneten Zeitpunkten geltend zu machen.

6. Mit der Abnahme geht die Gefahr auf den Auftraggeber über, soweit er sie nicht schon nach § 7 trägt.

§ 13 Mängelansprüche

1. Der Auftragnehmer hat dem Auftraggeber seine Leistung zum Zeitpunkt der Abnahme frei von Sachmängeln zu verschaffen. Die Leistung ist zur Zeit der Abnahme frei von Sachmängeln, wenn sie die vereinbarte Beschaffenheit hat und den anerkannten Regeln der Technik entspricht. Ist die Beschaffenheit nicht verein-

bart, so ist die Leistung zur Zeit der Abnahme frei von Sachmängeln,

a) wenn sie sich für die nach dem Vertrag vorausgesetzte, sonst

b) für die gewöhnliche Verwendung eignet und eine Beschaffenheit aufweist, die bei Werken der gleichen Art üblich ist und die der Auftraggeber nach der Art der Leistung erwarten kann.

2. Bei Leistungen nach Probe gelten die Eigenschaften der Probe als vereinbarte Beschaffenheit, soweit nicht Abweichungen nach der Verkehrssitte als bedeutungslos anzusehen sind. Dies gilt auch für Proben, die erst nach Vertragsabschluss als solche anerkannt sind.

3. Ist ein Mangel zurückzuführen auf die Leistungsbeschreibung oder auf Anordnungen des Auftraggebers, auf die von diesem gelieferten oder vorgeschriebenen Stoffe oder Bauteile oder die Beschaffenheit der Vorleistung eines anderen Unternehmers, haftet der Auftragnehmer, es sei denn, er hat die ihm nach § 4 Nr. 3 obliegende Mitteilung gemacht.

4. (1) Ist für Mängelansprüche keine Verjährungsfrist im Vertrag vereinbart, so beträgt sie für Bauwerke 4 Jahre, für Arbeiten an einem Grundstück und für die vom Feuer berührten Teile von Feuerungsanlagen 2 Jahre. Abweichend von Satz 1 beträgt die Verjährungsfrist für feuerberührte und abgasdämmende Teile von industriellen Feuerungsanlagen 1 Jahr.

(2) Bei maschinellen und elektrotechnischen / elektronischen Anlagen oder Teilen davon, bei denen die Wartung Einfluss auf die Sicherheit und Funktionsfähigkeit hat, beträgt die Verjährungsfrist für Mängelansprüche abweichend von Absatz 1 2 Jahre, wenn

der Auftraggeber sich dafür entschieden hat, dem Auftragnehmer die Wartung für die Dauer der Verjährungsfrist nicht zu übertragen.

(3) Die Frist beginnt mit der Abnahme der gesamten Leistung; nur für in sich abgeschlossene Teile der Leistung beginnt sie mit der Teilabnahme (§ 12 Nr. 2).

5. (1) Der Auftragnehmer ist verpflichtet, alle während der Verjährungsfrist hervortretenden Mängel, die auf vertragswidrige Leistung zurückzuführen sind, auf seine Kosten zu beseitigen, wenn es der Auftraggeber vor Ablauf der Frist schriftlich verlangt. Der Anspruch auf Beseitigung der gerügten Mängel verjährt in 2 Jahren, gerechnet vom Zugang des schriftlichen Verlangens an, jedoch nicht vor Ablauf der Regelfristen nach Nummer 4 oder der an ihrer Stelle vereinbarten Frist. Nach Abnahme der Mängelbeseitigungsleistung beginnt für diese Leistung eine Verjährungsfrist von 2 Jahren neu, die jedoch nicht vor Ablauf der Regelfristen nach Nummer 4 oder der an ihrer Stelle vereinbarten Frist endet.

(2) Kommt der Auftragnehmer der Aufforderung zur Mängelbeseitigung in einer vom Auftraggeber gesetzten angemessenen Frist nicht nach, so kann der Auftraggeber die Mängel auf Kosten des Auftragnehmers beseitigen lassen.

6. Ist die Beseitigung des Mangels für den Auftraggeber unzumutbar oder ist sie unmöglich oder würde sie einen unverhältnismäßig hohen Aufwand erfordern und wird sie deshalb vom Auftragnehmer verweigert, so kann der Auftraggeber durch Erklärung gegenüber dem Auftragnehmer die Vergütung mindern (§ 638 BGB).

7. (1) Der Auftragnehmer haftet bei schuldhaft verursachten Mängeln für Schäden aus der Verletzung des Lebens, des Körpers oder der Gesundheit.

(2) Bei vorsätzlich oder grob fahrlässig verursachten Mängeln haftet er für alle Schäden.

(3) Im Übrigen ist dem Auftraggeber der Schaden an der baulichen Anlage zu ersetzen, zu deren Herstellung, Instandhaltung oder Änderung die Leistung dient, wenn ein wesentlicher Mangel vorliegt, der die Gebrauchsfähigkeit erheblich beeinträchtigt und auf ein Verschulden des Auftragnehmers zurückzuführen ist. Einen darüber hinausgehenden Schaden hat der Auftragnehmer nur dann zu ersetzen,

a) wenn der Mangel auf einem Verstoß gegen die anerkannten Regeln der Technik beruht,

b) wenn der Mangel in dem Fehlen einer vertraglich vereinbarten Beschaffenheit besteht oder

c) soweit der Auftragnehmer den Schaden durch Versicherung seiner gesetzlichen Haftpflicht gedeckt hat oder durch eine solche zu tarifmäßigen, nicht auf außergewöhnliche Verhältnisse abgestellten Prämien und Prämienzuschlägen bei einem im Inland zum Geschäftsbetrieb zugelassenen Versicherer hätte decken können.

(4) Abweichend von Nummer 4 gelten die gesetzlichen Verjährungsfristen, soweit sich der Auftragnehmer nach Absatz 3 durch Versicherung geschützt hat oder hätte schützen können oder soweit ein besonderer Versicherungsschutz vereinbart ist.

(5) Eine Einschränkung oder Erweiterung der Haftung kann in begründeten Sonderfällen vereinbart werden.

407

§ 14 Abrechnung

1. Der Auftragnehmer hat seine Leistungen prüfbar abzurechnen. Er hat die Rechnungen übersichtlich aufzustellen und dabei die Reihenfolge der Posten einzuhalten und die in den Vertragsbestandteilen enthaltenen Bezeichnungen zu verwenden. Die zum Nachweis von Art und Umfang der Leistung erforderlichen Mengenberechnungen, Zeichnungen und andere Belege sind beizufügen. Änderungen und Ergänzungen des Vertrags sind in der Rechnung besonders kenntlich zu machen; sie sind auf Verlangen getrennt abzurechnen.

2. Die für die Abrechnung notwendigen Feststellungen sind dem Fortgang der Leistung entsprechend möglichst gemeinsam vorzunehmen. Die Abrechnungsbestimmungen in den Technischen Vertragsbedingungen und den anderen Vertragsunterlagen sind zu beachten. Für Leistungen, die bei Weiterführung der Arbeiten nur schwer feststellbar sind, hat der Auftragnehmer rechtzeitig gemeinsame Feststellungen zu beantragen.

3. Die Schlussrechnung muss bei Leistungen mit einer vertraglichen Ausführungsfrist von höchstens 3 Monaten spätestens 12 Werktage nach Fertigstellung eingereicht werden, wenn nichts anderes vereinbart ist; diese Frist wird um je 6 Werktage für je weitere 3 Monate Ausführungsfrist verlängert.

4. Reicht der Auftragnehmer eine prüfbare Rechnung nicht ein, obwohl ihm der Auftraggeber dafür eine angemessene Frist gesetzt hat, so kann sie der Auftraggeber selbst auf Kosten des Auftragnehmers aufstellen.

§ 15 Stundenlohnarbeiten

1. (1) Stundenlohnarbeiten werden nach den vertraglichen Vereinbarungen abgerechnet.
   (2) Soweit für die Vergütung keine Vereinbarungen getroffen worden sind, gilt die ortsübliche Vergütung. Ist diese nicht zu ermitteln, so werden die Aufwendungen des Auftragnehmers für Lohn- und Gehaltskosten der Baustelle, Lohn- und Gehaltsnebenkosten der Baustelle, Stoffkosten der Baustelle, Kosten der Einrichtungen, Geräte, Maschinen und maschinellen Anlagen der Baustelle, Fracht-, Fuhr- und Ladekosten, Sozialkassenbeiträge und Sonderkosten, die bei wirtschaftlicher Betriebsführung entstehen, mit angemessenen Zuschlägen für Gemeinkosten und Gewinn (einschließlich allgemeinem Unternehmerwagnis) zuzüglich Umsatzsteuer vergütet.
2. Verlangt der Auftraggeber, dass die Stundenlohnarbeiten durch einen Polier oder eine andere Aufsichtsperson beaufsichtigt werden, oder ist die Aufsicht nach den einschlägigen Unfallverhütungsvorschriften notwendig, so gilt Nummer 1 entsprechend.
3. Dem Auftraggeber ist die Ausführung von Stundenlohnarbeiten vor Beginn anzuzeigen. Über die geleisteten Arbeitsstunden und den dabei erforderlichen, besonders zu vergütenden Aufwand für den Verbrauch von Stoffen, für Vorhaltung von Einrichtungen, Geräten, Maschinen und maschinellen Anlagen, für Frachten, Fuhr- und Ladeleistungen sowie etwaige Sonderkosten sind, wenn nichts anderes vereinbart ist, je nach der Verkehrssitte werktäglich oder wöchentlich Listen (Stundenlohnzettel)

einzureichen. Der Auftraggeber hat die von ihm bescheinigten Stundenlohnzettel unverzüglich, spätestens
jedoch innerhalb von 6 Werktagen nach Zugang, zurückzugeben. Dabei kann er Einwendungen auf den Stundenlohnzetteln oder gesondert schriftlich erheben. Nicht
fristgemäß zurückgegebene Stundenlohnzettel gelten
als anerkannt.

4. Stundenlohnrechnungen sind alsbald nach Abschluss
der Stundenlohnarbeiten, längstens jedoch in Abstän-
den von 4 Wochen, einzureichen. Für die Zahlung gilt
§ 16.

5. Wenn Stundenlohnarbeiten zwar vereinbart waren, über
den Umfang der Stundenlohnleistungen aber mangels
rechtzeitiger Vorlage der Stundenlohnzettel Zweifel
bestehen, so kann der Auftraggeber verlangen, dass für
die nachweisbar ausgeführten Leistungen eine Vergütung vereinbart wird, die nach Maßgabe von Nummer 1
Abs. 2 für einen wirtschaftlich vertretbaren Aufwand an
Arbeitszeit und Verbrauch von Stoffen, für Vorhaltung
von Einrichtungen, Geräten, Maschinen und maschinellen Anlagen, für Frachten, Fuhr- und Ladeleistungen
sowie etwaige Sonderkosten ermittelt wird.

§ 16 Zahlung

1. (1) Abschlagszahlungen sind auf Antrag in Höhe des
Wertes der jeweils nachgewiesenen vertragsgemäßen Leistungen einschließlich des ausgewiesenen,
darauf entfallenden Umsatzsteuerbetrags in möglichst kurzen Zeitabständen zu gewähren. Die Leistungen sind durch eine prüfbare Aufstellung nachzu-

weisen, die eine rasche und sichere Beurteilung der Leistungen ermöglichen muss. Als Leistungen gelten hierbei auch die für die geforderte Leistung eigens angefertigten und bereitgestellten Bauteile sowie die auf der Baustelle angelieferten Stoffe und Bauteile, wenn dem Auftraggeber nach seiner Wahl das Eigentum an ihnen übertragen ist oder entsprechende Sicherheit gegeben wird.

(2) Gegenforderungen können einbehalten werden. Andere Einbehalte sind nur in den im Vertrag und in den gesetzlichen Bestimmungen vorgesehenen Fällen zulässig.

(3) Ansprüche auf Abschlagszahlungen werden binnen 18 Werktagen nach Zugang der Aufstellung fällig.

(4) Die Abschlagszahlungen sind ohne Einfluss auf die Haftung des Auftragnehmers; sie gelten nicht als Abnahme von Teilen der Leistung.

2. (1) Vorauszahlungen können auch nach Vertragsabschluss vereinbart werden; hierfür ist auf Verlangen des Auftraggebers ausreichende Sicherheit zu leisten. Diese Vorauszahlungen sind, sofern nichts anderes vereinbart wird, mit 3 v. H. über dem Basiszinssatz des § 247 BGB zu verzinsen.

(2) Vorauszahlungen sind auf die nächstfälligen Zahlungen anzurechnen, soweit damit Leistungen abzugelten sind, für welche die Vorauszahlungen gewährt worden sind.

3. (1) Der Anspruch auf die Schlusszahlung wird alsbald nach Prüfung und Feststellung der vom Auftragnehmer vorgelegten Schlussrechnung fällig, spätestens innerhalb von 2 Monaten nach Zugang. Die Prüfung der Schlussrechnung ist nach Möglichkeit zu

beschleunigen. Verzögert sie sich, so ist das unbestrittene Guthaben als Abschlagszahlung sofort zu zahlen.

(2) Die vorbehaltlose Annahme der Schlusszahlung schließt Nachforderungen aus, wenn der Auftragnehmer über die Schlusszahlung schriftlich unterrichtet und auf die Ausschlusswirkung hingewiesen wurde.

(3) Einer Schlusszahlung steht es gleich, wenn der Auftraggeber unter Hinweis auf geleistete Zahlungen weitere Zahlungen endgültig und schriftlich ablehnt.

(4) Auch früher gestellte, aber unerledigte Forderungen werden ausgeschlossen, wenn sie nicht nochmals vorbehalten werden.

(5) Ein Vorbehalt ist innerhalb von 24 Werktagen nach Zugang der Mitteilung nach den Absätzen 2 und 3 über die Schlusszahlung zu erklären. Er wird hinfällig, wenn nicht innerhalb von weiteren 24 Werktagen eine prüfbare Rechnung über die vorbehaltenen Forderungen eingereicht oder, wenn das nicht möglich ist, der Vorbehalt eingehend begründet wird.

(6) Die Ausschlussfristen gelten nicht für ein Verlangen nach Richtigstellung der Schlussrechnung und -zahlung wegen Aufmaß-, Rechen- und Übertragungsfehlern.

4. In sich abgeschlossene Teile der Leistung können nach Teilabnahme ohne Rücksicht auf die Vollendung der übrigen Leistungen endgültig festgestellt und bezahlt werden.

5. (1) Alle Zahlungen sind aufs äußerste zu beschleunigen.

(2) Nicht vereinbarte Skontoabzüge sind unzulässig.

(3) Zahlt der Auftraggeber bei Fälligkeit nicht, so kann ihm der Auftragnehmer eine angemessene Nachfrist setzen. Zahlt er auch innerhalb der Nachfrist nicht, so hat der Auftragnehmer vom Ende der Nachfrist an Anspruch auf Zinsen in Höhe der in § 288 BGB angegebenen Zinssätze, wenn er nicht einen höheren Verzugsschaden nachweist.

(4) Zahlt der Auftraggeber das fällige unbestrittene Guthaben nicht innerhalb von 2 Monaten nach Zugang der Schlussrechnung, so hat der Auftragnehmer für dieses Guthaben abweichend von Absatz 3 (ohne Nachfristsetzung) ab diesem Zeitpunkt Anspruch auf Zinsen in Höhe der in § 288 BGB angegebenen Zinssätze, wenn er nicht einen höheren Verzugsschaden nachweist.

(5) Der Auftragnehmer darf in den Fällen der Absätze 3 und 4 die Arbeiten bis zur Zahlung einstellen, sofern eine dem Auftraggeber zuvor gesetzte angemessene Nachfrist erfolglos verstrichen ist.

6. Der Auftraggeber ist berechtigt, zur Erfüllung seiner Verpflichtungen aus den Nummern 1 bis 5 Zahlungen an Gläubiger des Auftragnehmers zu leisten, soweit sie an der Ausführung der vertraglichen Leistung des Auftragnehmers aufgrund eines mit diesem abgeschlossenen Dienst- oder Werkvertrags beteiligt sind, wegen Zahlungsverzugs des Auftragnehmers die Fortsetzung ihrer Leistung zu Recht verweigern und die Direktzahlung die Fortsetzung der Leistung sicherstellen soll. Der Auftragnehmer ist verpflichtet, sich auf Verlangen des Auftraggebers innerhalb einer von diesem gesetzten Frist darüber zu erklären, ob und inwieweit er die Forderungen seiner Gläubiger anerkennt; wird diese Erklärung nicht

rechtzeitig abgegeben, so gelten die Voraussetzungen
für die Direktzahlung als anerkannt.

§ 17 Sicherheitsleistung

1. (1) Wenn Sicherheitsleistung vereinbart ist, gelten die
    §§ 232 bis 240 BGB, soweit sich aus den nachste-
    henden Bestimmungen nichts anderes ergibt.
    (2) Die Sicherheit dient dazu, die vertragsgemäße Aus-
    führung der Leistung und die Mängelansprüche
    sicherzustellen.
2. Wenn im Vertrag nichts anderes vereinbart ist, kann
    Sicherheit durch Einbehalt oder Hinterlegung von Geld
    oder durch Bürgschaft eines Kreditinstituts oder Kredit-
    versicherers geleistet werden, sofern das Kreditinstitut
    oder der Kreditversicherer
    *   in der Europäischen Gemeinschaft oder
    *   in einem Staat der Vertragsparteien des Abkommens
        über den Europäischen Wirtschaftsraum oder
    *   in einem Staat der Vertragsparteien des WTO-Über-
        einkommens über das öffentliche Beschaffungswesen
    zugelassen ist.
3. Der Auftragnehmer hat die Wahl unter den verschiede-
    nen Arten der Sicherheit; er kann eine Sicherheit durch
    eine andere ersetzen.
4. Bei Sicherheitsleistung durch Bürgschaft ist Vorausset-
    zung, dass der Auftraggeber den Bürgen als tauglich
    anerkannt hat. Die Bürgschaftserklärung ist schriftlich
    unter Verzicht auf die Einrede der Vorausklage abzuge-
    ben (§ 771 BGB); sie darf nicht auf bestimmte Zeit
    begrenzt und muss nach Vorschrift des Auftraggebers

ausgestellt sein. Der Auftraggeber kann als Sicherheit keine Bürgschaft fordern, die den Bürgen zur Zahlung auf erstes Anfordern verpflichtet.

5. Wird Sicherheit durch Hinterlegung von Geld geleistet, so hat der Auftragnehmer den Betrag bei einem zu vereinbarenden Geldinstitut auf ein Sperrkonto einzuzahlen, über das beide Parteien nur gemeinsam verfügen können. Etwaige Zinsen stehen dem Auftragnehmer zu.

6. (1) Soll der Auftraggeber vereinbarungsgemäß die Sicherheit in Teilbeträgen von seinen Zahlungen einbehalten, so darf er jeweils die Zahlung um höchstens 10 v. H. kürzen, bis die vereinbarte Sicherheitssumme erreicht ist. Den jeweils einbehaltenen Betrag hat er dem Auftragnehmer mitzuteilen und binnen 18 Werktagen nach dieser Mitteilung auf ein Sperrkonto bei dem vereinbarten Geldinstitut einzuzahlen. Gleichzeitig muss er veranlassen, dass dieses Geldinstitut den Auftragnehmer von der Einzahlung des Sicherheitsbetrags benachrichtigt. Nummer 5 gilt entsprechend.

(2) Bei kleineren oder kurzfristigen Aufträgen ist es zulässig, dass der Auftraggeber den einbehaltenen Sicherheitsbetrag erst bei der Schlusszahlung auf ein Sperrkonto einzahlt.

(3) Zahlt der Auftraggeber den einbehaltenen Betrag nicht rechtzeitig ein, so kann ihm der Auftragnehmer hierfür eine angemessene Nachfrist setzen. Lässt der Auftraggeber auch diese verstreichen, so kann der Auftragnehmer die sofortige Auszahlung des einbehaltenen Betrags verlangen und braucht dann keine Sicherheit mehr zu leisten.

(4) Öffentliche Auftraggeber sind berechtigt, den als Sicherheit einbehaltenen Betrag auf eigenes Verwahrgeldkonto zu nehmen; der Betrag wird nicht verzinst.

7. Der Auftragnehmer hat die Sicherheit binnen 18 Werktagen nach Vertragsabschluss zu leisten, wenn nichts anderes vereinbart ist. Soweit er diese Verpflichtung nicht erfüllt hat, ist der Auftraggeber berechtigt, vom Guthaben des Auftragnehmers einen Betrag in Höhe der vereinbarten Sicherheit einzubehalten. Im Übrigen gelten die Nummern 5 und 6 außer Abs. 1 Satz 1 entsprechend.

8. (1) Der Auftraggeber hat eine nicht verwertete Sicherheit für die Vertragserfüllung zum vereinbarten Zeitpunkt, spätestens nach Abnahme und Stellung der Sicherheit für Mängelansprüche zurückzugeben, es sei denn, dass Ansprüche des Auftraggebers, die nicht von der gestellten Sicherheit für Mängelansprüche umfasst sind, noch nicht erfüllt sind. Dann darf er für diese Vertragserfüllungsansprüche einen entsprechenden Teil der Sicherheit zurückhalten.

(2) Der Auftraggeber hat eine nicht verwertete Sicherheit für Mängelansprüche nach Ablauf von 2 Jahren zurückzugeben, sofern kein anderer Rückgabezeitpunkt vereinbart worden ist. Soweit jedoch zu diesem Zeitpunkt seine geltend gemachten Ansprüche noch nicht erfüllt sind, darf er einen entsprechenden Teil der Sicherheit zurückhalten.

§ 18 Streitigkeiten

1. Liegen die Voraussetzungen für eine Gerichtsstandvereinbarung nach § 38 Zivilprozessordnung vor, richtet sich der Gerichtsstand für Streitigkeiten aus dem Vertrag nach dem Sitz der für die Prozessvertretung des Auftraggebers zuständigen Stelle, wenn nichts anderes vereinbart ist. Sie ist dem Auftragnehmer auf Verlangen mitzuteilen.

2. (1) Entstehen bei Verträgen mit Behörden Meinungsverschiedenheiten, so soll der Auftragnehmer zunächst die der auftraggebenden Stelle unmittelbar vorgesetzte Stelle anrufen. Diese soll dem Auftragnehmer Gelegenheit zur mündlichen Aussprache geben und ihn möglichst innerhalb von 2 Monaten nach der Anrufung schriftlich bescheiden und dabei auf die Rechtsfolgen des Satzes 3 hinweisen. Die Entscheidung gilt als anerkannt, wenn der Auftragnehmer nicht innerhalb von 3 Monaten nach Eingang des Bescheides schriftlich Einspruch beim Auftraggeber erhebt und dieser ihn auf die Ausschlussfrist hingewiesen hat.

    (2) Mit dem Eingang des schriftlichen Antrages auf Durchführung eines Verfahrens nach Absatz 1 wird die Verjährung des in diesem Antrag geltend gemachten Anspruchs gehemmt. Wollen Auftraggeber oder Auftragnehmer das Verfahren nicht weiter betreiben, teilen sie dies dem jeweils anderen Teil schriftlich mit. Die Hemmung endet 3 Monate nach Zugang des schriftlichen Bescheides oder der Mitteilung nach Satz 2.

3. Bei Meinungsverschiedenheiten über die Eigenschaft von Stoffen und Bauteilen, für die allgemein gültige Prüfungsverfahren bestehen, und über die Zulässigkeit oder Zuverlässigkeit der bei der Prüfung verwendeten Maschinen oder angewendeten Prüfungsverfahren kann jede Vertragspartei nach vorheriger Benachrichtigung der anderen Vertragspartei die materialtechnische Untersuchung durch eine staatliche oder staatlich anerkannte Materialprüfungsstelle vornehmen lassen; deren Feststellungen sind verbindlich. Die Kosten trägt der unterliegende Teil.

4. Streitfälle berechtigen den Auftragnehmer nicht, die Arbeiten einzustellen.

Anhang II:
BGB Werkvertragsrecht
§§ 631 – 650 BGB

§ 631 Vertragstypische Pflichten beim Werkvertrag

(1) Durch den Werkvertrag wird der Unternehmer zur Herstellung des versprochenen Werkes, der Besteller zur Entrichtung der vereinbarten Vergütung verpflichtet.

(2) Gegenstand des Werkvertrags kann sowohl die Herstellung oder Veränderung einer Sache als auch ein anderer durch Arbeit oder Dienstleistung herbeizuführender Erfolg sein.

§ 632 Vergütung

(1) Eine Vergütung gilt als stillschweigend vereinbart, wenn die Herstellung des Werkes den Umständen nach nur gegen eine Vergütung zu erwarten ist.

(2) Ist die Höhe der Vergütung nicht bestimmt, so ist bei dem Bestehen einer Taxe die taxmäßige Vergütung, in Ermangelung einer Taxe die übliche Vergütung als vereinbart anzusehen.

(3) Ein Kostenanschlag ist im Zweifel nicht zu vergüten.

§ 632a Abschlagszahlungen

Der Unternehmer kann von dem Besteller für in sich abgeschlossene Teile des Werkes Abschlagszahlungen für die erbrachten vertragsmäßigen Leistungen verlangen. Dies gilt auch für erforderliche Stoffe oder Bauteile, die eigens angefertigt oder angeliefert sind. Der Anspruch besteht nur, wenn dem Besteller Eigentum an den Teilen des Werkes, an den Stoffen oder Bauteilen übertragen oder Sicherheit hierfür geleistet wird.

§ 633 Sach- und Rechtsmangel

(1) Der Unternehmer hat dem Besteller das Werk frei von Sach- und Rechtsmängeln zu verschaffen.

(2) Das Werk ist frei von Sachmängeln, wenn es die vereinbarte Beschaffenheit hat. Soweit die Beschaffenheit nicht vereinbart ist, ist das Werk frei von Sachmängeln,

1. wenn es sich für die nach dem Vertrag vorausgesetzte, sonst
2. für die gewöhnliche Verwendung eignet und eine Beschaffenheit aufweist, die bei Werken der gleichen Art üblich ist und die der Besteller nach der Art des Werkes erwarten kann.

Einem Sachmangel steht es gleich, wenn der Unternehmer ein anderes als das bestellte Werk oder das Werk in zu geringer Menge herstellt.

(3) Das Werk ist frei von Rechtsmängeln, wenn Dritte in Bezug auf das Werk keine oder nur die im Vertrag übernommenen Rechte gegen den Besteller geltend machen können.

§ 634 Rechte des Bestellers bei Mängeln

Ist das Werk mangelhaft, kann der Besteller, wenn die Voraussetzungen der folgenden Vorschriften vorliegen und soweit nicht ein anderes bestimmt ist,
1. nach § 635 Nacherfüllung verlangen,
2. nach § 637 den Mangel selbst beseitigen und Ersatz der erforderlichen Aufwendungen verlangen,
3. nach den §§ 636, 323 und 326 Abs. 5 von dem Vertrag zurücktreten oder nach § 638 die Vergütung mindern und
4. nach den §§ 636, 280, 281, 283 und 311a Schadensersatz oder nach § 284 Ersatz vergeblicher Aufwendungen verlangen.

§ 634a Verjährung der Mängelansprüche

(1) Die in § 634 Nr. 1, 2 und 4 bezeichneten Ansprüche verjähren
1. vorbehaltlich der Nummer 2 in zwei Jahren bei einem Werk, dessen Erfolg in der Herstellung, Wartung oder Veränderung einer Sache oder in der Erbringung von Planungs- oder Überwachungsleistungen hierfür besteht,
2. in fünf Jahren bei einem Bauwerk und einem Werk, dessen Erfolg in der Erbringung von Planungs- oder Überwachungsleistungen hierfür besteht, und
3. im Übrigen in der regelmäßigen Verjährungsfrist.
(2) Die Verjährung beginnt in den Fällen des Absatzes 1 Nr. 1 und 2 mit der Abnahme.

(3) Abweichend von Absatz 1 Nr. 1 und 2 und Absatz 2 verjähren die Ansprüche in der regelmäßigen Verjährungsfrist, wenn der Unternehmer den Mangel arglistig verschwiegen hat. Im Falle des Absatzes 1 Nr. 2 tritt die Verjährung jedoch nicht vor Ablauf der dort bestimmten Frist ein.

(4) Für das in § 634 bezeichnete Rücktrittsrecht gilt § 218. Der Besteller kann trotz einer Unwirksamkeit des Rücktritts nach § 218 Abs. 1 die Zahlung der Vergütung insoweit verweigern, als er aufgrund des Rücktrittes dazu berechtigt sein würde. Macht er von diesem Recht Gebrauch, kann der Unternehmer vom Vertrag zurücktreten.

(5) Auf das in § 634 bezeichnete Minderungsrecht finden § 218 und Absatz 4 Satz 2 entsprechende Anwendung.

§ 635 Nacherfüllung

(1) Verlangt der Besteller Nacherfüllung, so kann der Unternehmer nach seiner Wahl den Mangel beseitigen oder ein neues Werk herstellen.

(2) Der Unternehmer hat die zum Zwecke der Nacherfüllung erforderlichen Aufwendungen, insbesondere Transport-, Wege-, Arbeits- und Materialkosten zu tragen.

(3) Der Unternehmer kann die Nacherfüllung unbeschadet des § 275 Abs. 2 und 3 verweigern, wenn sie nur mit unverhältnismäßigen Kosten möglich ist.

(4) Stellt der Unternehmer ein neues Werk her, so kann er vom Besteller Rückgewähr des mangelhaften Werkes nach Maßgabe der §§ 346 bis 348 verlangen.

§ 636 Besondere Bestimmungen für Rücktritt und Schadensersatz

Außer in den Fällen der §§ 281 Abs. 2 und 323 Abs. 2 bedarf es der Fristsetzung auch dann nicht, wenn der Unternehmer die Nacherfüllung gemäß § 635 Abs. 3 verweigert oder wenn die Nacherfüllung fehlgeschlagen oder dem Besteller unzumutbar ist.

§ 637 Selbstvornahme

(1) Der Besteller kann wegen eines Mangels des Werkes nach erfolglosem Ablauf einer von ihm zur Nacherfüllung bestimmten angemessenen Frist den Mangel selbst beseitigen und Ersatz der erforderlichen Aufwendungen verlangen, wenn nicht der Unternehmer die Nacherfüllung zu Recht verweigert.

(2) § 323 Abs. 2 findet entsprechende Anwendung. Der Bestimmung einer Frist bedarf es auch dann nicht, wenn die Nacherfüllung fehlgeschlagen oder dem Besteller unzumutbar ist.

(3) Der Besteller kann von dem Unternehmer für die zur Beseitigung des Mangels erforderlichen Aufwendungen Vorschuss verlangen.

§ 638 Minderung

(1) Statt zurückzutreten, kann der Besteller die Vergütung durch Erklärung gegenüber dem Unternehmer mindern. Der Ausschlussgrund des § 323 Abs. 5 Satz 2 findet keine Anwendung.

(2) Sind auf der Seite des Bestellers oder auf der Seite des Unternehmers mehrere beteiligt, so kann die Minderung nur von allen oder gegen alle erklärt werden.

(3) Bei der Minderung ist die Vergütung in dem Verhältnis herabzusetzen, in welchem zur Zeit des Vertragsschlusses der Wert des Werkes in mangelfreiem Zustand zu dem wirklichen Wert gestanden haben würde. Die Minderung ist, soweit erforderlich, durch Schätzung zu ermitteln.

(4) Hat der Besteller mehr als die geminderte Vergütung gezahlt, so ist der Mehrbetrag vom Unternehmer zu erstatten. § 346 Abs. 1 und § 347 Abs. 1 finden entsprechende Anwendung.

§ 639 Haftungsausschluss

Auf eine Vereinbarung, durch welche die Rechte des Bestellers wegen eines Mangels ausgeschlossen oder beschränkt werden, kann sich der Unternehmer nicht berufen, wenn er den Mangel arglistig verschwiegen oder eine Garantie für die Beschaffenheit des Werkes übernommen hat.

§ 640 Abnahme

(1) Der Besteller ist verpflichtet, das vertragsmäßig hergestellte Werk abzunehmen, sofern nicht nach der Beschaffenheit des Werkes die Abnahme ausgeschlossen ist. Wegen unwesentlicher Mängel kann die Abnahme nicht verweigert werden. Der Abnahme steht es gleich, wenn der Besteller das Werk nicht innerhalb einer ihm vom

Unternehmer bestimmten angemessenen Frist abnimmt, obwohl er dazu verpflichtet ist.

(2) Nimmt der Besteller ein mangelhaftes Werk gemäß Absatz 1 Satz 1 ab, obschon er den Mangel kennt, so stehen ihm die in § 634 Nr. 1 bis 3 bezeichneten Rechte nur zu, wenn er sich seine Rechte wegen des Mangels bei der Abnahme vorbehält.

§ 641 Fälligkeit der Vergütung

(1) Die Vergütung ist bei der Abnahme des Werkes zu entrichten. Ist das Werk in Teilen abzunehmen und die Vergütung für die einzelnen Teile bestimmt, so ist die Vergütung für jeden Teil bei dessen Abnahme zu entrichten.

(2) Die Vergütung des Unternehmers für ein Werk, dessen Herstellung der Besteller einem Dritten versprochen hat, wird spätestens fällig, wenn und soweit der Besteller von dem Dritten für das versprochene Werk wegen dessen Herstellung seine Vergütung oder Teile davon erhalten hat. Hat der Besteller dem Dritten wegen möglicher Mängel des Werkes Sicherheit geleistet, gilt dies nur, wenn der Unternehmer dem Besteller Sicherheit in entsprechender Höhe leistet.

(3) Kann der Besteller die Beseitigung eines Mangels verlangen, so kann er nach der Abnahme die Zahlung eines angemessenen Teils der Vergütung verweigern, mindestens in Höhe des Dreifachen der für die Beseitigung des Mangels erforderlichen Kosten.

(4) Eine in Geld festgesetzte Vergütung hat der Besteller von der Abnahme des Werkes an zu verzinsen, sofern nicht die Vergütung gestundet ist.

§ 641a Fertigstellungsbescheinigung

(1) Der Abnahme steht es gleich, wenn dem Unternehmer
von einem Gutachter eine Bescheinigung darüber erteilt
wird, dass
   1. das versprochene Werk, im Falle des § 641 Abs. 1
      Satz 2 auch ein Teil desselben, hergestellt ist und
   2. das Werk frei von Mängeln ist, die der Besteller
      gegenüber dem Gutachter behauptet hat oder die für
      den Gutachter bei einer Besichtigung feststellbar
      sind,

(Fertigstellungsbescheinigung). Das gilt nicht, wenn das
Verfahren nach den Absätzen 2 bis 4 nicht eingehalten
worden ist oder wenn die Voraussetzungen des § 640
Abs. 1 Satz 1 und 2 nicht gegeben waren; im Streitfall
hat dies der Besteller zu beweisen. § 640 Abs. 2 ist nicht
anzuwenden. Es wird vermutet, dass ein Aufmaß oder
eine Stundenlohnabrechnung, die der Unternehmer seiner Rechnung zugrunde legt, zutreffen, wenn der Gutachter dies in der Fertigstellungsbescheinigung bestätigt.

(2) Gutachter kann sein
   1. ein Sachverständiger, auf den sich Unternehmer und
      Besteller verständigt haben, oder
   2. ein auf Antrag des Unternehmers durch eine Indus-
      trie- und Handelskammer, eine Handwerkskammer,
      eine Architektenkammer oder eine Ingenieurkammer
      bestimmter öffentlich bestellter und vereidigter
      Sachverständiger.

Der Gutachter wird vom Unternehmer beauftragt. Er ist
diesem und dem Besteller des zu begutachtenden Werkes gegenüber verpflichtet, die Bescheinigung unpartei-
isch und nach bestem Wissen und Gewissen zu erteilen.

(3) Der Gutachter muss mindestens einen Besichtigungstermin abhalten; eine Einladung hierzu unter Angabe des Anlasses muss dem Besteller mindestens zwei Wochen vorher zugehen. Ob das Werk frei von Mängeln ist, beurteilt der Gutachter nach einem schriftlichen Vertrag, den ihm der Unternehmer vorzulegen hat. Änderungen dieses Vertrags sind dabei nur zu berücksichtigen, wenn sie schriftlich vereinbart sind oder von den Vertragsteilen übereinstimmend gegenüber dem Gutachter vorgebracht werden. Wenn der Vertrag entsprechende Angaben nicht enthält, sind die allgemein anerkannten Regeln der Technik zugrunde zu legen. Vom Besteller geltend gemachte Mängel bleiben bei der Erteilung der Bescheinigung unberücksichtigt, wenn sie nach Abschluss der Besichtigung vorgebracht werden.

(4) Der Besteller ist verpflichtet, eine Untersuchung des Werkes oder von Teilen desselben durch den Gutachter zu gestatten. Verweigert er die Untersuchung, wird vermutet, dass das zu untersuchende Werk vertragsgemäß hergestellt worden ist; die Bescheinigung nach Absatz 1 ist zu erteilen.

(5) Dem Besteller ist vom Gutachter eine Abschrift der Bescheinigung zu erteilen. In Ansehung von Fristen, Zinsen und Gefahrübergang treten die Wirkungen der Bescheinigung erst mit ihrem Zugang beim Besteller ein.

§ 642 Mitwirkung des Bestellers

(1) Ist bei der Herstellung des Werkes eine Handlung des Bestellers erforderlich, so kann der Unternehmer, wenn

der Besteller durch das Unterlassen der Handlung in Verzug der Annahme kommt, eine angemessene Entschädigung verlangen.
(2) Die Höhe der Entschädigung bestimmt sich einerseits nach der Dauer des Verzugs und der Höhe der vereinbarten Vergütung, andererseits nach demjenigen, was der Unternehmer infolge des Verzugs an Aufwendungen erspart oder durch anderweitige Verwendung seiner Arbeitskraft erwerben kann.

§ 643 Kündigung bei unterlassener Mitwirkung

Der Unternehmer ist im Falle des § 642 berechtigt, dem Besteller zur Nachholung der Handlung eine angemessene Frist mit der Erklärung zu bestimmen, dass er den Vertrag kündige, wenn die Handlung nicht bis zum Ablauf der Frist vorgenommen werde. Der Vertrag gilt als aufgehoben, wenn nicht die Nachholung bis zum Ablauf der Frist erfolgt.

§ 644 Gefahrtragung

(1) Der Unternehmer trägt die Gefahr bis zur Abnahme des Werkes. Kommt der Besteller in Verzug der Annahme, so geht die Gefahr auf ihn über. Für den zufälligen Untergang und eine zufällige Verschlechterung des von dem Besteller gelieferten Stoffes ist der Unternehmer nicht verantwortlich.
(2) Versendet der Unternehmer das Werk auf Verlangen des Bestellers nach einem anderen Ort als dem Erfüllungsort, so findet die für den Kauf geltende Vorschrift des § 447 entsprechende Anwendung.

§ 645 Verantwortlichkeit des Bestellers

(1) Ist das Werk vor der Abnahme infolge eines Mangels des von dem Besteller gelieferten Stoffes oder infolge einer von dem Besteller für die Ausführung erteilten Anweisung untergegangen, verschlechtert oder unausführbar geworden, ohne dass ein Umstand mitgewirkt hat, den der Unternehmer zu vertreten hat, so kann der Unternehmer einen der geleisteten Arbeit entsprechenden Teil der Vergütung und Ersatz der in der Vergütung nicht inbegriffenen Auslagen verlangen. Das Gleiche gilt, wenn der Vertrag in Gemäßheit des § 643 aufgehoben wird.

(2) Eine weitergehende Haftung des Bestellers wegen Verschuldens bleibt unberührt.

§ 646 Vollendung statt Abnahme

Ist nach der Beschaffenheit des Werkes die Abnahme ausgeschlossen, so tritt in den Fällen des § 634a Abs. 2 und der §§ 641, 644 und 645 an die Stelle der Abnahme die Vollendung des Werks.

§ 648 Sicherungshypothek des Bauunternehmers

(1) Der Unternehmer eines Bauwerks oder eines einzelnen Teiles eines Bauwerks kann für seine Forderungen aus dem Vertrag die Einräumung einer Sicherungshypothek an dem Baugrundstück des Bestellers verlangen. Ist das Werk noch nicht vollendet, so kann er die Einräumung

der Sicherungshypothek für einen der geleisteten Arbeit
entsprechenden Teil der Vergütung und für die in der
Vergütung nicht inbegriffenen Auslagen verlangen.
(2) Der Inhaber einer Schiffswerft kann für seine Forderungen aus dem Bau oder der Ausbesserung eines Schiffes
die Einräumung einer Schiffshypothek an dem Schiffs-
bauwerk oder dem Schiff des Bestellers verlangen;
Absatz 1 Satz 2 gilt sinngemäß. § 647 findet keine
Anwendung.

§ 648a Bauhandwerkersicherung

(1) Der Unternehmer eines Bauwerks, einer Außenanlage
oder eines Teils davon kann vom Besteller Sicherheit für
die von ihm zu erbringenden Vorleistungen einschließlich dazugehöriger Nebenforderungen in der Weise verlangen, dass er dem Besteller zur Leistung der Sicherheit
eine angemessene Frist mit der Erklärung bestimmt,
dass er nach dem Ablauf der Frist seine Leistung verweigere. Sicherheit kann bis zur Höhe des voraussichtlichen Vergütungsanspruchs, wie er sich aus dem Vertrag oder einem nachträglichen Zusatzauftrag ergibt,
sowie wegen Nebenforderungen verlangt werden; die
Nebenforderungen sind mit 10 vom Hundert des zu
sichernden Vergütungsanspruchs anzusetzen. Sie ist
auch dann als ausreichend anzusehen, wenn sich der
Sicherungsgeber das Recht vorbehält, sein Versprechen
im Falle einer wesentlichen Verschlechterung der Ver-
mögensverhältnisse des Bestellers mit Wirkung für Vergütungsansprüche aus Bauleistungen zu widerrufen, die
der Unternehmer bei Zugang der Widerrufserklärung
noch nicht erbracht hat.

(2) Die Sicherheit kann auch durch eine Garantie oder ein sonstiges Zahlungsversprechen eines im Geltungsbereich dieses Gesetzes zum Geschäftsbetrieb befugten Kreditinstituts oder Kreditversicherers geleistet werden. Das Kreditinstitut oder der Kreditversicherer darf Zahlungen an den Unternehmer nur leisten, soweit der Besteller den Vergütungsanspruch des Unternehmers anerkennt oder durch vorläufig vollstreckbares Urteil zur Zahlung der Vergütung verurteilt worden ist und die Voraussetzungen vorliegen, unter denen die Zwangsvollstreckung begonnen werden darf.

(3) Der Unternehmer hat dem Besteller die üblichen Kosten der Sicherheitsleistung bis zu einem Höchstsatz von 2 vom Hundert für das Jahr zu erstatten. Dies gilt nicht, soweit eine Sicherheit wegen Einwendungen des Bestellers gegen den Vergütungsanspruch des Unternehmers aufrechterhalten werden muss und die Einwendungen sich als unbegründet erweisen.

(4) Soweit der Unternehmer für seinen Vergütungsanspruch eine Sicherheit nach den Absätzen 1 oder 2 erlangt hat, ist der Anspruch auf Einräumung einer Sicherungshypothek nach § 648 Abs. 1 ausgeschlossen.

(5) Leistet der Besteller die Sicherheit nicht fristgemäß, so bestimmen sich die Rechte des Unternehmers nach den §§ 643 und 645 Abs. 1. Gilt der Vertrag danach als aufgehoben, kann der Unternehmer auch Ersatz des Schadens verlangen, den er dadurch erleidet, dass er auf die Gültigkeit des Vertrags vertraut hat. Dasselbe gilt, wenn der Besteller in zeitlichem Zusammenhang mit dem Sicherheitsverlangen gemäß Absatz 1 kündigt, es sei denn, die Kündigung ist nicht erfolgt, um der Stellung

der Sicherheit zu entgehen. Es wird vermutet, dass der Schaden 5 Prozent der Vergütung beträgt.

(6) Die Vorschriften der Absätze 1 bis 5 finden keine Anwendung, wenn der Besteller

1. eine juristische Person des öffentlichen Rechts oder ein öffentlich-rechtliches Sondervermögen ist oder

2. eine natürliche Person ist und die Bauarbeiten zur Herstellung oder Instandsetzung eines Einfamilienhauses mit oder ohne Einliegerwohnung ausführen lässt; dies gilt nicht bei Betreuung des Bauvorhabens durch einen zur Verfügung über die Finanzierungsmittel des Bestellers ermächtigten Baubetreuer.

(7) Eine von den Vorschriften der Absätze 1 bis 5 abweichende Vereinbarung ist unwirksam.

§ 649 Kündigungsrecht des Bestellers

Der Besteller kann bis zur Vollendung des Werkes jederzeit den Vertrag kündigen. Kündigt der Besteller, so ist der Unternehmer berechtigt, die vereinbarte Vergütung zu verlangen; er muss sich jedoch dasjenige anrechnen lassen, was er infolge der Aufhebung des Vertrags an Aufwendungen erspart oder durch anderweitige Verwendung seiner Arbeitskraft erwirbt oder zu erwerben böswillig unterlässt.

§ 650 Kostenanschlag

(1) Ist dem Vertrag ein Kostenanschlag zugrunde gelegt worden, ohne dass der Unternehmer die Gewähr für die Richtigkeit des Anschlags übernommen hat, und ergibt sich, dass das Werk nicht ohne eine wesentliche Über-

schreitung des Anschlags ausführbar ist, so steht dem
Unternehmer, wenn der Besteller den Vertrag aus die-
sem Grund kündigt, nur der im § 645 Abs. 1 bestimmte
Anspruch zu.

(2) Ist eine solche Überschreitung des Anschlags zu erwarten, so hat der Unternehmer dem Besteller unverzüglich
Anzeige zu machen.

Anhang III:
Gestaltung rechtsgeschäftlicher Schuldverhältnisse durch Allgemeine Geschäftsbedingungen §§ 305 – 310 BGB

§ 305 Einbeziehung Allgemeiner Geschäftsbedingungen in den Vertrag

(1) Allgemeine Geschäftsbedingungen sind alle für eine Vielzahl von Verträgen vorformulierten Vertragsbedingungen, die eine Vertragspartei (Verwender) der anderen Vertragspartei bei Abschluss eines Vertrags stellt. Gleichgültig ist, ob die Bestimmungen einen äußerlich gesonderten Bestandteil des Vertrags bilden oder in die Vertragsurkunde selbst aufgenommen werden, welchen Umfang sie haben, in welcher Schriftart sie verfasst sind und welche Form der Vertrag hat. Allgemeine Geschäftsbedingungen liegen nicht vor, soweit die Vertragsbedingungen zwischen den Vertragsparteien im Einzelnen ausgehandelt sind.

(2) Allgemeine Geschäftsbedingungen werden nur dann Bestandteil eines Vertrags, wenn der Verwender bei Vertragsschluss

   1. die andere Vertragspartei ausdrücklich oder, wenn ein ausdrücklicher Hinweis wegen der Art des Vertragsschlusses nur unter unverhältnismäßigen Schwierigkeiten möglich ist, durch deutlich sichtbaren Aushang am Orte des Vertragsschlusses auf sie hinweist und

2. der anderen Vertragspartei die Möglichkeit ver-
schafft, in zumutbarer Weise, die auch eine für den
Verwender erkennbare körperliche Behinderung der
anderen Vertragspartei angemessen berücksichtigt,
von ihrem Inhalt Kenntnis zu nehmen, und wenn die
andere Vertragspartei mit ihrer Geltung einverstanden ist.

(3) Die Vertragsparteien können für eine bestimmte Art von
Rechtsgeschäften die Geltung bestimmter Allgemeiner
Geschäftsbedingungen unter Beachtung der in Absatz 2
bezeichneten Erfordernisse im Voraus vereinbaren.

§ 305a Einbeziehung in besonderen Fällen

Auch ohne Einhaltung der in § 305 Abs. 2 Nr. 1 und 2
bezeichneten Erfordernisse werden einbezogen, wenn die
andere Vertragspartei mit ihrer Geltung einverstanden ist,

1. die mit Genehmigung der zuständigen Verkehrsbehörde
oder auf Grund von internationalen Übereinkommen
erlassenen Tarife und Ausführungsbestimmungen der
Eisenbahnen und die nach Maßgabe des Personenbeförderungsgesetzes genehmigten Beförderungsbedingungen der Straßenbahnen, Obusse und Kraftfahrzeuge
im Linienverkehr in den Beförderungsvertrag,

2. die im Amtsblatt der Regulierungsbehörde für Telekom-
munikation und Post veröffentlichten und in den
Geschäftsstellen des Verwenders bereitgehaltenen Allgemeinen Geschäftsbedingungen

a) in Beförderungsverträge, die außerhalb von
Geschäftsräumen durch den Einwurf von Postsen-
dungen in Briefkästen abgeschlossen werden,

b) in Verträge über Telekommunikations-, Informations-
und andere Dienstleistungen, die unmittelbar durch Einsatz von Fernkommunikationsmitteln und während der
Erbringung einer Telekommunikationsdienstleistung in
einem Mal erbracht werden, wenn die Allgemeinen
Geschäftsbedingungen der anderen Vertragspartei nur
unter unverhältnismäßigen Schwierigkeiten vor dem
Vertragsschluss zugänglich gemacht werden können.

§ 305b Vorrang der Individualabrede

Individuelle Vertragsabreden haben Vorrang vor Allgemeinen Geschäftsbedingungen.

§ 305c Überraschende und mehrdeutige Klauseln

(1) Bestimmungen in Allgemeinen Geschäftsbedingungen,
die nach den Umständen, insbesondere nach dem äuße-
ren Erscheinungsbild des Vertrags, so ungewöhnlich
sind, dass der Vertragspartner des Verwenders mit ihnen
nicht zu rechnen braucht, werden nicht Vertragsbestandteil.
(2) Zweifel bei der Auslegung Allgemeiner Geschäftsbedingungen gehen zu Lasten des Verwenders.

§ 306 Rechtsfolgen bei Nichteinbeziehung und Unwirksamkeit

(1) Sind Allgemeine Geschäftsbedingungen ganz oder teilweise nicht Vertragsbestandteil geworden oder unwirksam, so bleibt der Vertrag im Übrigen wirksam.

(2) Soweit die Bestimmungen nicht Vertragsbestandteil geworden oder unwirksam sind, richtet sich der Inhalt des Vertrags nach den gesetzlichen Vorschriften.

(3) Der Vertrag ist unwirksam, wenn das Festhalten an ihm auch unter Berücksichtigung der nach Absatz 2 vorgesehenen Änderung eine unzumutbare Härte für eine Vertragspartei darstellen würde.

§ 306a Umgehungsverbot

Die Vorschriften dieses Abschnitts finden auch Anwendung, wenn sie durch anderweitige Gestaltungen umgangen werden.

§ 307 Inhaltskontrolle

(1) Bestimmungen in Allgemeinen Geschäftsbedingungen sind unwirksam, wenn sie den Vertragspartner des Verwenders entgegen den Geboten von Treu und Glauben unangemessen benachteiligen. Eine unangemessene Benachteiligung kann sich auch daraus ergeben, dass die Bestimmung nicht klar und verständlich ist.

(2) Eine unangemessene Benachteiligung ist im Zweifel anzunehmen, wenn eine Bestimmung
    1. mit wesentlichen Grundgedanken der gesetzlichen Regelung, von der abgewichen wird, nicht zu vereinbaren ist oder

2. wesentliche Rechte oder Pflichten, die sich aus der Natur des Vertrags ergeben, so einschränkt, dass die Erreichung des Vertragszwecks gefährdet ist.

(3) Die Absätze 1 und 2 sowie die §§ 308 und 309 gelten nur für Bestimmungen in Allgemeinen Geschäftsbedingungen, durch die von Rechtsvorschriften abweichende oder diese ergänzende Regelungen vereinbart werden. Andere Bestimmungen können nach Absatz 1 Satz 2 in Verbindung mit Absatz 1 Satz 1 unwirksam sein.

§ 308 Klauselverbote mit Wertungsmöglichkeit

In Allgemeinen Geschäftsbedingungen ist insbesondere unwirksam

1. (Annahme- und Leistungsfrist)
   eine Bestimmung, durch die sich der Verwender unangemessen lange oder nicht hinreichend bestimmte Fristen für die Annahme oder Ablehnung eines Angebots oder die Erbringung einer Leistung vorbehält; ausgenommen hiervon ist der Vorbehalt, erst nach Ablauf der Widerrufs- oder Rückgabefrist nach § 355 Abs. 1 und 2 und § 356 zu leisten;

2. (Nachfrist)
   eine Bestimmung, durch die sich der Verwender für die von ihm zu bewirkende Leistung abweichend von Rechtsvorschriften eine unangemessen lange oder nicht hinreichend bestimmte Nachfrist vorbehält;

3. (Rücktrittsvorbehalt)
   die Vereinbarung eines Rechts des Verwenders, sich ohne sachlich gerechtfertigten und im Vertrag angegebenen Grund von seiner Leistungspflicht zu lösen; dies gilt nicht für Dauerschuldverhältnisse;

4. (Änderungsvorbehalt)
   die Vereinbarung eines Rechts des Verwenders, die versprochene Leistung zu ändern oder von ihr abzuweichen, wenn nicht die Vereinbarung der Änderung oder Abweichung unter Berücksichtigung der Interessen des Verwenders für den anderen Vertragsteil zumutbar ist;

5. (Fingierte Erklärungen)
   eine Bestimmung, wonach eine Erklärung des Vertragspartners des Verwenders bei Vornahme oder Unterlassung einer bestimmten Handlung als von ihm abgegeben oder nicht abgegeben gilt, es sei denn, dass

   a) dem Vertragspartner eine angemessene Frist zur Abgabe einer ausdrücklichen Erklärung eingeräumt ist und

   b) der Verwender sich verpflichtet, den Vertragspartner bei Beginn der Frist auf die vorgesehene Bedeutung seines Verhaltens besonders hinzuweisen;

   dies gilt nicht für Verträge, in die Teil B der Verdingungsordnung für Bauleistungen insgesamt einbezogen ist;

6. (Fiktion des Zugangs)
   eine Bestimmung, die vorsieht, dass eine Erklärung des Verwenders von besonderer Bedeutung dem anderen Vertragsteil als zugegangen gilt;

7. (Abwicklung von Verträgen)
   eine Bestimmung, nach der der Verwender für den Fall, dass eine Vertragspartei vom Vertrag zurücktritt oder den Vertrag kündigt,

   a) eine unangemessen hohe Vergütung für die Nutzung oder den Gebrauch einer Sache oder eines Rechts oder für erbrachte Leistungen oder

   b) einen unangemessen hohen Ersatz von Aufwendungen verlangen kann;

8. (Nichtverfügbarkeit der Leistung)
    die nach Nummer 3 zulässige Vereinbarung eines Vor-
    behalts des Verwenders, sich von der Verpflichtung zur
    Erfüllung des Vertrags bei Nichtverfügbarkeit der Leis-
    tung zu lösen, wenn sich der Verwender nicht verpflich-
    tet,

    a) den Vertragspartner unverzüglich über die Nichtver-
        fügbarkeit zu informieren und
    b) Gegenleistungen des Vertragspartners unverzüglich
        zu erstatten.

§ 309 Klauselverbote ohne Wertungsmöglichkeit

Auch soweit eine Abweichung von den gesetzlichen Vorschriften zulässig ist, ist in Allgemeinen Geschäftsbedingungen unwirksam

1. (Kurzfristige Preiserhöhungen)
    eine Bestimmung, welche die Erhöhung des Entgelts für
    Waren oder Leistungen vorsieht, die innerhalb von vier
    Monaten nach Vertragsschluss geliefert oder erbracht
    werden sollen; dies gilt nicht bei Waren oder Leistungen,
    die im Rahmen von Dauerschuldverhältnissen geliefert
    oder erbracht werden;

2. (Leistungsverweigerungsrechte)
    eine Bestimmung, durch die

    a) das Leistungsverweigerungsrecht, das dem Ver-
        tragspartner des Verwenders nach § 320 zusteht,
        ausgeschlossen oder eingeschränkt wird oder
    b) ein dem Vertragspartner des Verwenders zustehen-
        des Zurückbehaltungsrecht, soweit es auf demsel-
        ben Vertragsverhältnis beruht, ausgeschlossen oder
        eingeschränkt, insbesondere von der Anerkennung

von Mängeln durch den Verwender abhängig gemacht wird;

3. (Aufrechnungsverbot)
   eine Bestimmung, durch die dem Vertragspartner des Verwenders die Befugnis genommen wird, mit einer unbestrittenen oder rechtskräftig festgestellten Forderung aufzurechnen;

4. (Mahnung, Fristsetzung)
   eine Bestimmung, durch die der Verwender von der gesetzlichen Obliegenheit freigestellt wird, den anderen Vertragsteil zu mahnen oder ihm eine Frist für die Leistung oder Nacherfüllung zu setzen;

5. (Pauschalierung von Schadensersatzansprüchen)
   die Vereinbarung eines pauschalierten Anspruchs des Verwenders auf Schadensersatz oder Ersatz einer Wertminderung, wenn
   a) die Pauschale den in den geregelten Fällen nach dem gewöhnlichen Lauf der Dinge zu erwartenden Schaden oder die gewöhnlich eintretende Wertminderung übersteigt oder
   b) dem anderen Vertragsteil nicht ausdrücklich der Nachweis gestattet wird, ein Schaden oder eine Wertminderung sei überhaupt nicht entstanden oder wesentlich niedriger als die Pauschale;

6. (Vertragsstrafe)
   eine Bestimmung, durch die dem Verwender für den Fall der Nichtabnahme oder verspäteten Abnahme der Leistung, des Zahlungsverzugs oder für den Fall, dass der andere Vertragsteil sich vom Vertrag löst, Zahlung einer Vertragsstrafe versprochen wird;

7. (Haftungsausschluss bei Verletzung von Leben, Körper, Gesundheit und bei grobem Verschulden)

a) (Verletzung von Leben, Körper, Gesundheit)
ein Ausschluss oder eine Begrenzung der Haftung für Schäden aus der Verletzung des Lebens, des Körpers oder der Gesundheit, die auf einer fahrlässigen Pflichtverletzung des Verwenders oder einer vorsätzlichen oder fahrlässigen Pflichtverletzung eines gesetzlichen Vertreters oder Erfüllungsgehilfen des Verwenders beruhen;

b) (Grobes Verschulden)
ein Ausschluss oder eine Begrenzung der Haftung für sonstige Schäden, die auf einer grob fahrlässigen Pflichtverletzung des Verwenders oder auf einer vorsätzlichen oder grob fahrlässigen Pflichtverletzung eines gesetzlichen Vertreters oder Erfüllungsgehilfen des Verwenders beruhen;

die Buchstaben a und b gelten nicht für Haftungsbeschränkungen in den nach Maßgabe des Personenbeförderungsgesetzes genehmigten Beförderungsbedingungen und Tarifvorschriften der Straßenbahnen, Obusse und Kraftfahrzeuge im Linienverkehr, soweit sie nicht zum Nachteil des Fahrgasts von der Verordnung über die Allgemeinen Beförderungsbedingungen für den Straßenbahn- und Obusverkehr sowie den Linienverkehr mit Kraftfahrzeugen vom 27. Februar 1970 abweichen; Buchstabe b gilt nicht für Haftungsbeschränkungen für staatlich genehmigte Lotterie- oder Ausspielverträge;

8. (Sonstige Haftungsausschlüsse bei Pflichtverletzung)

a) (Ausschluss des Rechts, sich vom Vertrag zu lösen)
eine Bestimmung, die bei einer vom Verwender zu vertretenden, nicht in einem Mangel der Kaufsache oder des Werkes bestehenden Pflichtverletzung das Recht des anderen Vertragsteils, sich vom Vertrag zu

lösen, ausschließt oder einschränkt; dies gilt nicht für die in der Nummer 7 bezeichneten Beförderungsbedingungen und Tarifvorschriften unter den dort genannten Voraussetzungen;

b) (Mängel)

eine Bestimmung, durch die bei Verträgen über Lieferungen neu hergestellter Sachen und über Werkleistungen

aa) (Ausschluss und Verweisung auf Dritte)

die Ansprüche gegen den Verwender wegen eines Mangels insgesamt oder bezüglich einzelner Teile ausgeschlossen, auf die Einräumung von Ansprüchen gegen Dritte beschränkt oder von der vorherigen gerichtlichen Inanspruchnahme Dritter abhängig gemacht werden;

bb) (Beschränkung auf Nacherfüllung)

die Ansprüche gegen den Verwender insgesamt oder bezüglich einzelner Teile auf ein Recht auf Nacherfüllung beschränkt werden, sofern dem anderen Vertragsteil nicht ausdrücklich das Recht vorbehalten wird, bei Fehlschlagen der Nacherfüllung zu mindern oder, wenn nicht eine Bauleistung Gegenstand der Mängelhaftung ist, nach seiner Wahl vom Vertrag zurückzutreten;

cc) (Aufwendungen bei Nacherfüllung)

die Verpflichtung des Verwenders ausgeschlossen oder beschränkt wird, die zum Zwecke der Nacherfüllung erforderlichen Aufwendungen, insbesondere Transport-, Wege-, Arbeits- und Materialkosten, zu tragen;

dd) (Vorenthalten der Nacherfüllung)

der Verwender die Nacherfüllung von der vorherigen Zahlung des vollständigen Entgelts oder eines unter Berücksichtigung des Mangels unverhältnismäßig hohen Teils des Entgelts abhängig macht;

ee) (Ausschlussfrist für Mängelanzeige)

der Verwender dem anderen Vertragsteil für die Anzeige nicht offensichtlicher Mängel eine Ausschlussfrist setzt, die kürzer ist als die nach dem Doppelbuchstaben ff zulässige Frist;

ff) (Erleichterung der Verjährung)

die Verjährung von Ansprüchen gegen den Verwender wegen eines Mangels in den Fällen des § 438 Abs. 1 Nr. 2 und des § 634a Abs. 1 Nr. 2 erleichtert oder in den sonstigen Fällen eine weniger als ein Jahr betragende Verjährungsfrist ab dem gesetzlichen Verjährungsbeginn erreicht wird; dies gilt nicht für Verträge, in die Teil B der Verdingungsordnung für Bauleistungen insgesamt einbezogen ist;

9. (Laufzeit bei Dauerschuldverhältnissen)

bei einem Vertragsverhältnis, das die regelmäßige Lieferung von Waren oder die regelmäßige Erbringung von Dienst- oder Werkleistungen durch den Verwender zum Gegenstand hat,

a) eine den anderen Vertragsteil länger als zwei Jahre bindende Laufzeit des Vertrags,

b) eine den anderen Vertragsteil bindende stillschweigende Verlängerung des Vertragsverhältnisses um jeweils mehr als ein Jahr oder

c) zu Lasten des anderen Vertragsteils eine längere Kündigungsfrist als drei Monate vor Ablauf der zunächst vorgesehenen oder stillschweigend verlängerten Vertragsdauer;

dies gilt nicht für Verträge über die Lieferung als zusammengehörig verkaufter Sachen, für Versicherungsverträge sowie für Verträge zwischen den Inhabern urheberrechtlicher Rechte und Ansprüche und Verwertungsgesellschaften im Sinne des Gesetzes über die Wahrnehmung von Urheberrechten und verwandten Schutzrechten;

10. (Wechsel des Vertragspartners)

eine Bestimmung, wonach bei Kauf-, Dienst- oder Werkverträgen ein Dritter anstelle des Verwenders in die sich aus dem Vertrag ergebenden Rechte und Pflichten eintritt oder eintreten kann, es sei denn, in der Bestimmung wird

a) der Dritte namentlich bezeichnet oder

b) dem anderen Vertragsteil das Recht eingeräumt, sich vom Vertrag zu lösen;

11. (Haftung des Abschlussvertreters)

eine Bestimmung, durch die der Verwender einem Vertreter, der den Vertrag für den anderen Vertragsteil abschließt,

a) ohne hierauf gerichtete ausdrückliche und gesonderte Erklärung eine eigene Haftung oder Einstandspflicht oder

b) im Falle vollmachtsloser Vertretung eine über § 179 hinausgehende Haftung

auferlegt;

12. (Beweislast)

eine Bestimmung, durch die der Verwender die Beweislast zum Nachteil des anderen Vertragsteiles ändert, insbesondere indem er

a) diesem die Beweislast für Umstände auferlegt, die im Verantwortungsbereich des Verwenders liegen, oder

b) den anderen Vertragsteil bestimmte Tatsachen
bestätigen lässt;

Buchstabe b gilt nicht für Empfangsbekenntnisse, die
gesondert unterschrieben oder mit einer gesonderten
qualifizierten elektronischen Signatur versehen sind;

13. (Form von Anzeigen und Erklärungen)
eine Bestimmung, durch die Anzeigen oder Erklärungen,
die dem Verwender oder einem Dritten gegenüber abzugeben sind, an eine strengere Form als die Schriftform
oder an besondere Zugangserfordernisse gebunden
werden.

§ 310 Anwendungsbereich

(1) § 305 Abs. 2 und 3 und die §§ 308 und 309 finden keine
Anwendung auf Allgemeine Geschäftsbedingungen, die
gegenüber einem Unternehmer, einer juristischen Person des öffentlichen Rechts oder einem öffentlich-rechtlichen Sondervermögen verwendet werden. § 307 Abs. 1
und 2 findet in den Fällen des Satzes 1 auch insoweit
Anwendung, als dies zur Unwirksamkeit von in den §§
308 und 309 genannten Vertragsbestimmungen führt;
auf die im Handelsverkehr geltenden Gewohnheiten und
Gebräuche ist angemessen Rücksicht zu nehmen.

(2) Die §§ 308 und 309 finden keine Anwendung auf Verträge der Elektrizitäts-, Gas-, Fernwärme- und Wasserver-
sorgungsunternehmen über die Versorgung von
Sonderabnehmern mit elektrischer Energie, Gas, Fernwärme und Wasser aus dem Versorgungsnetz, soweit
die Versorgungsbedingungen nicht zum Nachteil der
Abnehmer von Verordnungen über Allgemeine Bedingungen für die Versorgung von Tarifkunden mit elektri-

scher Energie, Gas, Fernwärme und Wasser abweichen. Satz 1 gilt entsprechend für Verträge über die Entsorgung von Abwasser.

(3) Bei Verträgen zwischen einem Unternehmer und einem Verbraucher (Verbraucherverträge) finden die Vorschriften dieses Abschnitts mit folgenden Maßgaben Anwendung:

1. Allgemeine Geschäftsbedingungen gelten als vom Unternehmer gestellt, es sei denn, dass sie durch den Verbraucher in den Vertrag eingeführt wurden;

2. § 305c Abs. 2 und die §§ 306 und 307 bis 309 dieses Gesetzes sowie Artikel 29a des Einführungsgesetzes zum Bürgerlichen Gesetzbuche finden auf vorformulierte Vertragsbedingungen auch dann Anwendung, wenn diese nur zur einmaligen Verwendung bestimmt sind und soweit der Verbraucher auf Grund der Vorformulierung auf ihren Inhalt keinen Einfluss nehmen konnte;

3. bei der Beurteilung der unangemessenen Benachteiligung nach § 307 Abs. 1 und 2 sind auch die den Vertragsschluss begleitenden Umstände zu berücksichtigen.

(4) Dieser Abschnitt findet keine Anwendung bei Verträgen auf dem Gebiet des Erb-, Familien- und Gesellschaftsrechts sowie auf Tarifverträge, Betriebs- und Dienstvereinbarungen. Bei der Anwendung auf Arbeitsverträge sind die im Arbeitsrecht geltenden Besonderheiten angemessen zu berücksichtigen; § 305 Abs. 2 und 3 ist nicht anzuwenden. Tarifverträge, Betriebs- und Dienstvereinbarungen stehen Rechtsvorschriften im Sinne von § 307 Abs. 3 gleich.

Stichwortverzeichnis

18-Tage-Frist...Seite 169
                                                       Seite 170

A

Abbrucharbeiten...Seite 68
                                                       Seite 69

Abgasdämmende Teile von industriellen
   Feuerungsanlagen...................................Seite 345

Abgrabungsarbeiten....................................Seite 70

Abhilfepflicht..Seite 365

Abnahme...Seite 219

Abnahme, ausdrückliche ....Seite 17

Abnahme, behördliche................................Seite 19

Abnahme, fiktive...Seite 21

Abnahme, rechtsgeschäftliche ....Seite 19

Abnahmefähigkeit ....Seite 363

Abnahmefiktion ....Seite 22

Abnahmeform...Seite 165

Abnahmefrist ....Seite 27

Abnahmeprotokoll......................................Seite 25

Abnahmereife ....Seite 18
                                                       Seite 171

Abnahmetermin..Seite 24

Abrechnungsstadium..................................Seite 42

Abruf...Seite 89

Absprachen, wettbewerbswidrige ....Seite 233

Akzessorietät..Seite 136

Allgemeine Geschäftskosten ....Seite 127

Altverträge..Seite 361

Änderungen des Vertrages ....Seite 299
Anerkannte Regeln der Bautechnik ....Seite 295
Anerkenntnis ....Seite 289
Anlagen, elektronische.......................................Seite 345
Annahmeverzug..Seite 192
Anordnungsbefugnis...Seite 66
Anpassung des Preises ....Seite 65
Anschlüsse für Strom...Seite 78
Anschlüsse für Wasser..Seite 78
Anschlüsse für Wasser und Energie ....Seite 235
Anschlussgleise ....Seite 78
                                                            Seite 235
Anspruch auf Mangelbeseitigung...........................Seite 159
Anspruch, durchsetzbarer....................................Seite 159
Arbeitsaufnahme, Kenntnis von............................Seite 321
Arbeitseinstellung...Seite 246
Arbeitsplätze ....Seite 78
                                                            Seite 110
Architektenkammer ....Seite 23
Architektenvollmacht ....Seite 34
ARGE..Seite 93
                                                            Seite 199
ATV..Seite 269
ATV DIN 18 299 ....Seite 130
Aufforderung zur Mangelbeseitigung ....Seite 160
Aufforderungsschreiben ....Seite 313
Aufmaß, fehlendes ....Seite 76
Aufmaß, gemeinsames.......................................Seite 74
Aufmaßnahme ....Seite 75
Aufsichtspflicht ....Seite 199
Aufstellung ....Seite 166
Aufstellung, prüfbare ....Seite 55

Auftrag, Entziehung des..Seite 232
Auftraggeber, Haftung des ....Seite 213
Auftraggeber, öffentlicher...Seite 143
                                                                 Seite 155
Auftraggeber, Risikobereich des ....Seite 185
Auftraggeber, Wille des ....Seite 219
Auftraggeberpflichten ....Seite 78
Auftragnehmer, Haftung des ....Seite 213
Auftragnehmer, Insolvenz des..................................Seite 369
Auftragnehmer, Nachtragsforderungen des............Seite 225
Auftragnehmer, Vergütung des................................Seite 331
Auftragnehmerpflichten...Seite 79
Auftragsbestätigung..Seite 375
Ausbesserungsarbeiten ....Seite 70
Ausführung, Vollendung der ....Seite 171
Ausführungsbeginn...Seite 87
Ausführungspläne ....Seite 75
Ausführungsunterlagen ....Seite 110
Ausgleichspflicht ....Seite 214
Auskunftsverlangen...Seite 146
Ausschachtungsarbeiten...Seite 70
Ausschlusswirkung..Seite 371
Ausschlusswirkung, Einrede der..............................Seite 371
Ausschlusswirkung, Hinweis auf ....Seite 371
Ausschreibung ....Seite 162
Aussperrung..Seite 185
                                                                 Seite 186
Austauschrecht ....Seite 170
Austauschsicherheit ....Seite 106

B
Bagatellgrenze ....Seite 84

Baggerarbeiten ....Seite 70
Barzahlungskonto ....Seite 317
Basiszinssatz ....Seite 55
Seite 167
Seite 367
Bauablauf, Störungen des ....Seite 276
Bauausführung, Vorbereitungshandlungen
für die ....Seite 86
Baucontainer ....Seite 273
Baueinstellung ....Seite 168
Seite 244
Baueinstellung, Androhung der ....Seite 247
Bauentwurf...Seite 57
Bauentwurfsänderung..Seite 239
Baugerüst ....Seite 172
Baugrundstück, Eigentümer des ....Seite 103
Bauhandwerkersicherungsgesetz ....Seite 94
Bauleistung ....Seite 84
Seite 249
Bauleistung, Beschädigung einer ....Seite 190
Bauleistung, Zerstörung der....................................Seite 190
Seite 191
Bauleistungen, Beschädigung oder Zerstörung ......Seite 212
Bauleistungen, Restfertigstellung der ....Seite 208
Bauleistungen, Verzug mit.......................................Seite 354
Bauleistungen, Vorfinanzierung von........................Seite 57
Bauordnungsrecht ....Seite 114
Bausoll ....Seite 240
Seite 280
Baustelleneinrichtungsarbeiten...............................Seite 37
Baustelleneinrichtungskosten ....Seite 264
Baustellengemeinkosten..Seite 264

Baustellenordnungspläne ....Seite 226
Baustellenverbot...Seite 148
Baustofflieferanten ....Seite 95
                                                                   Seite 145
Baustrom...Seite 274
Bautagebuch ....Seite 123
Bauträger...Seite 194
Bauumstände ....Seite 65
Bauvertrag, Auslegung ....Seite 375
Bauvertrag, Erfüllungsstadium des ....Seite 42
Bauverzögerung..Seite 352
Bauvorhaben, schlüsselfertige Errichtung des ....Seite 196
Bauwasser ....Seite 274
Bauwerk..Seite 68
Bauzeit, Verkürzung der ....Seite 58
Bauzeit, Verlängerung der ....Seite 58
Bauzeitenplan...Seite 86
                                                                   Seite 156
                                                                   Seite 226
                                                                   Seite 353
Bauzeitverzögerung..Seite 366
Bedenken gegen die Art der Ausführung.................Seite 115
Belege...Seite 283
                                                                   Seite 299
Beleidigung ....Seite 237
Benutzung ....Seite 273
Berechnungen, statische...Seite 241
Bereitstellung von Einrichtungen..............................Seite 89
Beschädigung, zufällige ....Seite 191
Beschädigung, vorzeitige..Seite 191
Beschädigungen, unvorhergesehene ....Seite 108
Beschaffenheit, besondere ....Seite 249

Bestandspläne...Seite 171
Besteller..Seite 147
Bestimmungen, behördliche ....Seite 252
Bestimmungen, gesetzliche..................................Seite 252
Betriebsgeheimnisse ....Seite 82
Betriebshaftpflichtversicherung ....Seite 92
Betrug ....Seite 237
Bevollmächtigung...Seite 32
Beweislast ....Seite 42
Beweislast, Umkehr der ....Seite 44
Beweisrisiko ....Seite 74
Beweisschwierigkeiten...Seite 152
Beweisverfahren, selbstständiges ....Seite 173
Billigung Seite36
Bürge, Tauglichkeit des...Seite 136
Bürgschaft, selbstschuldnerische..........................Seite 137
Bürgschaft, unbefristete...Seite 91
                                                                               Seite 137
Bürocontainer ....Seite 273

D
Demonstrationen ....Seite 276
Diebstahl..Seite 237
DIN 18299 ....Seite 64
DIN-Normen ....Seite 64
DIN-Vorschriften ....Seite 296
Drittfirma ....Seite 202

E
Einheitliche Technische Baubestimmungen (ETB) ..Seite 296
Einrichtung der Baustelle...Seite 87
Einrichtung, unentgeltliche Nutzung ....Seite 274

Einsatzpauschale ....Seite 121
                                                             Seite 122
Einsichtnahme ....Seite 285
Einsichtsrecht...Seite 110
Einstweilige Verfügung ....Seite 141
Einwendung ....Seite 154
Email...Seite 236
Endgültige Verweigerung der Einzahlung................Seite 320
Entgegennahme..Seite 182
Entgegennahme, körperliche.................................Seite 36
Erdarbeiten...Seite 70
Erfüllungsgehilfe..Seite 199
Ergänzungen des Vertrages ....Seite 299
Erlaubnis..Seite 235
Ersatzvornahmekosten...Seite 229
Ersatzvornahmekosten, Erstattung von..................Seite 201
Ersatzvornahmekosten, Vorschusszahlung für ....Seite 200
Erstattungsansprüche ....Seite 228
Erstellung, schlüsselfertige...................................Seite 172
Erwerb, anderweitiger..Seite 48
Europäische Normen (EN) ....Seite 296
Eventualpositionen...Seite 112
                                                             Seite 242

F
Fachkenntnis ....Seite 116
Fahrlässigkeit, grobe ....Seite 126
                                                             Seite 340
Fälligkeitsvoraussetzung......................................Seite 45
Farbanstrich an einer Fassade ....Seite 71
Fehlen einer vertraglich vereinbarten
    Beschaffenheit ....Seite 205

Fertigstellungsmitteilung ....Seite 21

Festpreis ....Seite 179

Forderungen, sicherbare...Seite 104

Formeln ....Seite 82

Frachtkosten...Seite 325

Freigrenzen...Seite 83

Frist ....Seite 355

Fristverlängerung, Berechnung der ....Seite 187

Fuhrkosten..Seite 325

Fundsachen ....Seite 189

G

Garantie ....Seite 97

Gartengestaltungsarbeiten ....Seite 70

Gebrauchsbeeinträchtigung ....Seite 39

Gefahr ....Seite 190

Gefahr im Verzug...Seite 259

Gegenansprüche..Seite 244

Gegenstände von Altertums-, Kunst oder
    wissenschaftlichem Wert ....Seite 189

Gehaltskosten ....Seite 324

Gehaltsnebenkosten...Seite 324

Gemeindeordnung ....Seite 35

Gemeinschaftseigentum ....Seite 334

Genehmigung ....Seite 119

Genehmigungen, öffentlich-rechtliche ....Seite 235

Generalübernehmervertrag......................................Seite 194

Generalunternehmer, Eigenleistungen des..............Seite 197

Generalunternehmervertrag.....................................Seite 196

Gerichtsverfahren, Kosten des ....Seite 198

Gerüstarbeiten ....Seite 69

Gesamtleistung..Seite 155

Gesamtleistung, in sich abgeschlossener Teil ....Seite 329
Geschäftsgeheimnisse ....Seite 79
Geschosse ....Seite 334
Gesetz zur Bekämpfung illegaler Beschäftigung .....Seite 237
Gesetz zur Eindämmung der illegalen
    Beschäftigung ....Seite 83
Gewinn ....Seite 49
    Seite 264
    Seite 325
Gewinn, entgangener...Seite 340
Grenzen des Geländes ....Seite 234
Grund, wichtiger...Seite 234
Grundbuchblockade ....Seite 106
Grundbuchordnung..Seite 104
Grundlagen des Preises..Seite 239
    Seite 255
Grundsätze von Treu und Glauben ....Seite 288
Grundstücke, angrenzende.......................................Seite 214
Guthaben, unbestrittenes ....Seite 287

H
Haftung untereinander...Seite 212
Handelsbrauch...Seite 317
Handwerkskammer...Seite 23
Hauptachsen der baulichen Anlagen.......................Seite 234
Hauptpflicht..Seite 364
Hauptposition...Seite 242
Hemmung...Seite 348
Herstellungspflicht...Seite 199
Hilfspunkte ....Seite 234
Hinderungsgründe, Vorliegen von............................Seite 125
Hinterlegungsordnung...Seite 216

Hinzuziehen eines Architekten ....Seite 163
Hinzuziehen eines Sachverständigen ....Seite 163
HOAI...Seite 109
                                                                                 Seite 282
Höhere Gewalt ....Seite 44
                                                                                 Seite 186
Hotelkosten ....Seite 128

I

Identität zwischen Eigentümer und Auftraggeber...Seite 102
Industrie- u. Handelskammer ....Seite 23
Informationsinteressen des Auftraggebers.............Seite 283
Ingenieurkammer ....Seite 23
Innenverhältnis, Haftung im ....Seite 213
Insolvenzantrag...Seite 107
Insolvenztabelle ....Seite 93
Insolvenzverfahren ....Seite 107
                                                                                 Seite 230
Insolvenzverwalter...Seite 231
Integritätsinteresse des Bauherren ....Seite 269
Interessen, nachbarschaftliche ....Seite 114
Istbeschaffenheit...Seite 251

J

Jahreszeit, günstigere ....Seite 188

K

Kalkulation..Seite 50
                                                                                 Seite 265
Kälteperioden...Seite 187
Klageerhebung...Seite 351
Klausel ....Seite 61

Klausel, unwirksame ....Seite 142
Seite 221
Klauseln, formularmäßige ....Seite 141
Kleinaufträge...Seite 314
Kontrollfristen ....Seite 156
Kontrollfristen des Auftraggebers.........................Seite 366
Kontrollinteressen des Auftraggebers...................Seite 283
Kooperation...Seite 224
Koordinierungsmaßnahmen ....Seite 227
Korrekturen ....Seite 288
Kosten der Baustellenräumung.............................Seite 341
Kosten der Einrichtungen, Geräte, Maschinen
und maschinellen Anlagen der Baustelle ....Seite 325
Kosten, direkte ....Seite 127
Kosten, ersparte..Seite 48
Seite 49
Seite 51
Kostenvoranschlag ....Seite 147
Seite 229
Kostenvorschuss...Seite 208
Kostenvorschussanspruch....................................Seite 228
Krieg...Seite 186
Kündigung, Empfang der.......................................Seite 182
Kündigungsandrohung ....Seite 236
Kündigungserklärung, Unwirksamkeit der.............Seite 182
Kündigungsfolgen ....Seite 231

L
Ladekosten ....Seite 325
Lagerplätze ....Seite 78
Lagerräume ....Seite 110
Langzeitverhalten, minderwertiges........................Seite 250

Leistungen, Fortgang der...Seite 72
Leistungen, gekündigte...Seite 331
Leistungen, vertragswidrige.......................................Seite 201
Leistungserschwernisse...Seite 340
Leistungsprogramm ....Seite 240
Seite 242
Leistungssoll ....Seite 41
Seite 281
Leistungsteile ....Seite 331
Leuchtreklame...Seite 69
Lohn- u. Materialkosten ....Seite 52
Lohnkosten..Seite 127

M
Mahnbescheid...Seite 351
Mahnung ....Seite 237
Seite 354
Seite 379
Mängel, geringfügige...Seite 174
Mängel, unwesentliche ....Seite 38
Mängel, wesentliche..Seite 38
Mängelansprüche, Sicherheit für..............................Seite 208
Mängelansprüche, Verlust von..................................Seite 46
Mangelbeseitigung...Seite 158
Mängelbeseitigung, Art der.......................................Seite 202
Mangelbeseitigung, geringes Interesse an ....Seite 338
Mangelbeseitigung, Verweigerung der ....Seite 337
Mangelbeseitigungsaufforderung.............................Seite 161
Mangelbeseitigungsaufwand ....Seite 204
Mängelbeseitigungskosten..Seite 97
Seite 147
Mängelbeseitigungsverlangen, schriftliches...........Seite 290

Seite 291

Mangelfreiheit...Seite 174

Mängelrüge, ordnungsgemäße..................................Seite 327

Mängelrüge, schriftliche ....Seite 291

Mangelsymptome...Seite 328

Mangelursachen, Ermittlung von..............................Seite 327

Material, nicht erprobtes..Seite 118

Material, unerprobtes...Seite 118

Materialkosten ....Seite 127

Materialkosten, gestiegene.......................................Seite 180

Materiallieferung ....Seite 85

Mehrkosten, Erstattung der ....Seite 252

Mehrvergütungsanspruch ....Seite 66

Mehrwertsteuer ....Seite 48

Seite 283

Meinungsverschiedenheiten ....Seite 224

Mengenansatz, Unterschreitung des ....Seite 263

Mengenberechnungen..Seite 283

Seite 299

Mengensatz, Überschreitung des ....Seite 260

Mengenüberschreitung...Seite 262

Mietausfallschaden..Seite 128

Minderung, Berechnungsformel der ....Seite 339

Mitbenutzung ....Seite 78

Seite 273

Mitverantwortung..Seite 109

Mitwirkungshandlung ....Seite 126

Seite 234

N

Nachbar (Dritte) ....Seite 214

Nachbesserung, hohe Kosten der............................Seite 204

Nacherfüllung ....Seite 200

Nachforderung des Auftragnehmers ....Seite 370
Nachfrist ....Seite 26
                                                                    Seite 231
                                                                    Seite 244
                                                                    Seite 304
Nachfristsetzung ....Seite 305
Nachlass ....Seite 315
Nachtragsforderungen ....Seite 308
Nachtragsleistungen ....Seite 208
Nachtragsvergütung...Seite 279
Nachunternehmerkosten ....Seite 49
Nachunternehmervertrag ....Seite 267
Nebenarbeiten ....Seite 271
Nebenleistungen..Seite 270
Nebenpflichten...Seite 81
Nebenunternehmerverträge.....................................Seite 272
Neubeginn..Seite 348
                                                                    Seite 348
Neuherstellung ....Seite 190
Niederschrift..Seite 383
Normen des Deutschen Ausschusses für
   Stahlbeton (DNA) ....Seite 296
Nutzbarkeit des Werkes...Seite 41
Nutzungsüberlassung ....Seite 218

O
Objektüberwachung ....Seite 30
Ordnungszahl...Seite 151
                                                                    Seite 241
                                                                    Seite 284
Ordnungszahlen (Positionen) ....Seite 280
Originalbürgschaftsurkunde......................................Seite 136

P

Pauschalsumme..Seite 254
Pauschalsumme, Festhalten an der.........................Seite 254
                                                        Seite 278
Personalkosten, gestiegene.................................Seite 180
Planierarbeiten...Seite 70
Planung, Neuanfertigung der...............................Seite 60
Planungsleistungen..Seite 281
Polier..Seite 325
Position..Seite 261
Positionspreis...Seite 151
Prämien..Seite 206
Prämienzuschlag..Seite 206
Preisänderungen..Seite 179
Preisanpassung...Seite 59
                                                        Seite 179
Preisanpassungsklausel.....................................Seite 179
Preisermittlung, Grundlagen der............................Seite 259
Preisnachlass...Seite 294
Preissteigerung...Seite 179
Produktionsablauf...Seite 119
Projektsteuerungsleistung...................................Seite 194
Prüfungsmöglichkeit..Seite 29
Prüfungspflicht..Seite 115

R

Rechnung, nachvollziehbare................................Seite 306
Rechnungserstellung...Seite 304
Regelungen, speziellere.....................................Seite 133
Regelverjährungsfristen......................................Seite 346
Regiezettel...Seite 323
Regress..Seite 213

Regressansprüche ....Seite 198
Reihenfolge ....Seite 284
Reihenhausanlage ....Seite 334
Restarbeiten ....Seite 121
Restwerklohnforderung ....Seite 100
Revisionspläne..Seite 171
Rohinstallation ....Seite 156
Rückzahlung ....Seite 301

S
Sachverständiger..Seite 23
                                                                    Seite 174
Sachverständiger, Kosten des ....Seite 175
Sanierungskonzept ....Seite 203
Schadenersatz...Seite 91
                                                                    Seite 126
                                                                    Seite 356
                                                                    Seite 365
                                                                    Seite 378
Schadensersatzanspruch ....Seite 47
                                                                    Seite 88
Schadensminderungspflicht.......................................Seite 232
Schiedsgutachten ....Seite 348
Schlussrechnung, Anfechtung der...........................Seite 301
Schlussrechnung, Einwendungen gegen.................Seite 308
Schlussrechnung, Frist zur Einreichung ....Seite 300
Schlussrechnung, korrigierte ....Seite 307
Schlussrechnung, unbestrittene Guthaben aus der Seite 164
Schlusszahlung, Annahme ....Seite 372
Schriftform ....Seite 123
Schriftformerfordernis ....Seite 136

Schuldnerverzug..Seite 234
                                                            Seite 378
Schuldrechtsmodernisierungsgesetz.....................Seite 349
Schuldrechtsreformgesetz..................................Seite 286
Schürmannbau ....Seite 183
                                                            Seite 193
Schweigen...Seite 28
Sicherheit ....Seite 98
Sicherheit, Arten der.......................................Seite 210
Sicherheit, Höhe der...Seite 209
Sicherheit, Verlangen nach................................Seite 101
Sicherheitseinbehalt, Ablösung eines ....Seite 222
Sicherheitseinbehalt, unverzinslicher...................Seite 142
Sicherheitseinbehalt, Vereinbarung eines..............Seite 311
Sicherungsmittel..Seite 97
Sicherungsverlangen ....Seite 96
Sittenwidrigkeit...Seite 359
Skontoabzugsklausel...Seite 315
                                                            Seite 316
Skontofrist...Seite 314
                                                            Seite 315
Skontovereinbarung, Abänderung einer................Seite 318
Sollbeschaffenheit...Seite 251
Sollbeschaffenheit der auszuführenden
    Bauleistungen ....Seite 376
Soll-Ist-Abgleich...Seite 36
Sondereigentum ....Seite 334
Sonderkosten ....Seite 325
Sondervollmacht ....Seite 33
Sozialkassenbeiträge..Seite 325
Spitzenrefinanzierungsfazilität ....Seite 369
Steuerabzug ....Seite 184

Steuerschulden ....Seite 85
Stillhalteabkommen ....Seite 348
Stillstandskosten..Seite 275
Stoffkosten der Baustelle.......................................Seite 324
Streik...Seite 185
                                                                                    Seite 186
Streitverkündung ....Seite 351
Stundenlohnabrechnungen ....Seite 284
                                                                                    Seite 323
Stundenlohnarbeiten, Anzeige von ....Seite 321
Stundenlohnleistungen, Umfang der ....Seite 322
Stundenlohnzettel...Seite 322
Stundenlohnzettel, Einwendungen auf ....Seite 323
Stundenlohnzettel, Fehlen der ....Seite 326

T

Tauglichkeitsminderung..Seite 249
Teilleistung, technische...Seite 151
Teilleistung, wirtschaftlich einheitliche....................Seite 151
Teilleistungen ....Seite 241
                                                                                    Seite 333
Teilleistungen, Abnahme von..................................Seite 54
Teilleistungen, in sich abgeschlossene ....Seite 333
Teilunmöglichkeit..Seite 338
Teilvergütung ....Seite 48
Telefax..Seite 236
Termin...Seite 355

U

Überflutung ....Seite 183
Überschreitung der Fertigstellungsfrist...................Seite 157
Überschreitung von Einzelfristen............................Seite 157

Überzahlung..Seite 168

Seite 301

Überziehungskredit ....Seite 167

Umdeutung ....Seite 142

Umplanung ....Seite 188

Umsatzsteuer ....Seite 53

Umsatzsteuerbetrag ....Seite 166

Umstände, offenkundige...Seite 122

Umstände, unabwendbare ....Seite 186

Umwelteinflüsse, unabwendbare ....Seite 185

„Und-Konto" ....Seite 319

Unfallgefahren, Sicherung gegen ....Seite 115

Unfallverhütungsvorschriften der
    Bauberufsgenossenschaften ....Seite 296

Unmöglichkeit..Seite 337

Unmöglichkeit, objektive ....Seite 337

Unterbrechung...Seite 290

Untergang, zufälliger..Seite 344

Untergang, zufälliger, vorzeitiger...........................Seite 191

Unternehmer einer Außenanlage ....Seite 95

Unternehmer eines Bauwerkes ....Seite 95

Unternehmer, Zusammenwirken der......................Seite 227

Unterschlagung ....Seite 237

Unzweckmäßigkeit der Anordnung ....Seite 255

V

VDE-Bestimmungen ....Seite 296

VDI-Bestimmungen ....Seite 296

Verbot, gesetzliches..Seite 222

Verdienstausfall ....Seite 162

Vereinbarung eines neuen Preises..........................Seite 257

Vereinbarungen, individuelle....................................Seite 221

Verfahrenstechniken..Seite 82
Verfügung, einstweilige ....Seite 104
Vergabehandbuch...Seite 355
Vergütung, angemessene ....Seite 233
Vergütung, ortsübliche...Seite 324
Vergütung, zusätzliche ....Seite 257
                                                                 Seite 258
Verjährung, Einrede der ....Seite 72
                                                                 Seite 137
Verjährung, Hemmung...Seite 351
Verjährungsbeginn ....Seite 350
Verjährungsfrist ....Seite 290
                                                                 Seite 350
Verjährungsfrist, Hemmung der................................Seite 138
Verjährungspflicht, Verkürzung der..........................Seite 346
Versicherungsschutz..Seite 108
Verstoß gegen ein Gesetz ....Seite 359
Vertragsänderung, einvernehmliche.......................Seite 240
Vertragsbedingungen, vorformulierte ....Seite 60
Vertragsinhalt, Änderung des...................................Seite 59
Vertragsklauseln ....Seite 61
                                                                 Seite 220
Vertragspflichten, Verletzung der ....Seite 185
Vertragspreise, Grundlagen der ....Seite 256
Vertragsstrafe, Herabsetzung der............................Seite 362
Vertragsstrafe, Obergrenze einer ....Seite 361
                                                                 Seite 362
Vertragsstrafe, Vereinbarung über eine..................Seite 357
Vertragsstrafe, Verwirkung einer..............................Seite 361
Vertragsstrafenanspruch..Seite 357
Vertragsstrafenansprüche, Verlust von....................Seite 45
Vertragsstrafenklausel, Unwirksamkeit einer..........Seite 362

Vertragsstrafenklauseln...Seite 360
Vertragsstrafenvereinbarung...............................Seite 359
Verwaltung, Angelegenheit der laufenden..............Seite 35
Verzicht der Einrede der Vorausklage.....................Seite 137
Seite 153
Verzug..Seite 236
VOB/A..Seite 134
VOB/B, Einbeziehung der......................................Seite 62
VOB/C..Seite 130
Vollmacht..Seite 32
Von Feuer berührte Teile von Feuerungsanlagen....Seite 345
Vorauszahlungsbürgschaft....................................Seite 369
Vorauszahlungssicherheit......................................Seite 369
Vorauszahlungsskonto...Seite 317
Vorbehalt..Seite 25
Seite 372
Vorbehaltsbegründung...Seite 373
Vorbehaltserklärung...Seite 371
Vorbehaltserklärungsfrist.......................................Seite 373
Vordersatz..Seite 151
Seite 261
Seite 277
Vorfinanzierungszinsen..Seite 128
Vorleistungen...Seite 116
Vorleistungsprinzip...Seite 368
Vorleistungsstadium...Seite 191
Vormerkung..Seite 102
Vormerkung, Löschung der....................................Seite 107
Vorsatz...Seite 126
Seite 340
Vorschriften, behördliche.......................................Seite 113
Vorschriften, gesetzliche..Seite 113

Vorzielzahlungsskonto .... Seite 317

W
Wahlpositionen .... Seite 242
Warn- u. Schutzfunktion .... Seite 124
Wartung .... Seite 345
Wasserläufe .... Seite 214
Wege .... Seite 214
Weiterführung der Arbeiten .... Seite 126
Werkleistungen, Funktionsfähigkeit der .... Seite 250
Werkstätten .... Seite 110
Werterhöhung .... Seite 105
Wertgegenstände .... Seite 254
Wertminderung .... Seite 249
Wettbewerbsbeschränkung, unzulässige .... Seite 231
Widersprüche .... Seite 375
Willenserklärung, empfangsbedürftige .... Seite 40
Winterschäden .... Seite 80
Wirtschaftlichkeit, Gesichtspunkt der .... Seite 338
Witterungseinflüsse .... Seite 187
Witterungseinflüsse, unabwendbare .... Seite 212
WTO-Übereinkommen über das öffentliche
      Beschaffungswesen .... Seite 135

Z
Zahlung, endgültige .... Seite 309
                                                                  Seite 370
Zahlung, Rechtzeitigkeit der .... Seite 167
Zahlungsanforderung .... Seite 140
Zahlungsfrist .... Seite 294
Zahlungspflicht .... Seite 379
Zahlungsrückstände, geringfügige .... Seite 245

Zahlungsverpflichtung des Auftraggebers...............Seite 145
Zahlungsversprechen..Seite 97
Zahlungsverzug ....Seite 247
Zeichnungen ....Seite 283
                                                                                    Seite 299
Zerstörung der Arbeiten ....Seite 43
Zerstörung der Leistungen ....Seite 43
Zinsaufwendung, ersparte...Seite 130
Zinsen ....Seite 309
Zinssatz, gesetzlicher ....Seite 167
                                                                                    Seite 287
Zinsvorteile..Seite 129
Zufahrtswege ....Seite 78
                                                                                    Seite 235
Zuschlag für die Wiederaufnahme der Arbeiten .....Seite 187
Zustandsfeststellung ....Seite 235
Zustandsfeststellungen, Verlangen der ....Seite 382
Zwangsvollstreckung ....Seite 98
                                                                                    Seite 153
Zwangsvollstreckung, einstweilige Einstellung
    der...Seite 106
Zweimonatsfrist...Seite 164
                                                                                    Seite 286

Rechtssichere Formulare...

- **Bedenkenanmeldung**
  Art. 2329, 29,50 €, Block à 100 Blatt, DIN A4
- **Behinderungsanzeige**
  Art. 2330, 29,50 €, Block à 100 Blatt, DIN A4
- **Bestätigung einer mündlichen Auftragserteilung**
  Art. 2334, 29,50 €, Block à 100 Blatt, DIN A4
- **Aufforderung zur Teilnahme an der Abnahme der Leistung**
  Art. 2355, 33,50 €, Block à 100 Blatt, DIN A4
- **Bauabnahme nach VOB und BGB**
  Art. 2356, 33,50 €, Block à 100 Blatt, DIN A4
- **Mängelliste zur Bauabnahme**
  Art. 2357, 33,50 €, Block à 100 Blatt, DIN A4
- **Aufmaßnahme gemäß § 14 (2) VOB/B**
  Art. 2385, 32,- €, Block à 100 Blatt, DIN A4

Formularmappe für den Bauleiter nach VOB 2002
Art. 2377, 58,- €
5 x VOB-Bauvertrag, 20 x Bautagebuch,
10 x Aufforderung zur Teilnahme an der Abnahme nach VOB,
10 x Bauabnahme nach VOB,
10 x Baumängelrüge nach VOB,
10 x Verzugsmeldung für Bauleistungen nach VOB,
10 x Stundenlohnbericht, 10 x Bedarfsmeldung
(Materialanforderung), 10 x Wochen-Stundenbericht

**Formularmappe zur Sicherung des Werklohns und zum Schutz
vor Mängelbeseitigungsansprüchen**
Art. 2771, 58,- €
10 x Bedenkenanmeldung,
10 x Behinderungsanzeige,
10 x Bestätigung einer mündlichen Auftragserteilung,
10 x Mitteilung über Leistungsfertigstellung,
10 x Bauabnahme, 10 x Mängelliste zur Bauabnahme,
10 x Aufmaßnahme,
10 x Aufmaßliste

Formularmappe zur fehlerfreien Bauabnahme
Art. 2776, 58,- €
10 x Baumängelrüge, 10 x Verzugsmeldung,
20 x Aufforderung zur Teilnahme an der Abnahme der Leistung,
20 x Bauabnahme, 20 x Mängelliste zur Bauabnahme

Notizen

Notizen